Causal Inference in Statistics: A Primer

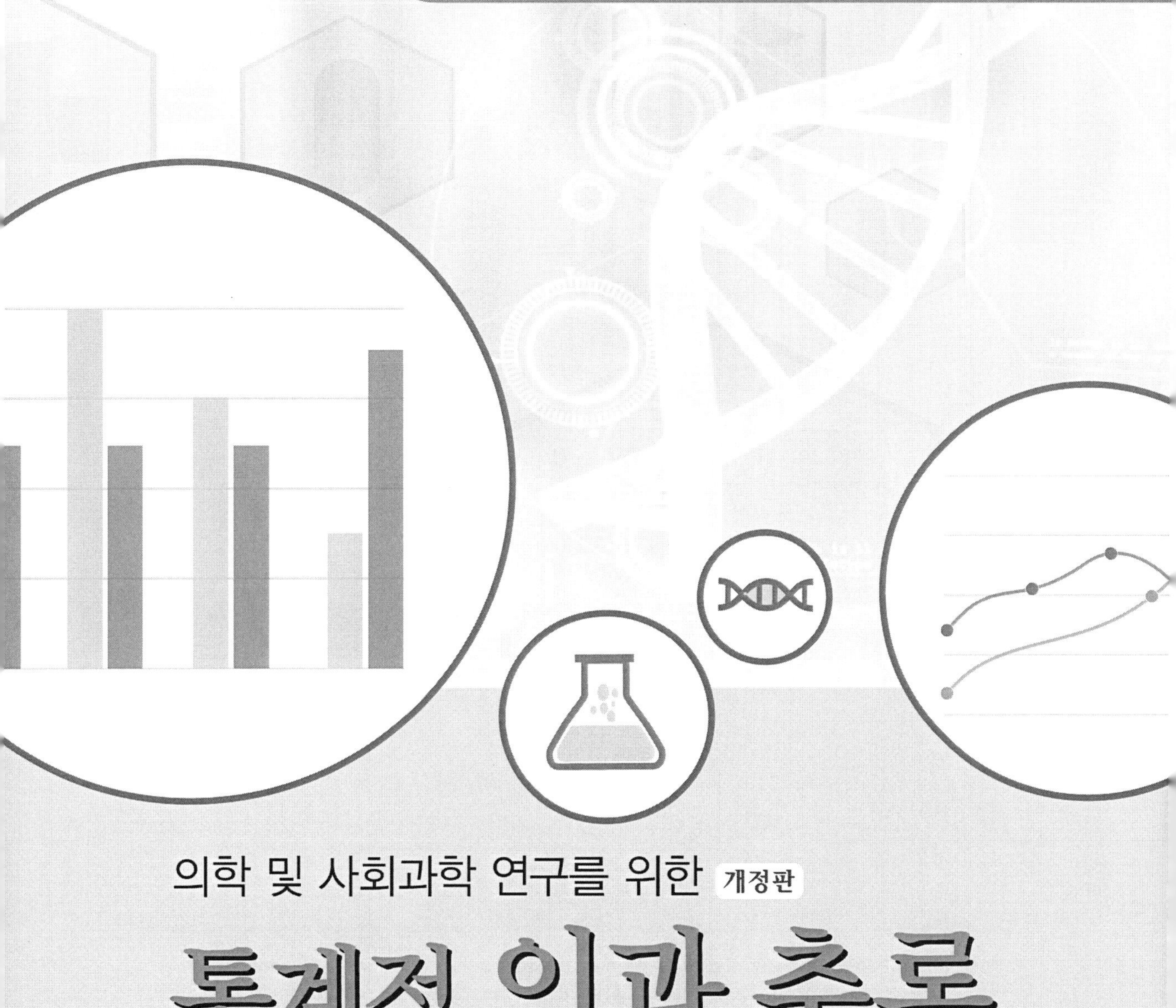

의학 및 사회과학 연구를 위한 개정판

통계적 인과 추론

Judea Pearl · Madelyn Glymour · Nicholas P. Jewell 지음
김미정 옮김

KYOWOO

역자 머리말

최근 들어 다양한 분야에서 데이터 분석을 통해 현상을 설명하려는 시도가 증가하고 있습니다. 기술의 발전으로 데이터 수집이 수월해졌으나, 증가하는 데이터에서 의미 있는 결과를 찾는 것은 여전히 어려운 일입니다. 대부분의 연구에서는 관련된 현상의 상관관계보다는 인과 관계를 파악하고자 하는 것이 주된 목표이지만, 상관관계만 설명하고 마는 경우가 실제로 빈번하게 발생합니다. 이 책은 인과추론의 입문서로써 인과성에 대한 문제, 통제할 수 없는 변수가 존재하는 데이터의 분석, 만약을 가정한 상황에서 예측 값을 추정하는 문제 등 단순해 보이지만 접근하기 어려웠던 현상에 대한 간단한 방법을 제시합니다. 관측 데이터를 분석하여 사회 현상을 연구하는 사회 과학, 상관관계가 아닌 인과 관계를 명확히 규명해야 하는 역학 분야에서 이 책이 유용하게 쓰일 것으로 생각합니다. 또한 변수들 간의 연관성을 깊게 생각하지 않고 분석 방법에만 많은 노력을 기울였던 사람들도 이 책을 통해서 생각의 틀을 바꿀 수 있을 것으로 기대합니다.

이 책은 통계학에 대한 지식이 부족한 사람들도 쉽게 이해할 수 있게 쓰였습니다. 1장에서는 확률, 그래프 이론, 구조 모형 방정식에 대해 간략히 설명하고, 2장에서는 그래프 모형을 이용해서 인과 모형을 설명합니다. 3장에서는 개입의 효과 및 매개 분석, 4장에서는 만약을 가정한 상황에서의 결과를 예측하는 방법 등을 설명합니다. 이 책에는 뒷문 기준, 앞문 기준과 같이 기존 국내 서적에서는 소개된 적 없는 용어 및 이론이 등장합니다. 새로운 용어의 번역에 있어서 원어의 뜻을 충분히 반영하기 위해 노력하였습니다. 이 책의 마지막 부분에는 번역된 용어의 영문 표현을 추가하여 수록하였습니다. 번역에 이상하거나 어색한 부분이 남아 있을 수 있습니다. 이 점에 대해서는 독자 여러분의 조언과 충고를 부탁드립니다. 이 책의 출판과 번역에 도움을 주신 이화여대 통계학과 안재윤 교수님, 인하대 통계학과 이우주 교수님, 교우사 오판근 대표님, 남궁양 부장님, 편집부 이소정 선생님께 감사의 말씀을 전합니다.

옮긴이 김미정

저자 머리말

데이터를 잘 이해하고자 할 때, 통계학자는 인과 문제 (causal questions)에 의해 동기가 부여됩니다. 예를 들어, “질병 예방을 위한 치료법은 얼마나 효과적인가?”, “비만과 관련된 의료비용을 추정할 수 있는가?”, “정부 정책으로 2008년의 금융 위기를 막을 수 있는가?”, “고용 기록을 통해 고용주가 성 차별을 했다고 판명할 수 있는가?”라는 질문을 할 수 있습니다.

이러한 질문의 독특한 특성은 통계학의 전통적인 언어로는 답변할 수 없거나 심지어 표현할 수 없다는 것입니다. 사실, 최근 들어서야 과학이 그러한 질문을 표현하는 데 사용할 수 있는 수학적 언어를 갖추었으며, 데이터로부터 그 질문에 답할 수 있는 도구를 이용하게 되었습니다.

이러한 도구의 개발은 인과 관계 (causality)가 통계학 및 관련 분야의 다양한 부분, 특히 사회 및 생물 의학 분야에서 다루어지는 방식에 혁명을 일으켰습니다. 예를 들어, 2003년 샌프란시스코에서 열린 통계학 학회 Joint Statistical Meeting의 기술 프로그램에는 “원인 (cause)” 또는 “인과의 (causal)”라는 단어가 포함된 논문이 13개 밖에 없었습니다. 그러한 논문의 수는 2014년 보스턴 통계학 학회에서는 100개를 넘어섰습니다. 이 수치는 통계 조사에서 새로운 문제와 도전에 대한 전례 없는 관심을 나타내고 통계학 연구의 초점을 바꾸는 변화가 있었음을 보여줍니다. 하버드대 정치학과 교수 Gary King은 역사적으로 혁명적인 변화가 있었음을 다음과 같이 표현하였습니다. “인과 추론 (causal inferences)에 대한 지난 수십 년 동안의 연구 성과가 그 이전에 기록된 연구 성과를 모두 모은 것보다 더 많았습니다.”

그러나 이러한 변화는 통계학 교육자들 사이에서는 거의 볼 수 없었으며 통계 교과서, 특히 입문서 교재에서는 빠져 있었습니다. 이러한 불균형이 초래된 원인은 통계학 교육의 전통과 통계학자들이 통계적 추론의 역할을 보는 방법에 깊이 뿌리 내리고 있다는 사실에 있습니다.

Ronald Fisher는 영향력 있었던 그의 연설에서 “통계적 방법을 연구하는 목적은 데이터를 감소시키기 위한 것”이라고 언급하였습니다 (Fisher 1922). 그러한 목표에 부합하면서, 데이터를 이해하기 위한 전통적인 방법인 “추론 (inference)”은 관심 변수 집합 또는 그러한 분포의 특정 변수의 결합 분포에 대한 간략한 수학적 설명을 찾는 것이 되었습니다. 추론을 위한 이 일반적인 전략은 통계학자와 데이터 과학자뿐만 아니라 통계학의 기본적인 과정을 밟은 사람에게 매우 친숙합니다. 사실, 다양한 우수 서적은 사용 가능한 데이터에서 최대한의 정보를 추출할 수 있는 현명하고 효과적인 방법을 설명합니다. 이 책은 초보인 독자가 실험 설계에서 모수 추정 및 가설 검정에 이르기까지 모두 이해할 수 있도록 매우 자세하게 설명합니다. 그러나 이러한 기술 (technique)의 목표는 데이터를 다루는 과정이 아니라 데이터를 설명하기 위한 것입니다. 대부분의 통계학 교과서의 목차에는 "인과의 (causal)" 또는 "인과성 (causation)"라는 단어가 없습니다.

그러나 많은 통계적 추론의 핵심이 되는 근본적인 문제는 인과성입니다. 한 변수의 변화가 다른 변수의 변화를 일으키는지, 그렇다면 변화의 원인은 무엇인가? 우리는 원인과 결과에 관심이 있지만, 통계적 추론의 기초적인 방법은 이러한 질문을 피하면서, 모수의 추정치가 관련된 측정값인지에 대해서 논합니다.

대부분의 통계학 입문 교과서는 다음 문장들을 설명하는 것을 최선으로 하고 있습니다. 첫째, "연관성은 인과성을 의미하지 않는다. (association does not imply causation)"는 통계학 교과서에서 자주 인용되는 격언과 같은 문장입니다. 또는 교락 (confounding)에 대해 간단히 설명하시오. "잠복 변수 (lurking variables)"가 관심 있는 두 변수 사이의 명백한 관계를 잘못 해석할 수 있음을 설명하시오. 이런 식입니다. 다음으로는, 가장 굵은 글씨로 쓰인 다음과 같은 질문이 제시됩니다. "x와 y의 인과 관계는 어떻게 성립될 수 있는가?" 그리고 무작위 실험에 의존하는 오래된 "표준 (gold standard)" 접근법에 대한 답은 오늘날까지도 미국과 그 밖의 나라에서 약물 승인 과정의 초석 (the cornerstone of the drug approval process)으로 남아 있습니다.

그러나 무작위 실험을 통해 대부분의 인과 관계에 대한 문제를 해결할 수 없다는 점을 감안할 때 학생과 강사는 완전히 랜덤하지 않은 상황에서 합리적인 확신을 가지고 말할 수 있는 것이 있는지 의문을 가질 수 있습니다.

간단히 말하자면, 인과 모형 (causal models)과 인과 모수 (causal parameters)에 대한 논의를 피함으로써 통계학 입문 교과서는 통계 기법이 과학적 인과 문제를 다루는 방법을 이해할 수 있는 근거를 독자들에게 제공하지 못합니다.

이러한 괴리를 해결하고 자연 과학 및 사회 과학에서 거의 모든 비실험 연구 (nonexperimental study)를 둘러싼 인과 문제를 다루기 위해 기초 통계학을 배우는 학생과 가르치는 강사들을 돕는 것이 이 입문서의 취지입니다. 이 책에서는 우리가 이해하고자 하는 인과 모수를 정의하고 관측 연구 (observational studies)에서 이러한 모수를 추정하기 위해 어떤 가정이 필요한지 보여주는 간단하고 자연스러운 방법에 중점을 두고 있습니다. 또한 이러한 가정이 수학적으로 투명하게 표현될 수 있으며 간단한 가정과 수학적 도구를 사용하여 이러한 가정에 대해 검증 가능한 효과 (testable implications)를 식별할 수 있는 처리 방법 및 정책 개입을 인과 관계의 추정 가능한 수치로 변환할 수 있음을 보여줍니다.

우리의 목표는 잠깐 멈추는 것입니다. 효과적인 통계적 추정치와 그와 관련된 불확실성의 수준을 산출하기 위해 자료를 사용하는 최적의 추정 방법을 상세하게 다루지는 않습니다. 그러나 인과 추론에 대한 연구에서 광범위하게 다루는 상대적으로 진보된 아이디어를 논할 것입니다. 따라서 인과성에 대한 철저한 이해를 통해 통계 모형과 추론을 쉽게 연동시킬 수 있는 방법을 설명하는 이 간략한 책이 표준 입문 통계 교과서와 함께 사용할 수 있기를 바랍니다.

더 간단히 말하자면, 인과 관계에 관한 질문을 배제하고, 그러한 질문에 답하기 위해 개발된 간단하면서도 강력한 도구를 활용하지 않는다면 통계적 추론을 효과적으로 수행할 수 없다는 것이 우리가 강하게 믿는 바입니다. 인과적인 사고 (thinking causally)가 가장 간단하고 복잡한 통계 데이터 분석에 대해서 훨씬 더 흥미진진하고 만족스러운 접근을 유도한다는 것 또한 우리가 경험한 것입니다. 이것은 새로운 관찰이 아닙니다. Virgil은 기원전 29년에 훨씬 간결하게 말하였습니다.

"Felix, qui potuit rerum cognoscere causas" (Virgil 29 BC)
(행운은 어떤 사건의 원인을 알게 되는 것이다)

이 책은 네 개의 장으로 구성되어 있습니다.

1장에서는 독자가 책의 전반적인 내용을 이해하는 데 필요한 기본적인 통계, 확률 및 그래프 개념을 다룹니다. 또한 인과 모형을 포함한 인과성의 기본 개념을 소개하고, 데이터만으로는 설명할 수 없는 정보를 전달하는 모형에 대한 예제를 설명합니다.

2장에서는 인과 모형이 통계적 종속성의 패턴을 통해 데이터에 반영되는 방법을 설명합니다. 데이터셋이 주어진 인과 모형을 준수하는지 여부를 결정하는 방법을 설명하고 주어진 데이터셋을 설명하는 모형을 찾는 방법을 간략하게 설명합니다.

3장은 인과 모형을 사용하여 예측하는 방법과 정책 개입을 통한 개입 (intervention)의 결과를 예측하는 것에 중점을 둡니다. 여기서 우리는 공변량에 대한 조정

(adjustment)과 역확률 가중치 (inverse probability weighing)를 이용하여 교란 편의 (confounding bias)를 줄이는 방법을 소개합니다. 이 장에서는 매개 분석 (mediation analysis)에 대해서도 다루고 있으며 앞서 논의된 인과 추론 방법이 선형 시스템에서 어떻게 작동하는지에 대해 자세히 설명합니다. 이 방법의 핵심은 회귀 계수 (regression coefficients)와 구조 모수 (structural parameters)의 근본적인 차이, 그리고 학생들이 선형 모형에서 인과 효과 (causal effects)를 예측하는 데 회귀 계수와 구조 모수를 어떻게 이용할 수 있는지 설명합니다.

4장에서는 반사실 사건 (counterfactuals)의 개념을 소개합니다. 과거의 상황에서 실제와 다르게 선택했을 경우에 일어났을 사건에 대한 가능성을 계산하고, 실제 질문을 통해 답할 수 있는 방법에 대해 설명합니다. 이 장은 이전 장보다 참신한 표기법과 질문의 가설적인 특성을 이용해서 다소 향상된 방법을 제시합니다. 그러나 이전 장에서 사용한 것과 동일한 과학적 모형을 사용하여 반사실 사건에 대한 확률을 파악하고 계산함으로써 학생과 강사는 이러한 분석 방법을 쉬운 여정처럼 느끼게 될 것입니다. 친근한 수학적 수준에서 반사실 사건을 이해하고자 하는 사람들은 이 장을 좋은 시작점으로 삼길 바라며 이 책에서 택한 모형 기반 접근법 (model-based approach)과 일부 실험자가 통계에서 추구하는 잠재적 결과 프레임워크 (potential outcome framework)를 연결하기 위한 견고한 토대를 찾아야 합니다.

감사의 말씀

이 책은 저자가 지난 20년 동안 UCLA에서 대학원 과정에서 가르치고 있는 인과 추론 (causal inference)에 대해 연구한 결과입니다. 인지 시스템 연구실 (Cognitive Systems Laboratory)의 전 구성원(연구원 및 조교 모두)이 자료의 개발에 참여하고 방법과 예제를 제공하였습니다. Alex Balke, David Chickering, David Galles, Dan Geiger, Moises Goldszmidt, Jin Kim, George Rebane, Ilya Shpitser, Jin Tian, Thomas Verma에게 공을 돌립니다.

우리는 인과 문제에 대해 많은 것을 연구하고 해결책을 제시하고, 또한 일반 대중에게 그 결과물을 제시한 동료들로부터 많은 도움을 받았습니다. 특히 Clark과 Maria Glymour는 인과성 문제에 경청하고 신중한 조언을 해 주었고, Felix Elwert와 Tyler VanderWeele는 통찰력 있는 의견을 제시해 주었습니다. UCLA

Causality 블로그에 많은 방문객과 토론자들이 논란의 여지가 있지만 결코 지루하지 않도록 토론을 활기차게 진행해 주었습니다 (causality.cs.ucla.edu/blog).

Elias Bareinboim, Bryant Chen, Andrew Forney, Ang Li, Karthika Mohan은 텍스트의 정확성과 투명성을 검토하였습니다. Ang과 Andrew는 또한 연습 문제에 대한 해답을 제시하였습니다.

UCLA의 Kaoru Mulvihill는 원고 탈고를 위해 가장 부지런히 타이핑하고, 일러스트하고, 교정하였습니다. Devbie Jupe와 Heather Kay at atiley는 출판 과정 전반에 걸쳐 우리를 인정해주며 격려해주고 이 분야의 책이 현장에서 아주 필요하다는 것을 확신시켜 주었습니다.

마지막으로, National Science Foundation과 the Office of Naval Research에서 저희가 성실하게 그리고 지속적으로 연구할 수 있도록 후원해 주신 것에 대해서 Behzad Kamgar-Parsi에게 특별한 감사의 말씀을 전합니다.

저자에 대해서

Judea Pearl은 캘리포니아 대학교 로스앤젤레스 (University of California, Los Angeles)에서 컴퓨터 공학과 및 통계학 (Computer Science and Statistics) 교수로 재직 중이며, 인지 시스템 연구소 (Cognitive Systems Laboratory)를 운영하면서 인공지능, 인과 추론 및 과학론에 대한 연구를 수행하고 있다. 그는 the Journal of Causal Inference의 공동 창립자이자 편집장이며 추론 관련 분야의 세 가지 획기적인 서적을 저술하였다. 최근 저서인 "인과 관계: 모형, 추리와 추론 (Causality: Models, Reasoning and Inference)" (Cambridge, 2000, 2009)에서 현대 인과 분석에 사용된 다양한 방법을 소개하였다. 런던 정치경제 대학교 (London School of Economics)에서 Lakatosh Award를 수상하였으며 그의 책은 9,000개 이상의 자연과학 출판물에서 인용되었다.

Pearl은 National Academy of Sciences, National Academy of Engineering, the Association for Artificial Intelligence의 창립 펠로우이다. 그는 확률 및 인과 추론에 근본적인 기여를 한 공로로 Technion의 Harvey Prize와 ACM Alan Turing Award를 비롯한 많은 상을 수상하였다.

Madelyn Glymour는 카네기 멜론 대학교 (Carnegie Mellon University)의 데이터 분석가이자 UCLA의인지 시스템 연구소 (Cognitive Systems Laboratory)의 과학 저술가 겸 편집장이다. 주된 연구 분야는 인과적 발견과 복잡한 관념을 다양한 사람들이 이용할 수 있도록 하는 것이다.

Nicholas P. Jewell은 캘리포니아 대학교 버클리 (University of California, Berkeley)의 생물 통계학과 및 통계학과 (Biostatistics and Statistics) 교수이다. 그는 1981 년부터 버클리 대학에서 다양한 학술 및 행정직을 역임하였으며 1994년부터 2000년까지 부교무처장 (Vice Provost)으로 근무하였다. 또한 에딘버러 대학교 (University of Edinburgh), 옥스포드 대학교 (Oxford University), 런던 위생열대의학대학교 (the London School of Hygiene and Tropical Medicine), 교토 대학 (the University of Kyoto)에서 다양한 학문적인 교류를 하였다. 2007년에는 이탈리아 록펠러 재단 벨라지오 연구 센터 (Rockefeller Foundation Bellagio Study Center)에서 펠로우로 재직하였다.

Jewell은 American Statistical Association, Institute of Mathematical Statistics 및 the American Association for the Advancement of Science (AAAS)의 펠로우이다. 또한 Snedecor Award에서 수상하였으며, 하버드 대학교 (Harvard University)의 Statistical Science에서 Marvin Zelen Leadership Award를 수상하였다. 그는 현재 the Journal of the American Statistical Association의 편집장이며, AAAS의 통계 분야의 의장이다. 그의 연구 분야는 전염병 및 만성 질환 역학, 약물 안전성 평가, 시간 경과에 따른 분석 및 인권 문제에 통계적 방법을 적용하는 것이다.

차례

Chapter 01

서문: 통계 및 인과 모형

1.1 인과성을 왜 연구하는가?

"인과성을 왜 연구하는가? (Why study causation?)"라는 질문에 대한 답은 "통계학을 왜 연구하는가? (Why study Statistics?)"에 대한 답과 거의 같은 것처럼 느껴진다. 데이터를 이해하고, 행동과 정책에 대한 결정을 내리고, 성공과 실패를 통해 배우기 위해 인과성 (causation)을 연구한다. 우리는 흡연이 폐암에 미치는 영향, 교육과 급여와의 관계, 탄소 배출이 기후에 미치는 영향을 추정해야 한다. 우리가 가장 원하는 것은, "어떻게" 그리고 "왜" 영향을 미치는지에 대한 이유를 이해하는 것이다. 예를 들어, 과거에 많은 사람들이 믿었듯이 말라리아가 모기나 "공기"로 전염되는지 여부를 아는 것은, 다음에 늪지로 여행할 때에 모기장이나 호흡 마스크를 준비해야 하는지에 대한 답을 제시해 줄 수 있다.

"왜 인과성을 전통적인 통계학 커리큘럼과는 다르게 별도의 주제로 연구해야 하는가?"라는 문제에 대한 대답은 아주 명확하지는 않다. "인과성"의 개념은 그 자체로 생각할 때 무엇보다 검증된 방법과 실증적인 통계 방법으로는 불가능하다는 것을 뜻하는 것일까?

이 문제에 대한 답은 꽤 많이 밝혀졌다. 엄격하게 접근할 때, 인과성은 단지 통계학의 한 양상이 아니라는 점이다. 인과 관계는 통계학에 추가된 한 방법인데, 전통적인 통계 방법만으로는 불가능한 부분을 통계를 이용해서 보여줄 수 있는 축적된 방법이라고 볼 수 있다. 예를 들어, 위에서 언급한 문제 중 어느 것도 표준 통계 언어로 정확히 표현할 수 없기 때문에, 인과 관계에 대한 연구는 많은 사람들에게는 놀라운 일일 수 있다.

통계학에서 인과성의 특별한 역할을 이해하기 위해 통계학 문헌에서 가장 흥미로운 퍼즐 중 하나를 맞춰 나가려고 한다. 위에서 언급한 것처럼, 원인과 효과의 관계 (cause-effect relationship)를 다루기 위해 통계학의 전통적 언어가 새로운 요소로 강화되어야하는 이유를 생생하게 설명하도록 한다.

1.2 심슨의 역설

심슨의 역설 (Simpson's Paradox)은 역설을 처음으로 대중화한 통계학자 Edward Simpson (1922년 출생)의 이름을 따서 명명한 것으로, 전체 인구에서는 유지되는 통계적 연관성 (statistical association)이 하위 집단에서는 유지되지 않는 현상을 의미한다. 예를 들어, 흡연하는 학생이 그렇지 않은 학생보다 평균 성적이 높다는 것을 알 수 있다. 그러나 학생의 나이를 고려했을 때, 모든 연령 그룹에서 흡연자는 비흡연자보다 낮은 성적을 얻는다는 것을 알 수 있다. 그런 다음, 나이와 소득 수준을 모두 고려하면 흡연자가 같은 연령과 같은 소득 수준의 비흡연자보다 높은 점수를 받는다는 사실을 발견할 수 있다. 점점 더 많은 속성을 고려함에 따라, 반전이 계속 생길 수 있다. 이러한 맥락에서, 흡연이 성적의 향상을 유발하는지, 어느 방향으로 어느 정도까지 영향을 미치는지 알고자 하지만, 데이터로부터 답을 찾는 것은 바람직하지 않은 것처럼 보인다.

Simpson (1951)이 이용한 고전적 사례에서 환자 집단은 신약을 복용할 수 있는 선택권이 주어진다. 약을 복용한 사람들 중에서 회복된 사람의 비율은 약을 복용하지 않은 사람 중 회복된 사람의 비율보다 낮았다. 그러나 성별로 분류하면, 신약을 복용한 남성들이 신약을 복용하지 않은 남성들보다 더 많은 수가 회복되었고, 여성 중에서도 신약을 복용한 여성들이 그렇지 않은 여성들보다 더 많은 수가 회복되었다! 즉, 이 약은 남성과 여성의 회복을 돕는 것처럼 보이지만, 전체 인구의 회복을 방해하는 것처럼 보인다. 그것은 무의미하거나 심지어 불가능한 것처럼 보인다. 이것이 역설로 간주되는 이유이다. 어떤 사람들은 숫자가 이렇게 결합될 수 있다고 믿기 어려울 것이다. 다음 예제를 통해서 이러한 상황을 이해할 수 있을 것이다.

예 1.2.1

700명의 환자의 회복률을 기록하였다. 총 350명의 환자가 약물 복용을 선택했고, 다른 350명의 환자는 약물을 복용하지 않았다. 연구 결과는 표 1.1에 나와 있다.

첫 번째 행은 남성 환자의 결과를 보여주고, 두 번째 행은 여성 환자의 결과를 보여준다. 세 번째 줄은 성별에 관계없이 모든 환자의 결과를 보여준다. 남성 환자의 경우 신약 복용자의 회복률은 93%로 약을 복용하지 않은 사람들의 회복률 87%보다 더 높았다. 여성 환자의 경우에도 약을 복용한 사람들의 회복률이 73%로 약을 복용하지 않은 사람들의 회복률 69%보다 높았다. 그러나, 전체 환자들 중에서 약을 복용한 사람들의 회복률은 78%로 약을 복용하지 않은 사람들의 회복률 83%보다 낮았다.

데이터를 통해 환자의 성별 (남성 또는 여성)을 알면 약물을 처방할 수 있다고 생각할 수 있지만, 성별이 알려지지 않은 경우에는 약물을 처방할 수 없다는 결론을 얻는다. 정말 이상한 결론이다. 신약이 남성과 여성에게 도움이 된다면 누구에게나 도움이 되어야 한다. 환자의 성별을 모르기 때문에 이 약물이 해롭다고 말하는 것은 논리적이지 않다.

표 1.1 성별에 따른 신약 연구 결과

	신약 복용	신약 복용 안 함
남성 환자	87명 중 81명 회복 (93%)	270명 중 234명 회복 (87%)
여성 환자	263명 중 192명 회복 (73%)	80명 중 55명 회복 (69%)
전체 환자	350명 중 273명 회복 (78%)	350명 중 289명 회복 (83%)

이 연구의 결과를 고려할 때, 의사는 여자, 남자 또는 성별을 알 수 없는 사람에게 약을 처방해도 되는 것일까? 또는 전체 인구에 약물의 전반적인 효과를 평가하는 정책 입안자는 어떤 결정을 내려야 할 것인가. 그 사람은 전체 환자의 회복률을 고려해야하는 것일까? 아니면 성별로 분류된 하위 집단의 회복률을 고려해야 할 것인가?

이 문제에 대한 답은 단순히 통계적인 방법으로는 어떤 방법으로도 찾을 수 없다. 신약이 환자에게 악영향을 끼치거나 도움이 될지에 대해서 결정하기 위해, 먼저 데이터에는 직접적으로 드러나지 않는, 우리가 목격한 결과를 이끌어 내거나 생성시킨 인과적 매커니즘이라고 할 수 있는 내용을 이해해야 한다. 예를 들어, 추가적인 요인을 알고 있다고 가정하자. 에스트로겐은 회복에 부정적인 영향을 미치므로 약의 종류에 관계없이 여성이 남성보다 회복 가능성이 낮다고 하자. 실제로 데이터를 통해서 여성이 남성보다 약물 복용률이 훨씬 높은 것을 확인할 수 있다. 따라서 이 약이 해로운 것처럼 보이는 이유는 전체적으로 약을 복용한 사람을 랜덤하게 선택하면 그 사람은 여성일 가능성이 높으며, 이 약을 복용하지 않은 임의의 사람보다 회복될 가능성이 낮다. 그렇다면, 여성이라는 점이 약물 복용과 회복률 저하의 공통된 원인이라는 것을 분명히 해야 한다. 따라서 신약의 효과를 평가하기 위해서는 동일한 성별의 피험자를 비교해야 한다. 동일한 성별의 피험자 중에서 약물을 복용한 사람과 복용하지 않은 사람들의 차이가 에스트로겐에 기인하는지를 확인해야 한다. 이것은 전체 데이터가 아닌 성별로 나누어진 데이터 결과를 참고해야 한다는 것을 의미하며, 따라서 이 약은 회복에 도움이 된다는 것을 분명하게 보여주고 있다. 이것은 우리의 직감과 일치한다. 그룹으로 나누어진 데이터는 전체 데이터보다 "더 구체적"이며 유익하다.

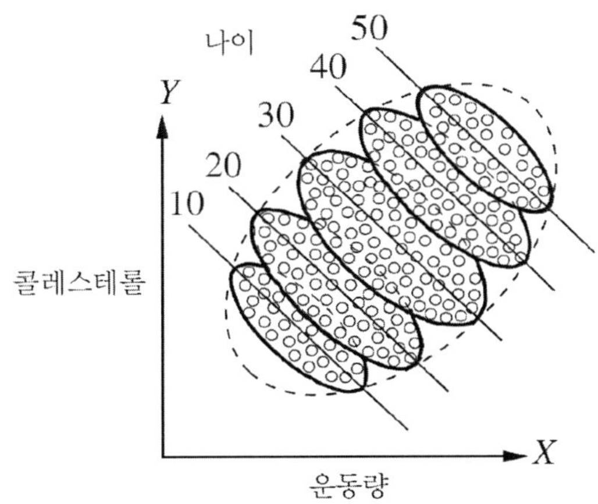

그림 1.1 연령별로 분리한 데이터를 이용하여 운동량과 콜레스테롤의 관계를 연구한 결과.

몇 가지 조정을 통해, 연속적인 예제에서 동일한 반전이 어떻게 발생하는지 확인할 수 있다. 여러 연령대의 주간 운동 (weekly exercise)과 콜레스테롤을 측정하는 연구를 생각해보자. 그림 1.1에서는 X축은 운동량, Y축은 콜레스테롤의 양을 나타낸다. 연령별로 그룹을 만들어 보면, 각 연령별로 일반적인 추세가 있음을 알 수 있다. 젊은 사람들이 운동을 할수록 콜레스테롤 수치가 낮아지는데, 이것은 중년층과 노년층에서도 마찬가지이다. 그러나 동일한 산점도 (scatter plot)를 이용하면서 데이터를 연령별로 구분하지 않으면, 그림 1.2에서는 운동을 할수록 콜레스테롤 수치가 높아지는 양상을 보인다. 이 문제를 해결하기 위해서 다시 한 번 데이터와 관련된 이야기를 살펴보도록 한다. 그림 1.1에서 나이가 많으면 운동량에 상관없이 전반적으로 콜레스테롤 수치가 높은 경향을 보인다. 이러한 사실을 알고 있다면 하위 그룹 데이터와 전체 데이터가 보여주는 다른 결과에 대해서 쉽게 이해할 수 있다. 나이는 처리 (운동)와 결과 (콜레스테롤 수치)의 공통 원인 (common cause)이 된다. 따라서 같은 연령대의 사람들을 비교하기 위해 연령별로 데이터를 조사해야 한다. 운동을 많이 하지만 콜레스테롤이 높은 이유는 운동으로 인한 것이 아니라 나이 때문일 가능성이 높기 때문이다.

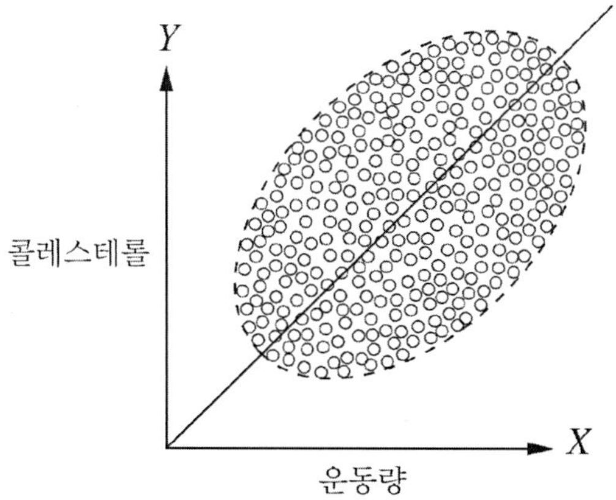

그림 1.2 전체 집단에서 연령과 상관없이 운동량과 콜레스테롤의 관계를 연구한 결과. 데이터는 다양한 연령 그룹 간의 경계가 표시되지 않는다는 점을 제외하면 그림 1.1의 데이터와 동일함.

그러나 그룹별로 나누어진 데이터가 항상 정확한 답을 제공하지는 않을 수도 있다. 첫 번째 신약 복용 및 회복 사례와 같은 숫자를 가진 표를 살펴보도록 한다. 이번에는 환자의 성별을 기록하는 대신에, 실험이 끝날 때의 환자의 혈압을 기록했다. 이 경우에는 약을 복용하면, 환자들의 혈압을 낮춤으로서 회복에 영향을 미친다는 사실을 알고 있다. 하지만, 이것은 안타깝게도 독성 효과로 인한 혈압 강하 효과로 인한 것이다. 실험이 끝나면 표 1.2와 같은 결과를 얻는다. (표 1.2는 표 1.1과 표 안의 수치는 같지만 수치가 의미하는 바는 다르다.)

이제 환자들에게 이 약을 추천하겠는가?

이 문제에 대한 답을 하려면 데이터가 생성된 방식을 따라가야 한다. 이 약이 혈압에 영향을 주기 때문에 전체 환자의 회복 가능성을 높일 수 있다. 그러나 하위 집단, 즉 약 복용 후에도 혈압이 높은 집단과 약 복용 후 혈압이 낮아진 집단에는 신약이 효과가 있다고 볼 수 없다. 단지 약물의 독성 효과가 나타남을 알 수 있다.

표 1.2 약 복용 후 혈압을 측정한 신약 연구 결과

	신약 복용 안함	신약 복용
혈압이 낮아진 환자	87명 중 81명 회복 (93%)	270명 중 234명 회복 (87%)
고혈압이 유지된 환자	263명 중 192명 회복 (73%)	80명 중 55명 회복 (69%)
전체 환자	350명 중 273명 회복 (78%)	350명 중 289명 회복 (83%)

성별로 나누어서 고려한 데이터 예제에서와 같이, 이 실험의 목적은 회복 가능성에 대한 신약의 전반적인 효과를 측정하는 것이었다. 그러나 이 예에서는 혈압을 낮추는 것이 신약이 회복에 영향을 미치는 매커니즘 중 하나이기 때문에 혈압을 기준으로 결과를 분리하는 것은 의미가 없다. (치료 전에 환자의 혈압을 기록하고, 혈압이 치료에 효과가 있다면 이것은 의미가 있는 다른 이야기일 것이다.) 따라서 전체 환자에 대한 결과를 참고하면, 이 약의 처방이 회복 가능성을 높이며 이 약의 복용을 권장해야한다고 결정해야 한다. 놀랍게도 숫자는 성별과 혈압의 예와 동일하지만, 전자의 예에서는 전체 데이터가 아닌 분리된 데이터를 이용할 때에 올바른 결론을 내릴 수 있고, 후자의 예에서는 전체 데이터를 이용할 때에 올바른 결론을 내릴 수 있다.

혈압을 측정하는 시간, 치료가 혈압에 영향을 미치고 혈압이 회복에 영향을 준다는 사실과 같은 정보를 데이터로부터는 그 어떤 것도 얻을 수가 없다. 사실, 통계학 교과서는 전통적으로 (그리고 정확하게) 상관성은 인과성이 아님을 (correlation is not causation) 가르치므로, 데이터만으로 인과 이야기 (causal story)를 결정할 수 있는 통계적 방법은 없다. 결과적으로, 우리의 결정에 도움이 되는 통계적 방법은 없다.

그러나 통계학자들은 항상 이러한 종류의 인과 가정 (causal assumptions)에 근거하여 데이터를 해석한다. 사실, 이 책의 첫 부분에 다루었던 심슨의 문제의 한 사례인 정성적인 (qualitative) 성별의 예에서 드러나는 매우 역설적인 성격은 치료가 성별에 영향을 미치지 않을 것이라는 우리의 강한 확신으로부터 비롯된 것이다. 데이터에 숨어 있는 인과 이야기를 통해 혈압의 예와 같은 구조를 쉽게 가정할 수 있기 때문에

역설을 피할 수도 있다. "치료로 인한 효과가 성별에 따라 다르다"는 가정이 사소해 보일 수도 있지만, 데이터를 통해서 이것을 확인할 방법이 없으며, 일반적인 통계학에서 이용하는 수학적 방법으로는 이것을 표현할 방법이 없다. 실제로, 통계적 추론이 종종 기초를 두는 분할표 (contingency table, 표 1.1과 표 1.2)에서 인과 정보 (causal information)를 표현할 수 있는 방법은 없다.

그러나 인과 가정을 표현하고 해석하는 데 이용할 수 있는 또 다른 통계 방법이 있다. 이 책은 이러한 인과 관계에 대한 방법과 해석에 초점을 두고 있다. 이 방법을 통하여 독자는 복잡성의 인과 시나리오 (causal scenarios)를 수학적으로 설명하고, 대수학 문제에서 X에 대해 풀 수 있는 것처럼 심슨의 역설이 제기한 것과 유사한 의사결정 문제에 대해 신속하고 편안하게 대답할 수 있다. 또한 이 방법을 통해 위의 세 가지 예를 쉽게 구별하고, 적절한 통계 분석 및 해석을 할 수 있다. 간단한 논리적 작업으로 인과성을 계산할 수 있고, 이미 우리가 직관적으로 생각하고 있는 것들, 남성과 여성을 치료하는 데 도움이 되지만, 전체 인구에게 해를 끼치는 약물은 존재하지 않는다는 것, 혈압이 같은 사람을 비교할 필요가 없다는 것에 대해 명확한 답을 줄 수 있다. 이러한 방법을 통해 심슨의 역설을 뛰어넘어 더 이상 직감으로 분석을 할 수 없는 복잡한 문제에 대해서도 접근할 수 있을 것이다. 간단한 수학적 도구를 이용하면 정책 평가의 실질적인 문제는 물론 사건이 어떻게 그리고 왜 발생하는지에 대한 과학적인 문제에 대한 답을 얻을 수 있다.

그러나 우리는 아직까지 그렇게 할 수 있는 준비가 되어 있지 않다. 데이터에 숨어 있는 인과 관계에 대해서 철저히 접근하기 위해서 다음과 같은 네 가지를 필요로 한다.

1) 인과성 (causation)에 대한 실제적인 정의
2) 인과 가정 (causal assumptions)을 공식으로 표현하는 방법, 즉 인과 모형 (causal models)을 만드는 방법
3) 인과 모형의 구조를 데이터의 특징과 연결시키는 방법
4) 모형과 데이터에 포함된 인과 가정의 결합으로부터 결론을 이끌어내는 방법

이 책의 1장과 2장은 인과 가정을 모형화하고, 이를 데이터에 연결하는 방법을 제

공하는 데 초점을 맞추고 있으므로, 3장에서는 인과 문제에 대한 답을 찾기 위해 이러한 가정 및 데이터를 이용할 수 있다. 그러나 계속 진행하기 전에 우리는 인과성(causation)을 정의해야 한다. 직관적이거나 단순해 보일지 모르지만 일반적으로 합의된 인과성의 정의는 수 세기 동안 통계학자와 철학자를 비켜 갔다. 우리의 목적에 부합하는 인과성의 정의는 간단하면서, 약간 은유적인 면이 있다. 어떤 식으로든 변수 Y가 변수 X에 의존하면 변수 X는 변수 Y의 원인 (cause)이다. 나중에 인과성에 대한 정의를 약간 확장할 것이지만, 지금은 인과성을 듣기의 한 형태 (a form of listening)로 생각하기 바란다. Y가 X를 듣고, 듣는 것에 따라 값을 결정하면 X는 Y의 원인이 된다. (X is a cause of Y if Y listens to X and decides its value in response to what it hears.)

독자는 앞서 언급한 인과 방법 (causal methods)을 이해하기 위해, 확률, 통계 및 그래프 이론에 대한 몇 가지 기본 개념을 이해해야 한다. 다음 두 절에서는 인과 관계에 필요한 정의와 예제를 설명할 것이다. 확률, 통계 및 그래프 이론에 대한 기본적인 이해를 갖춘 독자는 어려움 없이 1.5절로 바로 넘어가도 된다.

연습문제

1.2.1 다음 주장에 어떤 문제가 있는가?

(a) "데이터로부터 소득과 결혼이 높은 상관관계를 갖는다는 것을 알 수 있다. 그러므로 결혼하면 수입이 늘어날 것이다."

(b) "데이터에 의하면 화재 발생 건수가 늘어남에 따라 소방관의 수가 증가한다. 따라서 화재를 줄이려면 소방관의 수를 줄여야 한다."

(c) "데이터는 서두르는 사람이 모임에 늦는 경향이 있음을 보여준다. 서두르지 마라. 서두르면 늦을 것이다."

1.2.2 야구 타자 Tim은 동료인 Frank보다 타율이 더 좋다. 그러나 Frank가 오른손을 이용했을 때에는, Tim이 오른손을 이용했을 때보다 타율이 더 좋고, Frank가 왼손을 이용했을 때에는 Tim이 왼손을 이용했을 때보다 타율이 더 좋은 것을 알게 되었다. 어떻게

이런 일이 있을 수 있을까? (당신의 답을 표로 나타내기 바란다.)

1.2.3 다음의 인과 이야기에 대해, 올바른 결론을 내리기 위해 전체 데이터를 이용해야하는지 또는 분리된 데이터를 이용해야하는지 결정하시오.

(a) 신장 결석에는 치료법 A와 치료법 B, 두 가지 치료법이 이용된다. 의사는 결석이 클 경우 (더 심각한 경우) 치료법 A를 이용하고, 결석이 작은 경우 치료법 B를 이용하는 경향이 크다. 자신의 결석의 크기를 모르는 환자는 어떤 치료법이 더 효과적일지 결정할 때, 전체 환자의 데이터 또는 결석의 크기 별로 분리된 환자의 데이터를 조사해야 할까?

(b) 작은 마을에는 두 명의 의사가 있다. 두 의사가 모두 각각 100건의 수술을 했고, 그들이 수행한 수술은 두 가지 종류가 있다. 하나는 매우 어려운 수술이고 다른 하나는 아주 쉬운 수술이다. 첫 번째 의사는 어려운 수술보다 쉬운 수술을 더 자주 수행하고 두 번째 의사는 쉬운 수술보다 어려운 수술을 더 자주 수행한다. 당신이 현재 수술을 해야 하는 상태이지만, 당신이 받아야 하는 수술이 쉬운 수술인지 어려운 수술인지 알 수 없다고 하자. 수술을 성공적으로 마치기 위해서 각 의사가 수행한 전체 수술의 성공률을 고려해야 하는가? 아니면 수술의 쉽고 어려운 정도에 따라 데이터를 나누어서 의사의 성공률을 고려하는 것이 좋은가?

1.2.4 신약의 효과를 평가하기 위해 무작위 실험 (randomized experiment)을 실시했다. 결과적으로 환자의 50%는 신약을, 50%는 위약을 투여하도록 배정 받았다. 실제 실험 하루 전, 간호사에게 주로 우울증의 징후를 보이는 일부 환자에게 막대사탕을 나누어 주도록 했다. 그 중 대부분은 다음날 치료를 받도록 배정되었다. 이상하게도 실험 데이터는 심슨의 역설이 나타났다. 비록 이 약물이 전체 환자에 도움이 되었다고 판명되었지만, 막대사탕을 받은 집단과 받지 않은 집단으로 나누어서 조사했을 때, 약을 복용한 사람은 그렇지 않은 사람보다 회복률이 낮았다. 막대사탕을 먹은 것이 회복에 아무런 영향을 미치지 않는다고 가정하고 다음 문제에 답 하시오.

(a) 약이 전체 환자에게 유익한가?

(b) 당신의 대답은 성별에 관한 자료가 더 적절한 것으로 판단되는 성별의 예와 모순되는가?

(c) 이러한 이야기을 표현할 수 있는 그래프를 그리시오. (1.4 절을 참고해도 좋다)

(d) 이 이야기에서 드러난 심슨의 역설을 어떻게 설명할 수 있는가?

(e) 연구 후에 막대사탕을 (같은 기준으로) 나눠 주면 당신의 대답은 달라질 수 있는가?

[힌트: 막대사탕을 받으면 우울증뿐만 아니라 약물 치료에 배정 될 확률이 높다는 사실을 이용하시오. 우울증은 회복 가능성을 낮추는 위험 요소의 증상이다.]

1.3 확률과 통계

통계학은 일반적으로 절대성이 아니라 가능성을 고려하기 때문에 확률의 언어는 매우 중요한 역할을 한다. 대부분의 인과 관계에 대한 진술은 불확실하기 때문에 확률은 인과 관계 연구에서도 마찬가지로 중요하다. (예: "부주의한 운전은 사고를 유발한다"는 말은 부주의한 운전자가 반드시 사고를 낸다는 것을 의미하지는 않는다.) 확률은 우리가 불확실성을 표현하는 방식이다. 이 책에서 우리는 세상에 대한 우리의 신념과 불확실성을 표현하기 위해 확률의 언어와 법칙을 이용할 것이다. 확률에 대한 배경 지식이 없는 독자를 돕기 위해 이 책 내용의 나머지 부분을 이해하기 위해 알아야 할 가장 중요한 용어와 개념에 대한 설명을 하도록 한다.

1.3.1 변수

변수는 여러 값을 가질 수 있는 속성을 가진 것 또는 그러한 속성을 설명하는 것이다. 예를 들어, 흡연자와 비흡연자의 건강을 비교하는 연구에서 흡연자인 참가자의 나이, 참가자의 성별, 참가자의 암 발병 여부, 참가자의 수 등이 변수로 이용될 수 있다. 이 때, 질문하는 부분이 변수가 될 수 있으며, 이에 대한 답변 또한 변수가 될 수 있다. 예를 들어, "이 참가자는 몇 살입니까?" "38세입니다." 여기에서 "연령"은 변수이고 "38"은 그 질문에 대한 답이다. 변수 X가 값 x를 가질 확률은 $P(X=x)$로 표시된다. 이것은 종종 $p(x)$로 축약해서 표현되기도 한다. 한 번에 여러 값의 확률을 나타낼 수도 있다. 예를 들어, $X=x$ 및 $Y=y$인 확률은 $P(X=x, Y=y)$ 또는 $p(x,y)$로 표시된다. $P(X=38)$은 모집단에서 랜덤하게 선택된 사람이 38세인 확률이라고 해석할 수 있다.

변수는 이산 (discrete) 또는 연속 (continuous)일 수 있다. 이산 변수 [때로는 범주형 변수 (categorical variables)라고 함]는 모든 범위에서 유한한 값 또는 제한이 없는 무한한 값 집합 중 하나를 취할 수 있다. 표준 전등 스위치의 상태를 설명하는 것은 불규칙하다. 왜냐하면 "켜짐"과 "꺼짐"의 두 값이 있기 때문이다. 연속 변수는 연속인 무한한 값을 가진 집합 중 하나를 취할 수 있다. (즉, 두 값 사이에 세 번째 값이 있음) 예를 들어, 체중은 실수로 측정되기 때문에 사람의 체중을 자세하게 설명하는 변수는 연속 변수이다.

1.3.2 사건

사건은 변수 또는 변수의 집합에 특정 값 또는 특정 집합을 지정하는 것이다. "$X=1$"은 사건이다. "$X=1$ 또는 $X=2$", "$X=1$이고 $Y=3$", "$X=1$ 또는 $Y=3$" 모두 사건이다. "동전을 던졌을 때 앞면이 나온다", "피험자가 40세 이상이다", "환자가 회복한다" 모두 사건이다. 첫 번째로, "동전을 던졌을 때의 나온 결과"는 변수이고, "앞면"은 그 변수가 갖는 값이다. 두 번째로, "피험자의 나이"는 변수이고, "40세 이상"은 그 변수가 갖는 값의 집합이다. 세 번째, "환자의 상태"는 변수이고 "회복"은 그 변수가 갖는 값이다.

이러한 "사건"의 정의는 우리의 일상적인 개념과 상충된다. 예를 들어, 일상 대화에서 특정 연령의 사람을 사건으로 지정하지는 않겠지만, 통계학에서는 1세인 사람 또한 하나의 사건으로 지정할 수 있다. 통계학에서 사건을 생각하는 또 다른 예는 다음과 같다. 모든 선언문 (true 또는 false 일 수 있는 명령문)은 사건이 될 수 있다.

연습문제

1.3.1 문제 1.2.4의 막대사탕 이야기에서 이용된 변수와 사건을 식별하시오.

1.3.3 조건부 확률

어떤 사건 B가 발생했다는 것을 알고 있는 상황에서 어떤 사건 A가 발생할 확률은 B가 주어졌을 때의 A의 조건부 확률 (conditional probability of A given B)이다. $Y=y$로 주어졌을 때, $X=x$의 조건부 확률은 $P(X=x|Y=y)$로 표현된다. 일반 확률과 마찬가지로 이것은 종종 $P(x|y)$로 표현되기도 한다. 흔히 사건 "$X=x$"의 확률은 "$Y=y$"라는 정보에 따라 크게 달라진다. 예를 들어, 현재 독감에 걸릴 확률은 매우 낮다. 하지만, 당신의 체온이 화씨 102도 (섭씨 38.9도)이라면 당신이 독감에 걸릴 확률은 더욱 높아질 것이다.

표 1.3 2012년 선거에서 유권자의 연령별 수 (단위: 1,000명)

연령별 그룹	유권자 수
18-29	20,539
30-44	30,756
45-64	52,013
65+	29,641
	132,948

데이터셋의 빈도로 표시되는 확률을 처리할 때 조건부 설정을 하는 한 가지 방법은 하나 이상의 변수 값을 기반으로 데이터셋을 필터링 (filtering)하는 것이다. 예를 들어, 지난 대통령 선거에서 미국 유권자들의 나이를 살펴보았다. 센서스국 (Census Bureau)에 따르면 표 1.3에 나와 있는 데이터셋을 얻을 수 있다. 표 1.3에서, 총 132,948,000명의 유권자 중 나이가 45세 미만인 유권자에 대한 확률은 다음과 같다.

$$P(\text{유권자의 나이} < 45) = \frac{20,539,000 + 30,756,000}{132,948,000} = \frac{51,295,000}{132,948,000} = 0.39$$

그러나 어떤 유권자가 29세보다 나이가 많다는 것을 알고 있을 때, 이 유권자의 나이가 45 세보다 낮을 확률을 추정한다고 가정하자. 이를 알아내기 위해 단순히 데이터를 필터링하여 새로운 집합을 만든다. (표 1.4에 나와 있는 것처럼 유권자가 29세 이상인 경우만 이용한다.)

표 1.4 2012년 선거에서 유권자의 연령별 수 (단위: 1,000명)

연령별 그룹	유권자 수
30-44	30,756
45-64	52,013
65+	29,641
	112,409

이 새로운 데이터셋에는 총 유권자 수가 112,409,000이므로 조건부 확률은 다음과 같이 계산된다.

$$P(\text{유권자의 나이} < 45 | \text{유권자의 나이} > 29) = \frac{30,756,000}{112,409,000} = 0.27$$

이와 같은 조건부 확률은 다르게 필터링하거나 또는 노출 및 조건을 다르게 하여 결과의 확률 [또는 위험 (risk)]을 비교할 수 때문에 인과 문제를 조사하는 데 중요한 역할을 한다. 예를 들어, 흡연자에 대한 폐암 발생 확률은 비흡연자의 폐암 발생 확률과 어떻게 비교할 수 있는가?

연습문제

1.3.2 미국 성인 인구의 성별과 교육 수준 간의 관계를 보여주는 표 1.5를 보고 답하시오.

(a) $P(\text{고등학교})$을 구하시오.

(b) $P(\text{고등학교 또는 여성})$을 구하시오.

(c) $P(\text{고등학교}|\text{여성})$을 구하시오.

(d) $P(\text{여성}|\text{고등학교})$을 구하시오.

표 1.5 남성과 여성의 교육 수준의 비율

성별	교육 수준	사람 수 (단위: 100,000명)
남자	고등학교 미만	112
남자	고등학교	231

성별	교육 수준	사람 수 (단위: 100,000명)
남자	대학교	595
남자	대학원	242
여자	고등학교 미만	136
여자	고등학교	189
여자	대학교	763
여자	대학원	172

1.3.4 독립성

한 사건의 확률이 다른 사건의 발생에 영향을 미치지 않을 수도 있다. 예를 들어, 체온이 높다는 것을 알게 되면 독감에 걸릴 확률이 높아질 수는 있으나, 친구인 Joe가 38세라는 사실을 알게 되어도 독감에 걸릴 확률은 전혀 바뀌지 않는다. 이와 같은 경우에 우리는 두 사건이 독립이라고 말한다. 사건 A와 사건 B가 독립이라는 것은 다음과 같이 확률로 나타낼 수 있다.

$$P(A|B) = P(A) \tag{1.1}$$

즉, 사건B가 발생했다는 정보는 사건A가 발생할 확률에 대한 추가적인 정보를 제공하지 못한다. 이 등호가 유지되지 않는다면, A와 B는 종속적 [또는 의존적 (dependent)] 관계라고 한다. 의존성 (dependence)과 독립성 (independence)은 대칭 (symmetric) 관계를 갖고 있다. A가 B에 종속적이면 B 역시 A에 종속적이고 A와 B가 독립이면, B는 A와 독립이다. (식으로 표현하면, $P(A|B) = P(A)$이면 $P(B|A) = P(B)$가 된다.) 이것은 직관적인 의미를 갖는다. '연기'가 '화재'에 대해 알려주는 경우 '화재'는 '연기'에 대해 알려주어야 한다.

세 번째 사건 C가 주어졌을 때, 두 사건 A와 B가 조건부 독립이면 다음과 같이 나타낼 수 있다.

$$P(A|B, C) = P(A|C) \tag{1.2}$$

또한 $P(B|A, C) = P(B|C)$가 성립한다. 예를 들어, "연기 감지기가 울린다 (사건

A)"는 사건은 "근처에 화재가 났다 (B)"는 사건에 의존적이다. 그러나 "근처에 연기가 있다 (C)"는 세 번째 사건이 조건부로 주어지면 이 두 사건은 조건부 독립인 사건이 될 수 있다. 연기 감지기는 연기가 있을 때에만 작동하지만, 연기의 원인이 되는 화재에 대해서 직접 반응하지는 않기 때문이다. 데이터셋이나 확률 테이블을 다룰 때, 만약 사건 C로 인해 필터링된 새로운 데이터셋에서 사건 A와 사건 B가 독립이라면, 사건 C라는 조건 하에서, A와 B는 조건부 독립이라고 한다.

사건처럼, 변수는 서로 의존적일 수도 있고 독립일 수도 있다. 만약, X가 가질 수 있는 모든 x와 Y가 가질 수 있는 모든 y가 독립이라면, 두 변수 X와 Y는 독립이라고 하고, 다음과 같이 표현한다.

$$P(X=x|Y=y)=P(X=x) \tag{1.3}$$

(사건의 독립성과 마찬가지로, 변수의 독립성은 대칭 관계이므로 식 (1.3)은 $P(Y=y|X=x)=P(Y=y)$를 의미한다.) X와 Y의 어떤 값 쌍 (x,y)에 대해서 식 (1.3)의 등호가 유지되지 않는다면, X와 Y는 종속적이라고 한다. 이러한 의미에서, 변수의 독립성은 사건의 독립성의 집합으로 이해될 수 있다. 예를 들어, "키"와 "음악적 재능"은 독립 변수이다. 모든 키 h와 음악적 재능 m에 대해, 어떤 사람의 음악적 재능이 m이라는 사실을 알게 되더라도, 그 사람의 키가 h 피트일 확률이 변하지는 않는다.

1.3.5 확률 분포

변수 X에 대한 확률 분포는 X가 가질 수 있는 각각의 값에 할당된 확률의 집합을 뜻한다. 예를 들어, X가 1, 2, 3의 3가지 값을 취할 수 있는 경우, X에 대한 가능한 확률 분포는 $P(X=1)=0.5$, $P(X=2)=0.25$, $P(X=3)=0.25$이다. 확률 분포에서 확률은 0과 1 사이에 있어야하며 합계는 1이어야 한다. 확률이 0인 사건은 불가능한 사건을 뜻하고, 확률 1인 사건은 반드시 일어나는 사건을 뜻한다.

연속 변수도 확률 분포를 갖는다. 연속 변수 X의 확률 분포는 함수 f로 표시하고, f를 X의 확률 밀도 함수라고 한다. f가 좌표 평면에 그려지면, 변수 X의 값이 a와

b 사이에 있을 확률은 a와 b사이에 해당하는 곡선 아래 영역이며, 미적분학을 공부한 사람들은 알 수 있듯이, 그 면적은 $\int_a^b f(x)dx$로 계산할 수 있다. 전체 곡선 아래 영역, $\int_{-\infty}^{\infty} f(x)dx$은 반드시 1과 같게 된다.

2개 이상의 변수의 집합은 결합 분포 (joint distribution)라고 하는 확률 분포를 갖는다. 변수의 집합 V의 결합 분포는 V에 있는 변수 값의 가능한 조합의 확률 집합이다. 예를 들어, V가 2개의 변수, X와 Y의 집합인 경우, V에 대한 하나의 가능한 결합 분포는 "$P(X=1, Y=1)=0.2$, $P(X=1, Y=2)=0.1, P(X=2, Y=1)=0.5$, $P(X=2, Y=2)=0.2$."이다. 단일 변수 분포와 마찬가지로, 결합 분포의 확률의 합은 1이 되어야 한다.

1.3.6 총 확률 법칙

유용한 보편적 사실이 몇 가지 있다. 첫째, 임의의 2개의 상호 배반적인 (mutually exclusive) 사건 A 및 B에 대해 (즉, 사건 A와 사건 B는 동시에 발생할 수 없음), 다음 식이 성립한다.

$$P(A \text{ 또는 } B) = P(A) + P(B) \tag{1.4}$$

따라서, 두 사건 A와 사건 B에 대해 다음 식이 성립한다.

$$P(A) = P(A,B) + P(A, B\text{가 아닌 사건}) \tag{1.5}$$

위의 식에서, A이면서 B인 사건은 A이면서 B가 아닌 사건은 동시에 발생할 수 없으므로 상호 배반적이 (mutually exclusive) 되기 때문이다. 즉, 사건 A가 일어난 경우는 A이면서 B이거나 A이면서 B가 아닌 경우 둘 중 하나이다. 예를 들어, "Dana는 키가 큰 남자"라는 사건과 "Dana는 키가 큰 여자"라는 사건은 상호 배반적인 사건이다. Dana가 키가 크다면, Dana는 키가 큰 남자이거나 키가 큰 여자이어야 한다. 그러므로 $P(Dana\text{는 키가 크다}) = P(Dana\text{는 키가 큰 남자이다}) + P(Dana\text{는 키가 큰 여자이다})$는 식이 성립한다.

좀 더 일반적인 경우에, 사건의 집합 $B_1, B_2, \cdots, B_n$에 대해서 이 사건 중 반드시 하나는 일어나야 한다면 (상호 배반적인 집합의 합집합이 전체집합이 될 때 partition이라고 함), 다음과 같은 식이 성립한다.

$$P(A) = P(A, B_1) + P(A, B_2) + \cdots + P(A, B_n) \tag{1.6}$$

총 확률 법칙 (law of total probability)으로 알려진 이 규칙은 일상용어로 표현하면 의미가 좀 더 분명해진다. 카드 게임에서 임의의 카드를 뽑았을 때 카드가 잭 (Jack)이 될 확률은 그 카드가 잭 (Jack)이면서 스페이드 (spade)일 확률, 그 카드가 잭이면서 하트 (heart)일 확률, 그 카드가 잭이면서 클럽 (club)일 확률, 그 카드가 잭이면서 다이아몬드 (diamond)일 확률을 모두 더한 값과 같다. 각각의 B_i와 A가 동시에 일어난 경우의 확률을 합산함으로써 사건 A의 확률을 계산하는 것은 B에 대한 주변화 (marginalizing)라고 부르며, 그 결과로 얻은 확률 $P(A)$는 A의 주변 확률 (marginal probability)이라고 한다.

B에 대한 확률과 B가 주어졌을 때 A의 조건부 확률을 알면 간단한 곱셈으로 A와 B가 동시에 일어날 확률을 구할 수 있다.

$$P(A, B) = P(A|B)P(B) \tag{1.7}$$

예를 들어 Joe가 재미있고 똑똑할 확률은 똑똑한 사람이 재미있을 확률과 Joe가 똑똑할 확률을 곱한 것과 같다. 다음 나눗셈을 살펴보자.

$$P(A|B) = P(A, B)/P(B)$$

이것은 조건부 확률 (conditional probability)의 정의로 알려진 공식이며, 표 1.3과 표 1.4에서 보았듯이 B라는 조건으로 가능한 사건을 필터링한 후, 그 안에서 A라는 사건을 고려한 것으로 생각할 수 있다. 가능한 모든 사건에서 B라는 조건부로 B와 충돌하는 (conflict) 모든 사건을 테이블에서 제거한다. 그 결과 얻어진 서브 테이블은 원래의 테이블과 마찬가지로 확률 분포를 나타내며 모든 확률 분포와 마찬가지로 합계가 1이어야 한다. 원래 분포에서 집합 B에 해당하는 확률은 $P(B)$이며, 새롭게 얻어진 서브 테이블의 확률의 합이 1이 되게 만들기 위해서는 서브 테이블의 각 사건에

$1/P(B)$을 곱하면, 새롭게 얻어진 서브 테이블에서의 확률을 결정할 수 있다.

지금까지 수식을 이용하지 않고, 독립성의 개념을 "특정 사건이 다른 사건에 추가적인 정보를 제공하지 않는다"는 의미로 이용해 왔는데, 이제는 식 (1.7)을 통해 이러한 독립성의 개념을 확률 분포에서 수치적으로 표현할 수 있다. 특히 사건 A와 사건 B가 독립인 경우, 다음과 같은 식이 성립한다.

$$P(A, B) = P(A)P(B)$$

예를 들어, 두 동전의 결과가 정말로 독립인지 확인하려면, 전체 시행 중 두 동전이 동시에 뒷면이 나온 빈도를 계산하고, 각각의 동전이 뒷면이 나온 비율의 곱이 두 동전이 동시에 뒷면이 나온 비율이 같은지 확인하면 된다.

식 (1.7)과 확률 함수 P의 대칭성 $P(A, B) = P(B, A)$를 이용하면, 확률의 가장 중요한 법칙 중 하나인 베이즈 법칙 (Bayes' rule)을 유도해낼 수 있다.

$$P(A|B) = \frac{P(B|A)P(A)}{P(B)} \tag{1.8}$$

여기에 식 (1.7)의 곱셈 규칙을 적용하면, 총 확률의 법칙을 조건부 확률의 가중치 합으로 표현할 수 있다.

$$P(A) = P(A|B_1)P(B_1) + P(A|B_2)P(B_2) + \cdots + P(A|B_k)P(B_k) \tag{1.9}$$

종종 $P(A)$를 직접 구할 수 없는 경우가 발생하기 때문에 A를 분해해서 $P(A)$를 구할 수 있는 이러한 식은 유용하게 이용될 수 있다. $P(A)$를 직접 구하는 것보다 $P(A|B_k)$와 같은 조건부 확률을 구하는 것이 일반적으로 더 수월하다. $P(A|B_k)$는 가장 일반적인 경우인 $P(A)$가 아니라 이 사건이 B_k라는 조건이라는 특정 상황에 속한 경우이다. 예를 들어, 두 개의 공장에서 생산된 도구가 있다고 할 때, 그 중 30%는 공장 A에서 제조되며, 5000개 중 하나는 불량인 반면, 나머지 70%는 공장 B에서 제조되며, 10,000개 중 하나가 불량이라고 하자. 랜덤하게 선택된 도구가 결함이 있을 확률을 구하는 것은 쉬운 계산처럼 보이지 않지만, 식 (1.9)에 따라 사건을 조건에 따라 분해하여 계산하면 이에 대한 답은 쉽게 얻어질 수 있다.

$$
\begin{aligned}
P(\text{불량}) &= P(\text{불량}|A)P(A) + P(\text{불량}|B)P(B) \\
&= \frac{0.30}{5{,}000} + \frac{0.70}{10{,}000} \\
&= \frac{1.30}{10{,}000} = 0.00013
\end{aligned}
$$

또는 좀 더 어려운 예를 들어, 두 개의 주사위를 굴려서 나온 결과에서 두 번째 주사위의 값 (주사위 2)가 첫 번째 주사위의 값 (주사위 1) 보다 클 확률 $P(A) = P(\text{주사위 2} > \text{주사위 1})$ 을 계산하기로 한다. 이 확률을 처음부터 한번에 계산할 분명한 방법은 없다. 그러나 첫 번째 주사위의 값에 해당하는 사건을 $B_1, \cdots, B_6$ 라고 하고 이 사건을 주어진 조건 하에서 A가 일어날 확률을 계산하면, 이 문제는 쉽게 해결된다.

$$
\begin{aligned}
P(\text{주사위 2} > \text{주사위 1}) &= P(\text{주사위 2} > \text{주사위 1}|\text{주사위 1} = 1)P(\text{주사위 1} = 1) \\
&+ P(\text{주사위 2} > \text{주사위 1}|\text{주사위 1} = 2)P(\text{주사위 1} = 2) \\
&+ \cdots P(\text{주사위 2} > \text{주사위 1}|\text{주사위1} = 6)P(\text{주사위 1} = 6) \\
&= \left(\frac{5}{6}\times\frac{1}{6}\right) + \left(\frac{4}{6}\times\frac{1}{6}\right) + \left(\frac{3}{6}\times\frac{1}{6}\right) + \left(\frac{2}{6}\times\frac{1}{6}\right) + \left(\frac{1}{6}\times\frac{1}{6}\right) + \left(\frac{0}{6}\times\frac{1}{6}\right) \\
&= \frac{5}{12}
\end{aligned}
$$

식 (1.9)에서 이용된 분해하는 방법은 때로는 "대안의 법칙 (the law of alternatives)" 또는 "대화의 연장 (extending the conversation)"이라고 한다. 이 책에서는 B에 대한 조건부화 (conditionalizing on B)라고 부를 것이다.

1.3.7 베이즈 법칙의 이용

베이즈 법칙 (Bayes' rule)을 이용하는 경우, 사건 A를 "가설"로, 사건 B를 "증거"로 단순하게 생각할 수 있다. 베이즈 법칙이라는 용어가 있다는 것은 이 법칙이 중요하다는 것을 반영하고 있다. 많은 경우에 우리는 $P(B|A)$ (가설이 맞으면 증거가 발생할 확률)를 알고 있거나 쉽게 결정할 수 있지만, $P(A|B)$ (증거가 있을 때, 가설이 정확할 확률)을 알아내는 것은 훨씬 더 어렵다. 그러나 후자는 우리가 현실 세계에서 가장 알기 원하는 문제이다. 일반적으로 A에 대한 가설에 대해서 증거 B를 추가로 획득하였을 때 $P(A)$에 대한 값을 $P(A|B)$로 업데이트할 수 있다. 이러한 방식으로 베이즈 법칙을 정확하게 이용하려면 각 가설을 하나의 사건으로 취급하고 주어진 상

황에 대한 모든 가설에 사전 확률 (prior)이라고 불리는 확률 분포를 할당해야 한다.

예를 들어, 카지노에 있는데 딜러가 "11!"이라고 외치는 소리가 들린다고 가정해 보자. 당신은 이 카지노에서 단지 두 가지의 게임, 크랩 (craps) 아니면 룰렛 (roulette)일 가능성이 있는 게임이 진행 중이라는 것을 알게 되었다고 하자. 크랩 게임은 룰렛 게임과 마찬가지로 정확히 같은 수의 많은 게임이 진행 중이라고 하자. 딜러가 "11"이라고 외쳤을 때 딜러가 크랩 게임 중인 확률은 얼마인가?

이 경우, 우리는 "크랩 게임 중이다"라고 가설을 세우고, "11"은 우리가 얻은 증거이다. 이 확률을 바로 계산하는 것은 어려운 일이다. 그러나 반대로 크랩 (craps) 게임 중일 때 11이라는 외침을 들을 확률은 계산하기 쉽다. 이것은 게임의 특성과 관련이 있다. 크랩 게임은 도박꾼이 2개의 주사위를 굴린 금액에 베팅하는 게임이다. 따라서 11은 두 개의 주사위가 갖는 경우의 수 36개 중 2가지 (5,6), (6,5)이므로, 확률은 $\frac{2}{36}=\frac{1}{18}$이다. 즉, $P(11|\text{크랩 게임})=\frac{1}{18}$이다. 룰렛 (roulette) 게임에서는 38개의 똑같은 가능성을 가진 결과가 있다. 즉 $P(11|\text{룰렛 게임})=\frac{1}{38}$이다. 이러한 상황에서는 두 가지 가능한 가설을 세울 수 있다. "크랩 게임" 아니면 "룰렛 게임"이다. 이 카지노에는 똑같은 수의 크랩 게임과 룰렛 게임이 진행 중이기 때문에 $P(craps)=\frac{1}{2}$이다. "11"이라는 외침을 듣기 전에 우리의 사전 믿음 (prior belief)은 $\frac{1}{2}$이다. 총 확률 법칙을 이용하면,

$$\begin{aligned} P(11) &= P(11|\text{크랩 게임})P(\text{크랩 게임})+P(11|\text{룰렛 게임})P(\text{룰렛 게임}) \\ &= \frac{1}{2}\times\frac{1}{18}+\frac{1}{2}\times\frac{1}{38}=\frac{7}{171} \end{aligned}$$

이제 우리는 $P(\text{크랩 게임}|11)$을 계산하기 위한 모든 정보를 쉽게 얻은 셈이다.

$$P(\text{크랩 게임}|11)=\frac{P(11|\text{크랩 게임})\times P(\text{크랩 게임})}{P(11)}=\frac{1/18\times 1/2}{7/171}=0.679$$

베이즈 법칙 (Bayes' rule)의 또 다른 유용한 예는 통계학에서 두뇌를 이용해서 풀어야 하는 고전적으로 어려운 문제인 몬티 홀 (Monty Hall) 문제이다. 이 문제에서,

당신은 몬티 홀 (Monty Hall)이라는 사람이 주최하는 게임 쇼에 참가했다고 하자. Monty는 A, B, C 세 가지 문을 보여 준다. 이 세 문 중 하나의 문 뒤에만 자동차가 있다. (다른 두 개의 문에는 염소가 있다.) 자동차가 있는 문을 올바르게 추측하면 자동차는 당신 것이 된다. 그렇지 않으면 염소를 얻는다. 당신이 랜덤하게 선택했을 때 A를 선택했다고 하자. 자동차가 어디 있는지 보여 줄 수 없는 Monty는 염소가 있는 문 C를 연다. 이제 Monty는 당신이 처음에 했던 선택 A를 고수해도 좋고, 아니면 B로 바꿔도 된다고 말한다. 당신은 문 뒤에 있는 것을 얻을 수 있다.

당신은 문 A를 여는 것이 좋을까? 아니면 문 B로 선택하는 것으로 대답을 바꾸는 것이 좋을까?

많은 사람들이 처음 이 문제를 접했을 때에는, 자동차의 위치가 처음에 선택한 문과 독립이기 때문에, 처음에 했던 선택을 고수하거나 또는 다른 문을 선택해도, 차를 얻을 확률이 바뀌지 않는다고 생각한다. 문 A에 차가 있을 확률은 문 B에 차가 있을 확률과 같을 것이라는 생각 때문이다.

그러나, 수십 년에 걸친 통계에 의하면 학생들은 이 문제에 대한 답을 알고 놀라워 했는데, 이 문제에 대한 정확한 답은 문 A를 선택하는 것보다 문 B로 바꾸면 자동차를 갖게 될 가능성이 두 배로 높아진다는 것이다.

이러한 직관적이지 않은 해결책으로 종종 얻어진 추론은, 당신이 원래 했던 선택을 바꾸지 않았을 때, 당신이 자동차가 있는 문을 선택할 확률은 $\frac{1}{3}$이다. Monty가 항상 염소가 있는 문을 열었으므로 처음에 차를 선택하든 안 했든 상관없이 새로운 정보를 얻지 못했다. 그러므로 당신이 선택한 문이 차를 숨기고 있을 확률이 여전히 $\frac{1}{3}$이며, 남은 $\frac{2}{3}$의 확률은 여전히 닫혀 있는 다른 문이 자동차일 확률이 이에 해당한다.

베이즈 법칙을 이용하여 이 놀라운 사실을 입증할 수 있다. 여기에 세 가지 변수가 있다. 즉, X (참가자에 의해 선택된 문), Y (자동차가 있는 문), Z (쇼 호스트가 여는 문)이다. X, Y, Z은 A, B, C가 될 수 있다. 우리는 $P(Y=B|X=A, Z=C) > P(Y=A|X=A, Z=C)$ 값을 구하고 싶다. 우리는 자동차가 문 A 뒤에 있다는 가설을 세웠다. 우리가 갖고 있는 증거는 Monty가 문 C를 열었다는 것이다. 이 문제는 독자들에게 남겨 두고자 한다. 문

제 1.3.5를 풀어보기 바란다. 직감을 더 발전시키려면 100개의 문 (1개의 숨겨진 차와 99개의 숨겨진 염소가 있음)로 게임을 일반화할 수 있다. 참가자는 여전히 하나의 문을 선택하지만, Monty는 참가자에게 마지막 문이 열리기 전에 선택을 바꿀 기회를 제공하기 위해 의도적으로 모든 염소가 있는 98개의 문 중 하나를 연다. 이제 선택을 바꿔야할 이유가 분명해진다.

Monty가 문 C를 여는 것이 자동차의 위치에 대한 증거가 되는 이유가 무엇일까? 이것은 당신의 초기 선택이 맞는지 여부에 대한 어떠한 증거도 제공하지 않았다. 그리고 틀림 없이, 그가 문 B 또는 문 C를 열려고 할 때, 당신은 Monty가 여는 문 뒤에는 자동차가 없다는 것을 알 수 있다. 당신이 문 A를 선택하면, Monty는 문 A를 열지는 않지만, 문 B를 열 수 있었다. Monty가 랜덤하게 문을 선택하지 않고, 누군가 문 C를 열도록 강요한 것도 아니고, 그의 판단에 따라 일부러 염소가 없는 문 C를 열었다는 사실이 자동차가 문 B에 있을 가능성을 높여준다. 이러한 논란이 되는 가설이 베이지안 분석의 일반적인 주제가 되곤 한다. 문 B는 Monty가 열 수 있는 가능성이 있으나 보여주지 않았고, 문 A는 열 수 없었기 때문에 무조건 선택에서 제외가 된다. Monty가 문 B를 열 수 있었으나 열지 않았다는 점에서 문 B 뒤에 자동차가 있기 때문에 Monty가 문 B를 열지 않았을 가능성이 있다. 즉, 그가 문 C를 열었다는 사실로부터 문 B 뒤에 자동차가 있을 가능성이 커지고, 문 A는 뒤에 자동차가 있든 없든 간에 열 수 없기 때문에 문 A 뒤에 자동차가 있을 가능성은 바뀌지 않는다.

독자는 위의 설명에 역설적인 용어가 있다는 점을 파악할 수도 있다. 예를 들어, "문 B를 열 수 있었다", "누군가 문 C를 열도록 강요한 것도 아니고", "그가 문 B 또는 문 C를 열려고 할 때" 이 부분이 그러한 부분이다. 사실, 몬티 홀 (Monty Hall)의 예가 확률 퍼즐 중에서 독특한 이유는 데이터를 생성한 과정에 대한 결정적인 의존성 때문이다. 그것은 우리의 믿음이 관찰된 사실뿐 아니라 그 사실을 이끌어내는 과정 또한 고려해야한다는 것을 보여 준다. 특히, 문 C 뒤에 차가 없다는 정보만으로는 문제를 설명하기에 충분하지 않다. 관련 가능성을 파악하기 위해 문 C를 열기 전에 쇼 호스트가 이용할 수 있는 선택 가능성을 알아야한다. 이 책의 4장에서 우리는 선택에 관한 올바른 결정을 내리기 위한 과정과 대체적인 선택에 대해 설명할 수 있는 반사실 사건 (counterfacuals)을 공식화하고자 한다.

베이즈 법칙에는 몇 가지 논란이 있다. 종종 우리가 몇 가지 증거가 주어진 가설의 확률을 확인하려고 할 때, 가설의 사전 확률 $P(A)$를 분수 또는 빈도로 계산할 방법이 없다. 다음을 생각해보자. 카지노에서 크랩 테이블과 룰렛 테이블의 비율을 알지 못한다면, 어떻게 사전 확률 P(크랩 게임)을 결정할 수 있을까? 우리의 무지를 표현하는 방법으로 $P(A)=\frac{1}{2}$를 가정하는 것을 당연하게 여길 수도 있다. 그러나, 이 카지노에서 룰렛 테이블이 자주 이용되지 않거나 딜러의 목소리가 어제 들었던 크랩(craps) 딜러를 연상하게 하는 경우에는 어떨까? 이와 같은 경우 베이즈 법칙을 이용하기 위해 $P(A)$ 대신에 가설에 대한 주관적인 믿음 (subjective beliefs)을 다른 가능성과 비교한다. 논쟁은 그 신념의 주관적인 성향으로부터 비롯된다. $P(A)$가 가설에 대한 정보를 정확하게 요약하는지 어떻게 알 수 있을까? 우리는 모든 찬성 의견과 반대 의견을 하나의 숫자로 결정해야 해야 하는가? 그렇게 해야 한다고 하더라도, 객관적 빈도를 업데이트하는 것과 같은 방식으로 가설에 대한 주관적인 믿음을 바꾸어야 하는 이유는 무엇일까? 행동 실험 (behavioral experiments)에 따르면 사람들은 베이즈 법칙에 따라 자신의 신념을 바꾸지 않는다. 그러나 많은 사람들은 규칙에 따라 자신의 결정을 바꾸어야 한다고 믿고, 규칙으로부터 벗어나는 것은 타협을 뜻한다고 생각하고, 추론에 결함이 없다면, 차선책으로 그러한 규칙에 따른 결정을 하게 된다. 베이즈 법칙의 올바른 이용에 대한 토론은 현재까지 계속된다. 그러나 이러한 논쟁에도 불구하고 베이즈 법칙은 통계에 이용되는 강력한 도구이며, 이 책 전반에 걸쳐 큰 영향을 미칠 것이다.

연습문제

1.3.3 1.3.6절에 설명된 카지노 문제를 고려하시오.

(a) 카지노에서 크랩 (craps) 게임보다 2배 많은 룰렛 (roulette) 테이블이 있다고 가정하고, $P(\text{크랩 게임}|11)$를 계산하시오.

(b) 카지노에서 룰렛 테이블보다 2배 많은 크랩 게임이 있다고 가정하고 $P(\text{룰렛 게임}|10)$를 계산하시오.

1.3.4 세 장의 카드가 있다고 가정하자. 카드 1의 양면은 모두 검정색, 카드 2의 양면은 모두 흰색, 카드 3의 한 면은 흰색, 다른 한 면은 검정색이다. 카드를 임의로 선택하여 테이블에 놓는다. 당신은 그것이 위로 향한 면이 검정색이라는 것을 알게 된다. 카드의 뒷면이 검정색일 확률은 얼마인가?

(a) 카드의 뒷면이 검정색이 될 확률이 $\frac{1}{2}$라고 주장하기 위해 직관을 이용하라. 그것이 $\frac{1}{2}$보다 클 수 있을까?

(b) 다음 변수를 확률과 조건부 확률로 표현하시오. (예: $P(C_D = 검정색)$)

I = 선택한 카드의 ID (카드 1, 카드 2 또는 카드 3)

C_D = 아래로 향한 면의 색상 (검정, 흰색)

C_U = 앞면의 색 (검정, 흰색)

위의 추정치를 이용하여 선택한 카드의 뒷면이 검정색일 확률을 찾아보자.

(c) 베이즈 법칙 (Bayes' rule)를 이용하여 앞면이 검정색일 때, 랜덤하게 선택한 카드의 뒷면이 검정색일 확률을 구하시오.

1.3.5 [몬티 홀 (Monty Hall)] 베이즈 법칙 (Bayes' rule)를 이용하여 몬티 홀 (Monty Hall) 문제에서 자동차를 얻을 수 있는 가능성을 높일 수 있음을 증명하시오.

1.3.8 기댓값

통계학에서, 가능한 모든 조합의 값을 효과적으로 조사하기에는 너무 큰 데이터셋과 확률 분포 (probability distributions)를 다루는 경우가 많다. 모든 조합을 다루는 대신에, 약간의 정보 손실은 있지만 분포 (distribution)을 이용하여 통계적 측도 (statistical measures)를 이용하고자 한다. 그러한 측도 중 하나는 평균 (mean)이라고도 하는 기댓값 (expected value)으로, 변수가 숫자 값을 가질 때 이용할 수 있다. $E(X)$로 표시되는 변수 X의 기댓값은 변수의 각 가능한 값에 변수가 그 값을 취할 확률을 곱한 다음, 결과를 합산하여 구한다.

$$E(X) = \sum_x xP(X = x) \tag{1.10}$$

예를 들어, 여섯 면이 모두 동일한 확률로 나올 수 있는 주사위의 결과를 나타내는 변수 X는 다음 확률 분포를 갖는다.

$$P(1)=\frac{1}{6},\ P(2)=\frac{1}{6},\ P(3)=\frac{1}{6},\ P(4)=\frac{1}{6},\ P(5)=\frac{1}{6},\ P(6)=\frac{1}{6}.$$

X의 기댓값 (expected value)은 다음과 같이 구할 수 있다.

$$E(X)=\left(1\times\frac{1}{6}\right)+\left(2\times\frac{1}{6}\right)+\left(3\times\frac{1}{6}\right)+\left(4\times\frac{1}{6}\right)+\left(5\times\frac{1}{6}\right)+\left(6\times\frac{1}{6}\right)=3.5$$

비슷한 방법으로, X의 어떤 함수, $g(X)$의 기댓값은 X의 모든 값에 대해 $g(x)P(X=x)$을 합함으로써 얻어진다.

$$E[g(X)]=\sum_x g(x)P(X=x) \tag{1.11}$$

예를 들어, 주사위를 굴린 후에 결과의 제곱에 해당하는 상금을 받으면, 예상되는 상금은 다음과 같다.

$$\begin{aligned}E[g(X)]&=\left(1^2\times\frac{1}{6}\right)+\left(2^2\times\frac{1}{6}\right)+\left(3^2\times\frac{1}{6}\right)\\&+\left(4^2\times\frac{1}{6}\right)+\left(5^2\times\frac{1}{6}\right)+\left(6^2\times\frac{1}{6}\right)=15.17\end{aligned} \tag{1.12}$$

$E(X)$는 X의 가치를 "가장 잘 추측하는" 방법 중 하나이다. 구체적으로, 우리가 할 수 있는 모든 추측들 중에서 선택 "$g=E(X)$"는 오차의 제곱의 기댓값 $E[(g-X)^2]$을 최소로 만든다. 비슷한 방법으로, $E(Y|X=x)$는 $X=x$임을 알고 있을 때 Y에 대한 최선의 추측을 나타낸다. $g=E(Y|X=x)$인 경우, g는 오차의 제곱의 기댓값 $E[(g-Y)^2|X=x]$를 최소화한다.

예를 들어 표 1.3에 나와 있듯이 2012년 유권자의 기대 연령은

$$E(\text{유권자의 연령})=23.5\times0.16+37\times0.23+54.5\times0.39+70\times0.22=48.9$$

(이 계산을 위해 우리는 각 범주 내의 모든 연령이 같은 수만큼 있다고 가정하였다. 예를 들어 18세인 투표자와 25세인 투표자는 같은 수만큼 있고, 30세 투표자와 44세

인 투표자의 수가 같다고 가정하였다. 또한 가장 나이가 많은 유권자는 75세로 간주하였다.) 즉, 어떤 값(g)에서 랜덤하게 선택한 유권자의 나이 (X)를 뺀 값이 e이고, 그 때 e^2 달러를 잃는다고 할 때, 평균적으로 최소한의 돈을 잃게 만드는 그 값 (g)을 구하면 48.9이 된다. 마찬가지로, 45세 미만의 유권자의 나이를 랜덤하게 추측해야 한다면, 다음과 같이 계산할 수 있다.

$$E[\text{유권자의 나이}|\text{유권자의 나이} < 45] = 23.5 \times 0.40 + 37 \times 0.60 = 31.6 \quad (1.14)$$

예측 (prediction) 또는 "최선의 추측 (best guesses)"을 위한 기준으로써 기대치를 이용하는 것은 X 또는 $Y|X=x$의 분포 (distribution)가 근사적으로 대칭 (such distributions are approximately symmetric)이라는 지나치고 암시적인 가정에 근거하고 있다. 그러나 우리가 가정한 분포가 크게 왜곡된 경우 다른 예측 방법이 더 나을 수 있다. 그러한 경우, 예를 들어, X의 분포의 중앙값을 "가장 좋은 추측"으로 이용할 수 있다. 이 추정치는 오차의 절대값의 기대치 $E(|g-X|)$를 최소화한다. 기댓값 이외에도 다른 종류의 측도가 존재하지만, 이 책에서는 다른 측도에 대한 소개는 더 이상 하지 않겠다.

1.3.9 분산과 공분산

변수 X의 분산은 $Var(X)$ 또는 σ_X^2로 표시하고, 이것은 X의 평균으로부터 X의 값들이 얼마나 산포되어 있는지를 보여주는 측정값이다. X값이 어떤 한 값에 몰려 있으면, 분산은 상대적으로 작을 것이다. X의 범위가 넓으면 분산이 비교적 커진다. 수학적으로는, 변수의 분산은 변수와 그 변수의 기댓값과의 차이의 제곱에 대한 평균으로 정의한다. 즉, 처음에는 평균을 계산한 다음, 다음 값을 계산한다.

$$Var(X) = E[(X-\mu)^2] \quad (1.15)$$

확률 변수 X의 표준 편차 σ_X는 분산의 제곱근이다. 분산과 달리, σ_X는 X와 동일한 단위로 표현된다. 예를 들어, 표 1.3에 따르면, 45세 이하 유권자의 연령 분포의 분산은 식 (1.14)를 이용하여 쉽게 계산할 수 있다.

$$\begin{aligned} Var(X) &= ((23.5-31.6)^2 \times 0.41) + ((37-31.6)^2 \times 0.59) \\ &= (64 \times 0.41) + (30.25 \times 0.59) \\ &= 26.24 + 17.85 = 43.09\text{세}^2 \end{aligned}$$

반면에, 표준 편차는 다음과 같이 계산된다.

$$\sigma_X = \sqrt{(43.09)} = 6.56\text{세}$$

즉, 랜덤하게 유권자를 선택하면 평균 연령 31.5세에서 6.56세 사이에 있을 가능성이 높다. 이런 식의 정량화된 해석이 가능해진다. 예를 들어, 정규 분포의 확률 변수 X의 경우, X의 모집단의 약 3분의 2가 X의 기댓값 (expectation 또는 mean)에서 표준 편차만큼 떨어진 거리에 몰려 있다. 또한 X의 약 95%가 평균으로부터 표준 편차의 두 배한 거리 이내에 있다.

X와 Y의 공분산으로 알려진 값 $(X-E(X))(Y-E(Y))$의 기댓값이 특히 중요하다.

$$\sigma_{XY} \equiv E[(X-E(X))(Y-E(Y))] \tag{1.16}$$

이것은 X와 Y가 공변하는 (covary), 즉 함께 변하는 정도 또는 "연관"되는 정도를 측정한다. 이러한 연관성의 척도는 실제로 X와 Y가 공변하는 특정한 방법을 반영한다. X와 Y가 선형으로 함께 변하는 정도를 측정한다. 이것을 Y 대 X를 그래프로 그린다고 생각하고 직선이 X가 변할 때 Y가 변하는 방식을 포착하는 정도를 생각해보자.

공분산 σ_{XY}를 X와 Y의 각각의 표준 편차로 나누어서 정규화하면 다음과 같은 상관 계수 (correlation coefficient)를 구할 수 있다.

$$\rho_{XY} = \frac{\sigma_{XY}}{\sigma_X \sigma_Y} \tag{1.17}$$

상관 계수 ρ_{XY}는 X와 Y의 산점도의 패턴을 가장 잘 적합시키는 선의 기울기를 나타내는 값으로, -1과 1 사이의 값을 갖는 차원이 없는 숫자이다. ρ_{XY}는 하나의 변수가 완벽한 선형으로 다른 변수를 예측할 수 있는 경우에만 1이며, 선형 예측이 임의로 추측하는 것보다 좋지 않을 때에는 0이다. σ_{XY}와 ρ_{XY}의 중요성은 다음 절에서

논의될 것이다. 이런 점에서, 공분산의 정도 (degrees of covariation)는 식 (1.16)과 식 (1.17)을 통해 결합 분포 (joint distribution) $P(x,y)$로부터 쉽게 계산될 수 있음을 알아두길 바란다. 또한 σ_{XY}와 ρ_{XY}는 X와 Y가 독립일 때 0이 된다. X와 Y의 비선형 관계는 자연스럽게 간단한 숫자 하나로 설명할 수 없다는 점을 유의해야 한다. 이 때에는 조건부 확률 $P(Y=y|X=x)$를 계산할 필요가 있다.

연습문제

1.3.6 (a) X와 Y가 독립일 때, 일반적으로 σ_{XY}와 ρ_{XY}는 모두 0이라는 것을 증명하시오.

[힌트: 식 (1.16), 식 (1.17).]

(b) 독립은 아니지만 상관 계수가 0인 두 개의 변수의 예를 제시하시오.

1.3.7 카지노에서 게임을 하고 있는 두 명의 사람들이 앞 뒷면이 나올 확률이 같은 두 개의 동전 (two fair coins)을 던졌다. 두 개의 동전 중 적어도 한 개의 동전이 앞면을 향한 채로 떨어지면, 첫 번째 사람은 1달러를 얻는다. 두 번째 사람은 두 개의 동전이 같은 방향으로 떨어지면 1달러를 얻는다. X가 첫 번째 사람이 얻는 돈의 액수를 나타내고 Y는 두 번째 사람이 얻는 돈의 액수를 나타낸다.

(a) 다음 확률 분포를 찾고 설명하시오.

$$P(x), P(y), P(x,y), P(y|x), P(x|y)$$

(b) (a)의 설명을 이용하여 다음을 계산하시오.

$$E(X), E(Y), E(Y|X=x), E(X|Y=y)$$

$$Var(X), Var(Y), Cov(X,Y), \rho_{XY}$$

(c) 두 번째 사람이 1달러를 얻었을 때, 첫 번째 사람이 얻은 돈의 기댓값은 얼마인가?

(d) 첫 번째 사람이 1달러를 얻었을 때, 두 번째 사람이 얻은 돈의 기댓값은 얼마인가?

(e) 두 개의 사건 $X=x$와 $Y=y$는 서로 독립 (mutually independent)인가?

1.3.8 크랩 (craps) 게임 (두 개의 독립인 주사위를 던지는 게임)의 결과에 대해서 다음을 계산하시오. 이 때, X는 첫 번째 주사위의 결과이고, Z는 두 번째 주사위의 결과이

며, Y는 그들의 합계이다.

(a) $E(X)$, $E(Y)$, $E(Y|X=x)$, $E(X|Y=y)$
$Var(X)$, $Var(Y)$, $Cov(X, Y)$, ρ_{XY}

표 1.6은 크랩 (craps) 게임에서 12개의 결과를 보여주고 있다.

(b) (a)에서 계산된 측정치의 표본 추정치를 표 1.6의 데이터를 이용해서 찾으시오.
[힌트: 이 계산을 수행하기 위해 다양한 소프트웨어 패키지를 이용해도 된다.]

(c) (a)의 결과를 이용하여, $X=3$일 때 합계 Y의 기댓값을 찾으시오.

표 1.6 주사위를 12번 던졌을 때의 결과.

	X 주사위 1	Z 주사위 2	Y 합계
시행 1	6	3	9
시행 2	3	4	7
시행 3	4	6	10
시행 4	6	2	8
시행 5	6	4	10
시행 6	5	3	8
시행 7	1	5	6
시행 8	3	5	8
시행 9	6	5	11
시행 10	3	5	8
시행 11	5	3	8
시행 12	4	5	9

(d) $Y=4$일 때, X의 기댓값은 얼마인가?

(e) $Y=4$와 $Z=1$을 얻었을 때, X의 기댓값은 얼마인가? 그것이 왜 (d)와 같지 않은지 설명하시오.

1.3.10 회귀분석

통계학에서 흔히 변수 X의 값이 주어졌을 때, 다른 변수 Y의 값을 예측하고자 한다. 예를 들어, 어떤 학생의 나이를 기준으로 그 학생의 신장을 예측할 수 있다. 앞에서 X에 기반한 Y의 가장 좋은 예측치 (best prediction)는 평균 제곱 오차의 관점에서 조건부 기대치 $E(Y|X=x)$로 계산된다는 것을 강조했다. 그러나 이것은 조건부 기댓값을 알고 있거나 결합 분포 (joint distribution) $P(x,y)$로부터 조건부 기댓값을

계산할 수 있다고 가정했을 때 가능한 일이다. 회귀 분석을 통해 우리는 데이터로부터 직접 예측할 수 있다. X의 관측치를 이용해서 Y값을 얻을 수 있는 선형 함수의 공식을 찾고자 한다. 이러한 공식은 실제 관측된 Y값과 X를 통해 예측된 Y값의 차이의 제곱의 평균을 최소화하는 방식을 이용하여 얻어진다.

그림 1.2에서 볼 수 있듯이, 우선적으로 좌표 평면에 데이터의 산점도를 그려서 데이터가 어떻게 분포하는지 확인할 필요가 있다. 설명 변수 (predictor) 또는 입력된 값 (input)은 x축에 있고 우리가 예측하고자 하는 변수는 y축에 있다.

최소 제곱 회귀선(the least squares regression line)은 직선으로부터 모든 점들의 수직 거리의 제곱의 합이 최소화되는 선이다. 즉, 산점도에 n개의 점 (x,y)가 있고, 각각의 점을 (x_i,y_i)라고 할 때, $y_i{}'$는 $x=x_i$일 때, 최소 제곱 회귀선 $y=\alpha+\beta x$ 위에 있는 y값이다. 최소 제곱 회귀선 (the least squares regression line)은 다음 식을 최소로 함으로써 구할 수 있다.

$$\sum_i (y_i - y_i{}')^2 = \sum_i (y_i - \alpha - \beta x_i)^2 \tag{1.18}$$

기울기 β가 확률 분포 $p(x,y)$와 어떻게 관련되는지 알아보기 위해, 크랩 (craps) 게임을 연속해서 12번 하고 표 1.6에 나와 있는 결과를 얻는다고 가정한다. 표 1.6의 데이터를 이용하여 $X=$ 주사위1의 값을 기준으로 두 주사위의 숫자 합계 Y를 예측하기 위해 그림 1.3에 나와 있는 산점도를 이용하도록 한다. 예를 들어, 최소 제곱 회귀선이 그림 1.4에 나와 있다. 표본의 회귀선은 모집단의 회귀선과 반드시 같을 필요는 없다는 점에 유의하자. 모집단은 표본의 크기가 무한대로 증가할 때 얻을 수 있다. 그림 1.4의 실선은 모집단에 근거해서 이론적으로 얻어진 최소 제곱선을 나타내며, 다음과 같다.

$$y = 3.5 + 1.0x \tag{1.19}$$

점선은 표본에 근거하여 구하여진 최소 제곱 선을 나타내며, 이 두 직선은 기울기와 절편 모두 다르다.

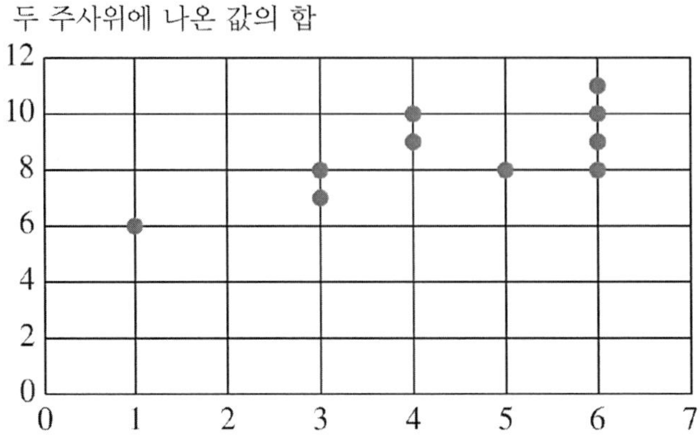

그림 1.3 표 1.6의 데이터를 산점도로 나타낸 그래프. x축은 주사위 1에 나온 값, y축은 두 주사위의 숫자의 합계를 나타냄.

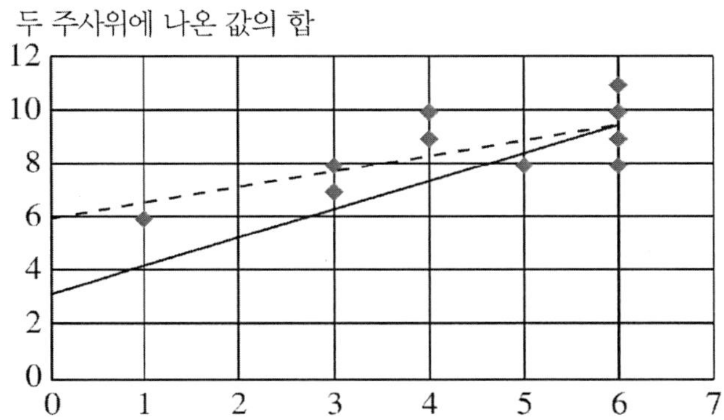

그림 1.4 표 1.6의 데이터를 산점도로 나타낸 그래프. x축은 주사위 1에 나온 값, y축은 두 주사위의 숫자의 합계를 나타냄. 점선은 데이터에 적합된 선이고, 실선은 모집단에서 기대할 수 있는 적합된 선을 나타냄.

그림 1.4에서 첫 번째 주사위의 결과 x가 주어지면, 두 개의 주사위의 숫자 합의 기댓값을 알 수 있기 때문에 모집단의 회귀식을 계산할 수 있다. 계산은 간단하다.

$$E[Y|X=x] = E[\text{주사위 }2 + X|X=x] = E[\text{주사위 }2] + x = 3.5 + 1.0x$$

Y (두 개의 주사위 숫자의 합)는 다음과 같이 쓸 수 있기 때문에, 이 결과는 아주 놀라운 것은 아닐 것이다.

$$Y = X + Z$$

여기에서 Z는 두 번째 주사위의 결과이고, X가 한 단위 증가하면 $X=3$에서 $X=4$로, $E[Y]$도 마찬가지로 1 단위 증가한다. 그러나 그 반대는 성립하지 않는다는 것을 알게 된 독자는 약간 놀랄지도 모른다. Y에서 구한 X의 회귀식은 1.0의 기울기를 갖지 않는다. 그 이유를 알아보기 위해 다음과 같이 쓸 수 있다.

$$E[X|Y=y]=E[Y-Z|Y=y]=1.0y-E[Z|Y=y] \tag{1.20}$$

$E[Z|Y=y]$는 y에 (선형적으로) 의존하기 때문에 기울기가 1보다 작음을 알게 된다. 첫 번째 주사위의 숫자가 주어졌을 때, 두 번째 주사위의 숫자에 대한 기댓값은 두 번째 주사위의 숫자가 주어졌을 때, 첫 번째 주사위의 숫자에 대한 기댓값과 같다. 이러한 대칭성을 이용하면, $E(X|Y=y)$의 정확한 값을 계산할 수 있다.

$$E[X|Y=y]=E[Z|Y=y]$$

식 (1.20)의 양변에 위의 식의 좌우변의 값을 각각 빼 주면, 다음과 같은 값을 얻을 수 있다.

$$E[X|Y=y]=0.5y$$

기울기가 1보다 작게 되는 이유는 Y를 한 단위씩 늘리면 X와 Z가 평균적으로 각각 같은 값으로 늘어날 것으로 기대할 수 있기 때문에 평균적으로 X와 Z는 Y 증가량의 반값인 0.5 단위씩 나누어서 증가한다고 생각할 수 있다. 이것은 우리의 직관과 일치한다. 두 개의 주사위의 합이 $Y=10$이라는 것을 관찰하면, 각각의 최적 추정치는 $X=5$, $Z=5$이다.

일반적으로 Y의 X에 대한 회귀 방정식은 다음과 같다.

$$y=a+bx \tag{1.21}$$

이 때, 기울기는 b는 R_{YX}로 표현되고, 공분산 σ_{XY}를 이용해서 계산할 수 있다.

$$b=R_{YX}=\frac{\sigma_{XY}}{\sigma_X^2} \tag{1.22}$$

이 방정식을 통해 X에서 Y의 기울기가 Y에서 X의 기울기와 다를 수 있음을 알 수 있다. 즉, 대부분의 경우 $R_{YX} \neq R_{XY}$이다. (X의 분산이 Y의 분산과 동일한 경우에만 $R_{YX} = R_{XY}$이다.) 회귀 직선의 기울기는 양수, 음수 또는 0일 수 있다. 기울기가 양수이면 X와 Y는 양의 상관관계를 가지며 X값이 커지면 Y값이 커진다. 기울기가 음수이면 X와 Y는 음의 상관관계가 있다고 말한다. 즉 X의 값이 커질수록 Y의 값이 작아진다. 기울기가 0인 경우 (수평선), X와 Y는 선형 상관관계가 없으며 X의 값을 알면 선형 모형으로 Y의 값을 예측할 수 없다. 두 변수가 상관관계가 있다면, 양의 상관관계 또는 음의 상관관계가 있는지 (또는 다른 방법으로 상관관계가 있는지)간에, 두 변수는 종속적인 관계에 있다.

1.3.11 다중 회귀 분석

다중 회귀 분석을 이용하여 여러 변수를 이용하여 회귀식을 구하는 것도 가능하다. 예를 들어, 변수 X와 Z의 값을 이용하여 변수 Y의 값을 예측하려면 $\{X, Z\}$에 대해 Y의 다중 선형 회귀 분석 (multiple linear regression)을 수행하고 회귀 관계 (regression relations)를 추정할 수 있다.

$$y = r_0 + r_1 x + r_2 z \tag{1.23}$$

위의 식은 3차원 좌표에 있는 한 평면을 나타낸다.

우리는 Y축에 Y, X축에 X, Z축에 Z값을 갖는 3차원 산점도를 만들 수 있다. 그런 다음, Z축의 각각의 값으로 3차원 공간을 자르면 (x,y) 산점도를 보여주는 평면을 얻게 된다. 이러한 평면은 그림 1.4에 표시된 2차원 그래프로 보여진다. 이러한 2차원 그래프는 기울기 r_1을 갖는 회귀선을 갖는다. X축을 따라 3차원 공간을 자르면 기울기 r_2인 회귀선을 갖게 된다.

Z를 상수로 유지할 때, X에 대한 Y의 기울기를 부분 회귀 계수 (partial regression coefficients)라고 하며 $R_{YX \cdot Z}$로 표시한다. R_{YX}이 양의 값일 때, $R_{YX \cdot Z}$는 음의 값을 가질 수도 있다. 그림 1.1과 같이 이것은 심슨의 역설로 설명할 수 있다. Y와 X는 전반적으로 양의 상관관계가 있지만, 세 번째 변수 Z의 특정 조건에서서는 Y와 X가 음의

상관관계를 가질 수도 있다.

부분 회귀 계수는 (예: 식 (1.23)에서 r_1, r_2)은 회귀 분석에서 가장 기초적인 결과 중 하나라고 할 수 있는 정리에 의해서 계산될 수 있다. Y에 대한 다중 회귀식은 $X_1, X_2, \cdots, X_k$의 조합에 ϵ을 붙여서 다음과 같이 쓸 수 있다.

$$Y = r_0 + r_1 X_1 + r_2 X_2 + \cdots + r_k X_k + \epsilon \tag{1.24}$$

$Y, X_1, X_2, \cdots, X_k$의 분포와 관련 없이, ϵ이 회귀 변수 $X_1, X_2, \cdots, X_k$와 상관이 없을 때 최소 제곱 계수 (the best least-square coefficients)가 얻어진다. 즉,

$$Cov(\epsilon, X_i) = 0 \quad \text{for} \quad i = 1, 2, \cdots, k$$

이러한 직교성의 원리 (orthogonality principle)가 어떻게 유용하게 쓰이는지 확인하기 위하여, 두 주사위의 합 Y가 주어졌을 때, $X =$ 주사위 1의 가장 좋은 추정치를 계산하고자 한다.

$$Y = \text{주사위 1의 숫자} + \text{주사위 2의 숫자} \tag{1.25a}$$
$$X = \alpha + \beta Y + \epsilon$$

위의 식에서 α와 β를 통계적으로 추정할 것이다. $E(\epsilon) = 0$이라고 가정하고, 위의 식의 양변에 기댓값을 취하면, 다음과 같은 식을 얻는다.

$$E[X] = \alpha + \beta E[Y] \tag{1.25b}$$

식 (1.25b)의 양변에 Y를 곱하고 기댓값을 취하면 다음과 같다.

$$E[XY] = \alpha E[Y] + \beta E[Y^2] + E[Y\epsilon] \tag{1.26}$$

직교성의 원리에 의하면 $E[X\epsilon] = 0$이 된다. 식 (1.25a)와 식 (1.25b)으로부터 α와 β에 대한 방정식을 얻을 수 있고, 그 방정식을 풀면 α와 β에 대해서 다음과 같은 값을 얻을 수 있다.

$$\alpha = E(X) - E(Y)\frac{\sigma_{XY}}{\sigma_Y^2}$$
$$\beta = \frac{\sigma_{XY}}{\sigma_Y^2}$$

식 (1.22)에서 X와 Y를 바꾸면 기울기 β에 대한 식을 위의 식과 똑같이 얻을 수 있다. 그러나 위의 식이 차원이 더 큰 경우처럼 좀 더 일반적인 경우에 해당하는 풀이 방법이다.

두 관측치 $X=x$, $Y=y$가 주어졌을 때, Z에 대한 가장 적합한 추정치를 찾는 문제를 생각해보자. 앞에서 했던 것처럼, 먼저 회귀식을 적는다.

$$Z = \alpha + \beta_Y Y + \beta_X X + \epsilon$$

그러나 이 때 α, β_Y, β_X에 대한 세 개의 방정식을 얻기 위해서는, 양변에 Y와 X를 곱한 후 기댓값을 구할 수 있다. 직교성의 원리에 의해 $E[X\epsilon] = E[Y\epsilon] = 0$이 성립하고, 이것을 이용하면 다음과 같은 식을 얻을 수 있다.

$$\beta_Y = R_{ZY \cdot X} = \frac{\sigma_X^2 \sigma_{ZY} - \sigma_{ZX}\sigma_{XY}}{\sigma_Y^2 \sigma_X^2 - \sigma_{YX}^2} \tag{1.27}$$

$$\beta_X = R_{ZX \cdot Y} = \frac{\sigma_Y^2 \sigma_{ZX} - \sigma_{ZY}\sigma_{YX}}{\sigma_Y^2 \sigma_X^2 - \sigma_{YX}^2} \tag{1.28}$$

식 (1.27)과 식 (1.28)은 일반적으로 이용되는 식이다. 이 두 식은 분산과 공분산의 관점에서 세 변수에 대해 선형 회귀 계수 $R_{ZY \cdot X}$와 $R_{ZX \cdot Y}$를 보여주고, 이 계수를 통해 다른 모형의 모수에 비해 이 식의 기울기가 얼마나 민감하게 작용하는지를 알 수 있다. 그러나 실제적으로 회귀 기울기는 효율적인 "최소 제곱 (least-square)" 알고리즘에 의해 표본 추출 된 데이터로부터 추정되며, 이러한 수학 방정식은 외우지 않아도 된다. 예외적으로, 데이터를 얻기 전에 이러한 기울기가 0인지 여부를 예측하는 작업을 해야 할 때가 있다. 그러한 예측은 우리가 어떤 목적을 위해 회귀식에 포함시킬 변수를 선택할 때 고려해야 할 중요한 요소이며, 3.8절에서 볼 수 있듯이 이 작업은 인과 그래프 (causal graphs)의 이용을 통해 매우 효율적으로 처리된다.

연습문제

1.3.9 (a) 직교성의 원리 (orthogonality principle)를 이용하여 식 (1.22)를 증명하시오.

[힌트: 식 (1.26)을 참고하시오]

(b) 문제 1.3.7 크랩 (craps) 게임에서 모든 부분 회귀 계수 (partial regression coefficients)를 구하시오.

$$R_{YX \cdot Z}, R_{XY \cdot Z}, R_{YZ \cdot X}, R_{ZY \cdot X}, R_{XZ \cdot Y}, R_{ZX \cdot Y}$$

[힌트: 식 (1.27)에 대해서 (a)에서 구한 분산 (variance)과 공분산 (covariance)를 이용하시오]

1.4 그래프

우리는 심슨의 역설 (Simpson's Paradox)에서 데이터만으로는 결정할 수 없지만 대신 데이터에 숨겨진 이야기를 이용해서 결정을 내릴 수 있다는 사실을 알게 되었다. 이 장에서는 수학적 언어, 그래프 이론을 이용하여 이러한 이야기를 전달할 수 있다. 그래프 이론은 일반적으로 고등학교 수학에서는 배우지는 않지만, 산술 문제를 해결하는 데 이용되는 것과 유사한 간단한 조작으로 인과 문제를 해결할 수 있는 유용한 수학 언어를 제공한다.

'그래프 (graph)'라는 단어는 수학에서 '차트 (chart)'라는 단어와 대체로 호환되는 단어로써 시각화 도구의 전체 범위를 나타내기 위해 구어체로 이용되지만, 수학에서 그래프 (graph)는 공식적으로 정의된 단어이다. 수학적 그래프 (mathematical graph)는 꼭짓점 (vertices) (또는 노드 (nodes)라고 부름)과 모서리 (edge)의 집합이다. 그래프의 노드는 가장자리로 연결될 수도 있고 연결되지 않을 수도 있다. 그림 1.5는 간단한 그래프를 보여준다. X, Y 및 Z (점)는 노드 (nodes)이고 A 및 B (선)는 모서리 (edge)이다.

두 노드 사이에 모서리 (edge)가 있으면 인접한 (adjacent) 두 노드 (nodes)이다. 그림 1.5에서 X와 Y는 인접하고 Y와 Z는 인접해 있다. 그래프의 모든 노드 쌍 사이에 모서리가 있는 경우 그래프를 완전 그래프 (complete graph)라고 한다.

두 노드 X와 Y 사이의 경로 (path)는 X로 시작하고 Y로 끝나는 노드의 순서이다. 각 노드는 다음 노드로 연결된다. 예를 들어, 그림 1.5에서는 X가 Y에 연결되고 Y가 Z에 연결되기 때문에 X에서 Z까지의 경로 (path)가 있다.

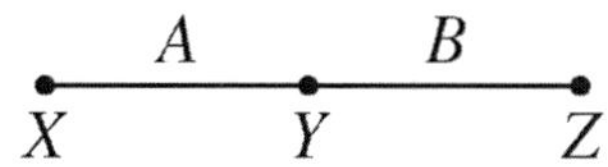

그림 1.5 노드 X와 Y는 인접하고 노드 Y와 Z는 인접하지만 X와 Z는 인접하지 않은 방향이 없는 그래프.

그래프의 모서리는 방향을 지정할 수도 있고 (directed) 방향을 지정하지 않을 수도 (undirected) 있다. 그림 1.5의 두 모서리는 지정된 "in" 및 "out" 끝이 없기 때문에 방향이 지정되지 않았다. 다른 한편으로 방향성이 있는 모서리는 화살촉이 가리키는 방향으로 한 노드에서 다른 노드로 이동한다. 모든 모서리가 방향이 있는 그래프를 방향성 그래프 (directed graph)라고 한다. 그림 1.6은 방향성 그래프이다. 그림 1.6에서 A는 X에서 Y로 향하는 모서리이고 B는 Y에서 Z로 향하는 모서리이다.

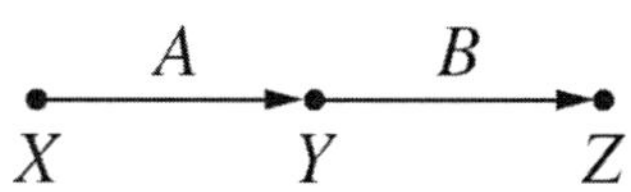

그림 1.6 노드 X가 Y의 부모이고 Y가 Z의 부모인 방향성 그래프.

방향이 있는 모서리 (directed edge)가 시작되는 노드를 모서리의 화살촉이 있는 노드의 부모 (parent)라고 한다. 반대로, 모서리에서 화살촉이 있는 노드는 모서리가 시작했던 노드의 자식 (child)이라고 한다. 그림 1.6에서 X는 Y의 부모이고 Y는 Z의 부모이다. 따라서 Y는 X의 자식이고 Z는 Y의 자식이다. 두 개의 모서리가 향하는 방향이 같은 경우, 즉 경로 (path)가 화살표를 따라 한 방향으로 연결되는 경우 방향성 경로 (directed path)라고 한다. 두 노드가 한 방향의 경로 (a directed path)로 연결된 경우 첫 번째 노드는 경로의 모든 노드의 조상 (ancestor) 노드이며 경로의 모든 노드는 첫 번째 노드의 자손 (descendant) 노드이다. (조상 노드와 자손 노드는 각각 부모 노드와 자식 노드와 유사하다. 부모는 자식의 조상이면서, 자식의 자식의 조상이다.) 예를 들어 그림 1.6에서 X는 Y와 Z의 조상이고 Y와 Z는 모두

X의 자손이다.

방향성 경로에서 시작점이 끝점이 된다면, 이러한 경로 및 그래프를 순환 (cyclic) 경로라고 한다. 순환하지 않은 경로를 비순환 (acyclic) 경로라고 한다. 예를 들어, 그림 1.7 (a)에서 그래프는 비순환 경로를 보여준다. 그러나 그림 1.7 (b)의 그래프는 순환 경로이다. 1.7 (a)에서 임의의 노드에서 자신에게로 향하는 경로는 없지만 1.7 (b)에서는 X에서 X로 향하는 경로가 있음을 유의하기 바란다.

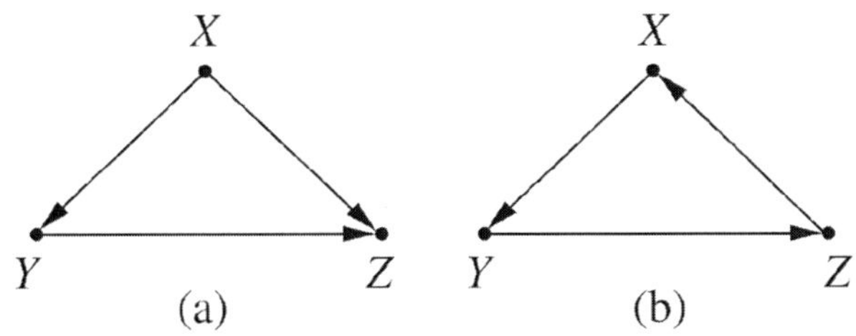

그림 1.7 (a) 비순환 그래프, (b) 순환 그래프.

연습문제

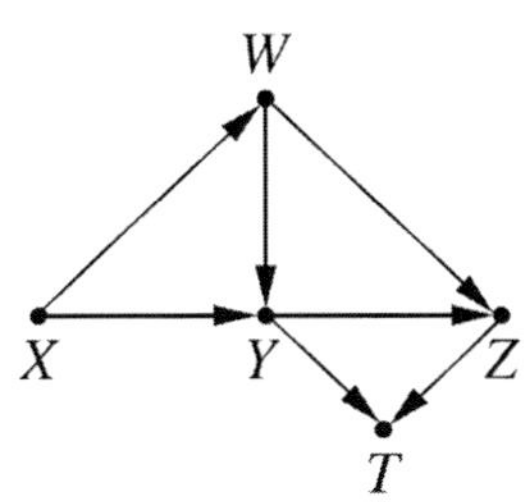

그림 1.8 문제 1.4.1에 이용된 방향 있는 그래프.

1.4.1 그림 1.8 있는 그래프를 살펴보자.

(a) Z의 부모 (parents)인 모든 노드를 찾으시오.

(b) Z의 조상 (parents)인 모든 노드를 찾으시오.

(c) W의 자식 (children)인 모든 노드를 찾으시오.

(d) W의 자손 (descendants)인 모든 노드를 찾으시오.
(e) X와 T 사이에 있는 모든 (단순한) 경로 [(simple) paths]를 그리시오. (즉, 노드가 두 번 이상 나타나지 않아야 함)
(f) X와 T 사이의 방향성 경로 (directed paths)를 모두 그리시오.

1.5 구조적 인과 모형

1.5.1 인과 가정의 모형화

인과 관계에 대한 문제를 엄격하게 다루기 위해서는 데이터의 원인이 되는 이야기에 대한 공식적인 가정을 정해야 한다. 그렇게 하기 위해, 우리는 이 세상에 일어나는 관련 있는 사건들의 특징과 그들이 서로 상호 작용하는 방식을 기술하는 방법인 구조적 인과 모형 (structural causal model), 즉 SCM의 개념을 소개하고자 한다. 특히, 구조적 인과 모형은 자연이 어떻게 관심 있는 변수에 값을 할당하는지에 대해 설명한다.

공식적으로, 구조적 인과 모형은 변수의 집합 U와 V와, 함수의 집합 f로 구성된다. 함수 f는 집합 V에 속한 각 변수에 값을 할당한다. 앞서 언급했듯이, 여기에서 인과성의 정의를 확장하고자 한다. Y값을 할당하는 함수에 X가 나타나는 경우 변수 X는 변수 Y의 직접적인 원인 (direct cause)이 된다. X가 Y의 직접적인 원인 (direct cause)이거나 Y의 원인 (cause)인 경우 X는 Y의 원인이다.

변수 U는 외생 변수 (exogenous variables)라 불리는데, 이것은 변수가 모형의 외부에 있음을 의미한다. 우리는 어떤 이유로 그것이 어떻게 발생했는지는 설명하지 않기로 한다. 변수 V는 내생적 (endogenous)이다. 모든 내생 변수 (endogenous variable)는 적어도 하나의 외생 변수 (exogenous variable)의 자손 (descendant)이다. 외생 변수는 다른 변수의 자손이 될 수 없으며, 특히 내생 변수의 자손이 될 수 없다. 그들은 조상이 없으며 그래프에서 뿌리 노드 (root nodes)로 표현된다. 우리가 모든 외생 변수의 값을 안다면 f의 함수를 이용하여 모든 내생 변수의 값을 완벽하게 분명히 결정할 수 있다.

예를 들어, 우리가 천식으로 고통 받는 사람을 위한 치료 X와 폐 기능 Y 사이의 인과 관계를 연구하는 데 관심이 있다고 가정하자. 우리는 Y가 대기 오염 Z에 의존하거나 Y가 대기 오염 Z로 인해 야기된다고 가정할 수도 있다. 이 경우 X와 Y를 내생적 (endogenous)으로, Z를 외생적 (exogenous)이라고 부른다. 이것은 대기 오염을 외생적 요소로 가정하기 때문이다. 즉, 대기 오염이 개인이 선택한 치료 또는 폐 기능에 기인할 수는 없다.

모든 SCM은 비공식적으로 "그래프 모형 (graphical model)" 또는 단순히 "그래프 (graph)"라고 불리는 그래프 인과 모형 (graphical causal model)과 관련이 있다. 그래프 모형은 변수 U와 변수 V를 나타내는 노드 집합과 함수 f를 나타내는 노드 사이의 모서리 집합으로 구성된다. SCM M에 대한 그래프 모형 G는 M에 있는 각 변수에 대해 하나의 노드를 포함한다. M에서 변수 X에 대한 함수 f_X가 변수 Y를 포함하면 (즉, X가 Y에 의존하는 경우), G에는 Y에서 X로 향하는 모서리가 있게 된다. 우리는 주로 그래프 모형이 방향성 비순환 그래프 (directed acyclic graphs, DAG)인 SCM을 다룰 것이다. SCM과 그래프 모형의 관계를 이용해서 인과성을 그래프로 정의할 수 있다. 그래프 모형에서 변수 X가 변수 Y의 자식이면 Y가 X의 직접적인 원인 (direct cause)이다. X가 Y의 자손이라면 Y는 X의 잠재적인 원인 (potential cause)이다. (Y가 X의 원인이 되지 않는 비전이적 사례 (intransitive cases)가 드물게 존재한다. 이것은 2장에서 다룰 것이다.)

이런 식으로 인과 모형과 그래프는 인과 가정을 부호화한다. 예를 들어, 다음과 같은 간단한 SCM을 생각해보자.

SCM 1.5.1 (교육 및 경력과 관련된 급여)

$$U = \{X, Y\}, \quad V = \{Z\}, \quad F = \{f_Z\}$$

$$f_Z : Z = 2X + 3Y$$

이 모형은 고용주가 X년 동안 교육을 받았고 Y년을 일한 사람에게 지급하는 급여 Z를 나타낸다. X와 Y는 모두 f_Z에 나타나므로 X와 Y는 모두 Z의 직접적 원인이다. X와 Y에 조상이 있다면 조상은 Z의 잠재적 원인이 된다.

SCM 1.5.1에 해당하는 그래프 모형은 그림 1.9에 제시되어 있다.

Z와 X 및 Y를 연결하는 모서리가 있기 때문에, 그래프 모형에서 X와 Y를 기반으로 한 Z값을 할당하는 모형에 f_Z이라는 함수가 있다는 결론을 내릴 수 있다. 따라서 X와 Y는 Z의 원인이다. 그러나 SCM에 더 자세한 설명이 없으면 그래프에서 함수가 Z를 정의하는지, 즉 X와 Y가 Z를 발생시키는지 알 수 없다.

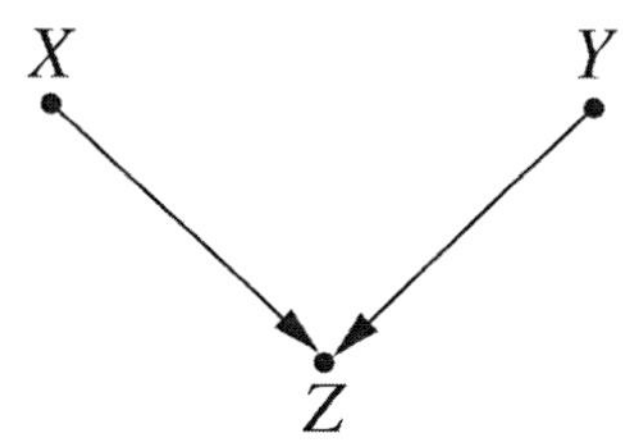

그림 1.9 SCM 1.5.1의 그래프 모형으로 X는 교육 년수, Y는 고용된 기간, Z는 급여를 나타냄.

그래프 모형에 SCM보다 적은 정보가 포함되어 있다면 왜 우리는 이것을 이용하는 것일까? 이 질문에 대해서는 몇 가지 이유가 있다. 첫째, 일반적으로 우리가 인과 관계 (causal relationships)에 대해 갖고 있는 지식은 SCM에 의해 요구되는 것처럼 정량적 (quantitative)이지 않고, 그래프 모형으로 표현되는 것처럼 정성적인 (qualitative) 면이 있다. 우리는 성별이 키의 원인이 되며 키가 농구의 성과의 원인이라는 것을 알고 있지만, 이러한 관계에 수치적 값을 부여하기를 주저하게 된다. 그래프를 그리는 대신에 부분적으로 특성화된 버전의 SCM을 만들 수 있다.

SCM 1.5.2 (키와 성별에 따른 농구 경기의 성과)

$$V = \{키, 성별, 성과\},\quad U = \{U_1, U_2, U_3\},\quad F = \{f_1, f_2\}$$

$$\begin{aligned} 성별 &= U_1 \\ 키 &= f_1(성별, U_2) \\ 성과 &= f_2(키, 성별, U_3) \end{aligned}$$

여기에서 $U = \{U_1, U_2, U_3\}$는 이름을 붙일 필요 없는 측정할 수 없는 요인을 나타내지만, 우리가 측정할 수 있는 변수에 영향을 미친다. U 요소는 때로는 "오차항 (error terms)" 또는 "생략된 요소 (omitted factors)"라고 한다. 이것은 우리가 관찰한 것에 대한 추가로 알려지지 않거나 랜덤한 외생적 원인을 나타낸다.

그러나 그래프 모형을 이용하면 부분적으로 특화된 SCM보다 인과 관계에 대해서 더 직관적으로 이해할 수 있다. 위에 소개된 SCM 및 관련 그래프 모형을 살펴보자. SCM과 이 그래프 모형은 동일한 정보를 포함한다면, 즉 X가 Z를 발생시키고 Y가 Z를 발생시키면, 이러한 정보는 그래프 모형을 통해서 더 빠르고 쉽게 확인된다.

연습문제

1.5.1 다음과 같은 SCM이 있다고 가정한다. 모든 외생 변수가 독립이며 각각의 기댓값이 0이라고 가정한다.

SCM 1.5.3

$$V=\{X,Y,Z\},\quad U=\{U_X,U_Y,U_Z\},\quad F=\{f_X,f_Y,f_Z\}$$

$$f_X : X=U_X$$

$$f_Y : Y=\frac{X}{3}+U_Y$$

$$f_Z : Z=\frac{Y}{16}+U_Z$$

(a) 모형을 따르는 그래프를 그리시오.

(b) $Y=3$일 때, Z의 가장 적합한 추정치 (기댓값)를 구하시오.

(c) $X=3$일 때, Z의 가장 적합한 추정치를 구하시오.

(d) $X=1$이고 $Y=3$일 때, Z의 가장 적합한 추정치를 구하시오.

(e) 모든 외생 변수가 평균이 0이고 분산이 1 ($\sigma=1$)인 정규분포를 따른다고 가정한다.

(i) $Y=2$일 때, X의 가장 적합한 추정치를 구하시오.

(ii) (심화 문제) $X=1$이고 $Z=3$일 때, Y의 가장 적합한 추정치를 구하시오.

[힌트: 다중 회귀 분석을 이용하는 것이 좋다. 정규 분포를 따르는 세 개의 변수인 X,Y,Z에 대해 $E[Y|X=x,Z=z]=R_{YX\cdot Z}x+R_{YZ\cdot X}z$.가 성립한다.]

(f) $X=3$임을 알고 있을 때, Z의 가장 적합한 추정치를 구하시오.

1.5.2 곱 분해

그래프 모형의 또 다른 이점은 결합 분포를 매우 효율적으로 표현할 수 있다는 것이다. 지금까지 두 가지 방식으로 결합 분포를 나타냈다. 첫째, 가능한 모든 값 조합에 확률을 나타낸 표를 이용했다. 이것을 이용하면 직관적으로 분석하기는 쉽지만 많은 변수를 가진 모형에서는 엄청난 양의 조합이 존재할 수 있다. 10개의 이진변수(binary variables)를 이용하려면 1024개의 행이 있는 테이블이 필요하다!

둘째, SCM에서 n개의 변수의 결합 분포를 보다 효율적으로 나타낼 수 있다. 변수 사이의 관계를 나타내는 n개의 함수를 지정한 다음 오차항의 확률에서 결합 분포(joint distributions)를 나타내는 모든 확률을 찾을 수 있다. 그러나 항상 모형을 완전히 지정할 수는 있는 것은 아니다. (But we are not always in a position to fully specify a model.) 예를 들면 한 변수가 다른 변수의 원인이지만 그 변수의 형태는 아니라는 것을 알고 있을 수 있다. 또는 그것들을 연결해주는 방정식, 또는 오차항의 분포를 모를 수도 있다. 이것들을 알고 있다고 해도, 특히 이산 변수에 대해서, 주어진 함수의 식이 복잡할 때, SCM을 통해서 확인하는 것이 더 쉬울 수 있다.

다행히도 그래프 모형을 이용하여 다음 규칙을 통해 이러한 장벽을 극복할 수 있다.

곱 분해 법칙 (Rule of product decomposition)

그래프가 비순환 모형인 경우, 모형에 속한 변수의 결합 분포 (joint distributions)는 그래프의 모든 "가족 (families)"에 대한 조건부 분포 P(자식|부모)의 곱으로 표현할 수 있다. 수식을 이용하여 다음과 같이 표현할 수 있다.

$$P(x_1, x_2, \cdots, x_n) = \prod_i P(x_i|pa_i) \tag{1.29}$$

여기서 pa_i는 변수 X_i의 부모에 해당하고 $\prod_i$는 1에서 n까지의 모든 i번째 항목을 곱한다는 표시이다. 식 (1.29)는 변수들이 완벽하게 독립이라는 것을 뜻한다. 이것은 다음 장에서 더 자세히 논의할 것이다.

예를 들어 간단한 사슬 그래프 (chain graph) $X \rightarrow Y \rightarrow Z$를 다음과 같이 작성할 수 있다.

$$P(X=x, Y=y, Z=z) = P(X=x)P(Y=y|X=x)P(Z=z|Y=y)$$

위의 식을 이용하면 결합 분포에 대한 엄청난 공간을 절약할 수 있다. 가능한 모든 (x, y, z) 조합을 나열하는 확률 테이블을 만들 필요가 없기 때문이다. X, $(Y|X)$ 및 $(Z|Y)$에 대해 세 개의 작은 테이블을 만들고, 필요에 따라 이 값들을 곱하면 된다.

위 모형에 의해 생성된 데이터로부터 결합 분포 (joint distributions)를 추정하기 위해 모든 (x, y, z) 조합의 빈도를 세지 않아도 된다. 대신에 각 X, $(Y|X)$ 및 $(Z|Y)$의 빈도를 세고 곱할 수 있다. 이를 통해 더 복잡한 모형에서 많은 시간을 절약할 수 있다. 또한 빈도를 쉽게 계산할 수 있다. 따라서 그래프의 기본 가정을 통해서 몇 가지 “저차원 (low-dimensional)” 확률 분포 문제에서 “고차원 (high-dimensional)” 추정 문제로 넘어갈 수 있다. 따라서 그래프는 추정 문제를 단순화하고 동시에 더 정확한 추정량을 제공한다. SCM의 그래프 구조를 알지 못하면 많은 변수와 소규모 또는 중간 크기의 데이터셋 [소위 “차원의 저주 (curse of dimensionality)”라고 함]으로 인해 추정이 불가능해지는 문제가 생긴다.

그래프 모형을 통해 변수와 관련된 함수, 변수와 관련된 모수 또는 오차항의 분포를 항상 알 필요 없이 이 모든 작업을 수행할 수 있게 된다.

이러한 방법으로 인해 시간과 공간이 절약되는 것을 다음과 같이 확인할 수 있다. X는 구름의 여부, Y는 비의 여부, Z는 젖은 도로 또는 건조한 도로인지를 나타내고, W는 미끄러운 도로를 나타낸다고 할 때, 사슬 (chian) $X \rightarrow Y \rightarrow Z \rightarrow W$을 살펴보자.

경험을 바탕으로, $P(\text{구름}, \text{비 안옴}, \text{건조 도로}, \text{미끄러운 도로}) = 0.23$을 구하는 것이 가능한가?

이 문제에 곧바로 대답하는 것은 어려운 일이다. 그러나 곱 법칙 (product rule)을 이용하여 이 확률을 다음과 같이 조건부 확률의 곱으로 표현할 수 있다.

$$P(\text{구름})P(\text{비 안옴}|\text{구름})P(\text{건조한 도로}|\text{비 안옴})P(\text{미끄러운 도로}|\text{건조 도로})$$

우리의 일반적인 직관으로는 $P(\text{구름})$, 구름이 있을 확률은 상대적으로 크기 때문에, 이 값을 0.5이라고 할 수 있을 것이다. (당연히 로스앤젤레스처럼 이상하게도 날씨가 다양하지 않은 곳에 살고 있는 사람들에게 구름 낀 날에 대한 확률은 더 낮을

것이다). 비슷하게 P(비 안 옴|구름), 즉 구름이 있을 때 비가 오지 않을 확률은 0.75로 상당히 높다. P(건조도로|비 안옴), 즉 비가 오지 않았을 때 도로가 건조할 확률은 0.9로 상당히 높다. P(미끄러운 도로|건조도로), 도로가 건조할 때 미끄러울 확률은 0.05 정도로 상당히 낮아야 한다. 이 조건부 확률을 모두 곱하면 0.5 × 0.75 × 0.9 × 0.05 = 0.0169이 되고, 이 값으로부터 대략적인 예상치를 구할 수 있다.

수치적 확률로 추론을 해야 할 때, 이 책에서는 곱 법칙 (product rule)을 자주 이용하도록 하고, 큰 확률 테이블을 작성하는 것은 피하고자 한다.

곱 분해 법칙 (rule of product decomposition)의 중요성은 추정할 때, 특히 높게 평가할 수 있다. 실제로 통계학은 효과적인 표본 설계 및 추정 방법에 중점을 두고 적절한 데이터를 이용하여 필요에 따라 정확하게 확률을 추정하는 역할을 한다. 사슬 $X \rightarrow Y \rightarrow Z \rightarrow W$에 대한 확률 $P(X, Y, Z, W)$를 추정하는 문제를 다시 생각해보자. 그러나 이번에는 우리 자신의 판단보다는 데이터로부터 확률을 추정하려고 시도할 것이다. 확률을 할당해야하는 (x,y,z,w) 조합의 수는 16-1=15이다. 각각 벡터 (x,y,z,w)로 구성된 45개의 임의의 관측치가 있다고 가정하자. 평균적으로 각 (x,y,z,w) 셀은 세 개의 표본이 할당된다. 일부는 하나 또는 두 개의 표본을 받고 일부는 비어 있게 된다. 전체 셀에서 표본의 크기가 커진다면, 각 셀에 해당되는 사건의 확률을 계산하기 위해 그 사건에 대한 충분한 표본을 얻는 것은 거의 불가능하다.

그러나 곱 분해 법칙을 이용하면 45개의 표본이 훨씬 더 큰 범주로 분리된다. $P(x)$를 구하는 과정을 생각해보자. 이 때, 모든 (x,y,z,w) 표본은 $(X=1)$과 $(X=0)$의 두 개의 셀 중 하나에 속한다. 분명히 그 중 하나를 비워 둘 가능성은 훨씬 낮으며 모집단의 빈도에 대한 추정을 좀 더 정확하게 할 수 있게 된다. $P(y|x)$을 구하는 과정도 이와 비슷하다. 즉, $(Y=1, X=1), (Y=0, X=1), (Y=1, X=0)$와 $(Y=0, X=0)$에 대한 빈도를 구함으로써 얻어진다. $P(z|y)$에 대해서도, $(Y=1, Z=1), (Y=0, Z=1), (Y=1, Z=0)$와 $(Y=0, Z=0)$에 대한 빈도를 구한다. $P(w|z)$에 대해서도, 역시 $(W=1, Z=1), (W=0, Z=1), (W=1, Z=0)$와 $(W=0, Z=0)$의 빈도를 구한다. 각각의 분해된 항목을 통해 원래의 15개의 셀의 빈도보다 훨씬 더 정확한 빈도를 구할 수 있다. 여기서 우리는 SCM의 그래프 구조를 가정함으로써 허용되는 간단한 추정 문제를 명확하게 파악하고 이로 인해 빈도 추정의 정확도가 향상되는 것을 확인할 수 있다.

위에서 설명한 것처럼, 그래프가 정성적인 (qualitative) 정보를 제공한다는 사실이 우리가 그래프를 이용해야하는 유일한 이유가 되는 것은 아니다. 다음 장에서는, 그래프 모형이 언뜻 보기에 명백한 것보다 훨씬 많은 정보를 제공한다는 것을 알게 될 것이다. 우리는 인과 이야기 (causal story)에서 그래프 모형만을 이용하여 데이터에 대해 많은 것을 배울 수 있고 또 많은 것을 추론할 수 있다.

연습문제

1.5.2 환자의 모집단에서 치명적인 증후군 Z를 갖고 있는 사람의 비율을 r로 가정한다. 증후군 Z의 치료제 X (그림 1.10)를 평생 동안 지속적으로 복용하는 것은 힘든 일이라고 하자. $Z=z_1$ 및 $Z=z_0$은 각각 증후군의 유무를 나타내며, $Y=y_1$ 및 $Y=y_0$는 각각 사망 및 생존을 나타내며, $X=x_1$ 및 $X=x_0$는 각각 약을 복용하는 사건과 복용하지 않는 사건을 나타낸다. 증후군을 지니고 있지 않은 환자, $Z=z_0$는 약물을 복용하면 확률 p_2로 사망하고, 약을 복용하지 않으면 확률 p_1으로 사망한다고 가정한다. 반면에 증후군을 앓는 환자 $Z=z_1$은 약을 복용하지 않으면 확률 p_3으로, 약을 복용하면 확률 p_4로 사망한다. 또한, 증후군이 있는 환자가 약을 복용할 확률 $q_1 = P(x_1|z_0)$는 증후군이 없는 사람이 약을 복용할 확률 $q_2 = P(x_1|z_1)$ 보다 크다.

(a) 이 모형을 바탕으로 x, y, z의 모든 값에 대한 결합 분포 (joint distributions) $P(x, y, z)$, $P(x, y)$, $P(x, z)$을 $(r, p_1, p_2, p_3, p_4, q_1, q_2)$의 항으로 나타내시오.
[힌트: 1.5.2장의 곱 분해 법칙을 이용할 수 있다.]

(b) 다음 세 모집단에 대해서 $P(y_1|x_1) - P(y_1|x_0)$를 계산하시오.

(1) 증후군이 있는 사람들.

(2) 증후군이 없는 사람들.

(3) 전체 인구.

(c) (b)에 대한 결과를 이용하여 심슨의 역전 (Simpson's reversal)을 보여주는 모수의 조합을 찾으시오.

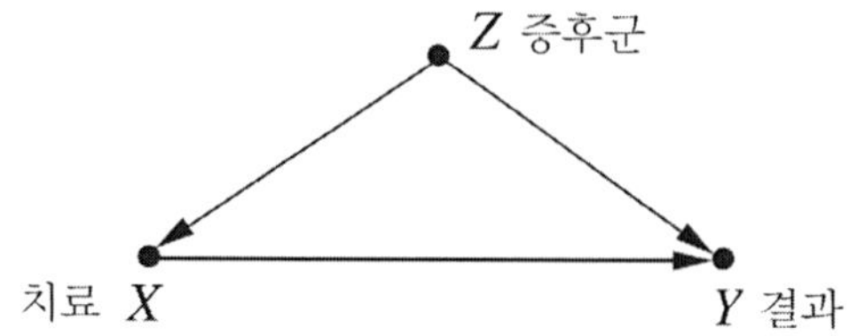

그림 1.10 치료 (X)와 결과 (Y) 모두에 영향을 주는 관찰되지 않은 증후군 (Z)에 대한 모형.

1.5.3 이진 확률 변수 (binary random variables)의 그래프 $X_1 \rightarrow X_2 \rightarrow X_3 \rightarrow X_4$를 살펴보자. 두 연속 변수 사이의 조건부 확률이 다음과 같이 주어졌다.

$$P(X_i = 1 | X_{i-1} = 1) = p$$
$$P(X_i = 1 | X_{i-1} = 0) = q$$
$$P(X_1 = 1) = p_0$$

다음을 계산하시오.

$$P(X_1 = 1, X_2 = 0, X_3 = 1, X_4 = 0)$$
$$P(X_4 = 1 | X_1 = 1)$$
$$P(X_1 = 1 | X_4 = 1)$$
$$P(X_3 = 1 | X_1 = 0, X_4 = 1)$$

1.5.4 몬티 홀 (Monty Hall) 문제에 해당하는 구조 모형을 정의하고 이를 이용하여 모든 변수의 결합 분포를 설명하시오.

Chapter. 1 참고문헌

Pearl (2009, pp. 174-182)에서는 인과성 (causation)을 도입하지 않고 문제를 해결하려는 통계학자의 다양한 시도를 포함하여 심슨의 역설 (Simpson's Paradox)의 역사를 폭넓게 설명한다. Pearl (2014c)은 통계학 강의를 위해 집필된 최신 버전의 책이다. 확률 이론 입문서 중에서 Lindley (2014)와 Pearl (1988, 1장과 2장)은 1장에서 이용된 베이지안 관점에 가장 가까운 책이다. Selvin (2004)과 Moore et al. (2014)는 모수 추정, 가설 검정 및 회귀 분석을 포함한 고전적 통계 방법에 대해서 자세히 소개되어 있다.

1.3절에서 논의된 몬티 홀 (Monty Hall 문제는 다양한 확률 이론 입문서에서 제시되어 있으며 (예를 들면, Grinstead and Snell 1998, p. 136, Lindley 2014, p. 201), "세 명의 죄수의 딜레마 (Three Prisoners Dilemma)"와 수학적으로 동일하다. (Pearl 1988, pp.58-62). 그래프 모형에 대해서는 Elwert (2013), Glymour and Greenland (2008), Pearl (1988, 3장), Lauritzen (1996) 및 Koller and Friedman (2009)에서 잘 소개되어 있다. 1.5.2장의 곱 분해 법칙 (rule of product decomposition)은 Howard와 Matheson (1981)과 Kiiveri et al. (1984)에서 이용되었고, 베이지안 네트워크 (Bayesian Networks)의 의미론적인 기초 (semantic basis)가 되었다 (Pearl 1985). 방향성 비순환 그래프 (directed acyclic graphs)는 확률론적 지식을 표현하지만, 반드시 인과 관계를 나타내는 것은 아니다. 베이지안 네트워크의 추론과 응용에 대해서는 Darwiche (2009)와 Fenton and Neil (2013), Conrady and Jouffe (2015)를 참조하기 바란다. 구조적 인과 모형에 대한 곱 분해 법칙 (rule of product decomposition)의 타당성은 Pearl and Verma (1991)에 제시되어 있다.

의학 및 사회과학 연구를 위한

통계적 인과 추론

Causal Inference in Statistics: A Primer

Chapter 02

그래프 모형과 응용

2.1 모형과 데이터의 연결

1장에서 확률, 그래프 및 구조 방정식을 서로 분리된 고립된 수학적 개체로 다루었다. 그러나 이 세 가지는 실제로 밀접하게 연결되어 있다. 이 장에서 우리는 확률 언어로 대수적 동등성 (algebraic equalities)에 의해 정의되는 독립성 개념을 방향성 비순환 그래프 (DAG: directed acyclic graph)를 이용하여 시각적으로 표현할 수 있음을 보여줄 것이다. 또한 그래프 표현을 이용하여 구조 방정식 모형에 확률 정보를 반영할 수 있다.

결과적으로 구조 방정식 모형의 형태를 통하여 방정식에 포함된 정량적 정보를 확인하거나 또는 오차항에 의존하지 않고 모형의 그래프 구조만으로 데이터의 독립성 패턴을 파악할 수 있다. 반대로, 데이터의 독립성 패턴을 관찰하면 가설 모형이 올바른지 여부에 관해 표현할 수 있다. 궁극적으로, 3장에서 확인할 수 있듯이 그래프 구조는 데이터와 결합될 때 실제로 데이터 분석을 수행하지 않고도 결과를 정량적으로 예측할 수 있다.

2.2 사슬과 분기

우리는 지금까지 인과 모형을 데이터에 숨어 있는 "인과 이야기 (causal story)"로 표현했다. 이것을 표현할 수 있는 다른 방법은 인과 모형을 데이터가 생성되는 메커니즘을 통해 나타내는 것이다. 인과 모형은 경험과 관련된 부분에 대한 일종의 청사진이며 이를 이용하여 데이터를 시뮬레이션 할 수 있다. 고등학생의 수학 시험 점수에 대한 완전한 인과 모형이 주어지고 그 모형의 모든 외생 변수 (exogenous variable)에 대한 모든 값을 알고 있다면 이론적으로는 모든 개인에 대한 데이터 (즉, 시험 점수)를 생성할 수 있다. 물론 이것은 학생의 시험 점수에 영향을 미칠 수 있는 모든 요소를 지정하는, 즉 비현실적인 작업을 하는 것을 필요로 한다. 대부분의 경우 모형에 대한 정확한 지식이 없다. 그렇지만, 우리는 외생 변수를 특징짓는 확률 분포를 구할 수 있다. 그렇게 되면 전체 학생 수 및 학생과 관련된 하위 그룹의 시험 점수 분포에 가까운 분포를 생성할 수 있다.

그러나 이번에는 확률론적으로 설명할 수 있는 인과 모형을 이용하지 않고 단지 모형의 그래프 구조만을 알고 있다고 가정한다. 어떤 변수가 다른 변수에 의해 발생하는지는 알고 있지만, 변수 간의 관계에 대한 강도 또는 성격을 알지 못한다. 그러한 제한된 정보로도 모형에 의해 생성된 데이터셋에 대해 많은 것을 알 수 있다. 불특정 그래프 인과 모형, 즉 어떤 변수가 다른 변수의 함수인지는 알고 있지만, 이 변수들 간에 특별한 연결 관계를 알고 있지 않더라도, 이러한 변수들이 서로 독립인지 또는 조건부 독립인지 알아낼 수 있다. 이러한 독립성은 SCM에 추가된 특정 기능과 상관없이, 해당 그래프 구조와 관련된 인과 모형에 의해 생성된 모든 데이터셋에 적용된다.

예를 들어, 세 개의 가상 구조 모형 (hypothetical SCMs)을 살펴보자. (구조 모형은 SCM으로 표현하기로 한다.) 이 세 가지 SCM은 모두 동일한 그래프 모형을 갖는다. 첫 번째 SCM은 특정 연도의 고등학교의 재정 (funding) (X), 평균 SAT 점수 (Y) 및 대학 입학률 (Z) 간의 인과 관계를 나타낸다. 두 번째 SCM은 전등 스위치의 상태 (X), 관련 전기 회로의 상태 (Y) 및 전구 (Z)의 상태 간의 인과 관계를 나타낸다. 세 번째 SCM은 도보 경주 (foot race) 참가자들에 관한 것이다. 참가자가 매주 직장에서 일하는 시간 (X), 참가자들이 매주 훈련하는 시간 (Y), 그리고 참가자들이 도보 경주에서 완주한 시간 (분) (Z) 간의 인과 관계를 나타낸다. 이 세 가지 모형에서 외생 변수 (U_X, U_Y, U_Z)는 내생 변수 간의 관계를 변화시킬 수 있는 알려지지 않은 또는 랜덤 효과를 나타낸다. 특히, SCM 2.2.1과 2.2.3에서, U_Y와 U_Z는 각 변수의 다양성을 설명하는 부가적인 요소이다. SCM 2.2.2에서 U_Y와 U_Z는 관찰되지는 않지만 이상 (unobserved abnormality)이 있을 경우 1을, 그렇지 않은 경우 0을 취한다.

SCM 2.2.1 (고등학교의 재정, SAT 점수, 대학 입학률)

$$V = \{X, Y, Z\}, \quad U = \{U_X, U_Y, U_Z\}, \quad F = \{f_X, f_Y, f_Z\}$$

$$f_X : X = U_X$$

$$f_Y : Y = \frac{x}{3} + U_Y$$

$$f_Z : Z = \frac{y}{16} + U_Z$$

SCM 2.2.2 (스위치, 회로, 전구)

$$V = \{X, Y, Z\},\quad U = \{U_X, U_Y, U_Z\},\quad F = \{f_X, f_Y, f_Z\}$$

$$f_X : X = U_X$$

$$f_Y : Y = \begin{cases} \text{닫힘}, & (X = \text{위},\ U_Y = 0)\ \text{또는}\ (X = \text{아래},\ U_Y = 1)\text{인 경우} \\ \text{열림}, & \text{다른경우} \end{cases}$$

$$f_Z : Z = \begin{cases} \text{켜짐}, & (Y = \text{닫힘},\ U_Z = 0)\ \text{또는}\ (Y = \text{열림},\ U_Z = 1)\text{인 경우} \\ \text{꺼짐}, & \text{다른경우} \end{cases}$$

SCM 2.2.3 (근로 시간, 훈련 시간, 완주 시간)

$$V = \{X, Y, Z\},\quad U = \{U_X, U_Y, U_Z\},\quad F = \{f_X, f_Y, f_Z\}$$

$$f_X : X = U_X$$
$$f_Y : Y = 82 - x + U_Y$$
$$f_Z : Z = \frac{100}{y} + U_Z$$

SCM 2.2.1-2.2.3은 그림 2.1과 같은 그래프 모형을 갖는다.

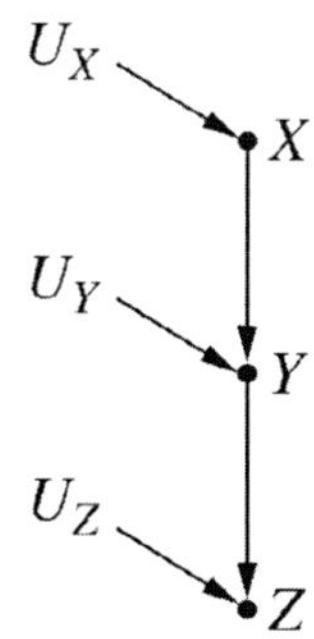

그림 2.1 SCM 2.21–2.2.3의 그래프 모형.

SCM 2.2.1과 2.2.3은 연속 변수 (continuous variables)를 다루고, SCM 2.2.2는 범주형 변수 (categorical variables)를 다룬다. SCM 2.2.1의 변수들은 양의 상관관계를 갖는다 (즉, 상위 변수의 값이 클수록 하위 변수의 값이 큰 경향이 있다). SCM 2.2.3의 변수들은 음의 상관관계를 갖는다. (즉, 부모 변수 (parent variable)의 값이 클수록 자식 변수 (child variable)의 값이 작은 경향이 있다). SCM 2.2.2의 변수들은 선형관계는 아니지만 상관관계가 있다. 위의 세 가지 SCM 중 어떤 것도 같은 함수를 갖고 있지 않다. 그러나 이 세 가지 SCM은 공통된 그래프 구조 (common graphical structure)를 갖고 있기 때문에 세 SCM 모두에서 생성된 데이터셋은 독립 구조를 공유하며, 그림 2.1의 그래프 모형을 통하여 이러한 독립성을 예측할 수 있다. 이 세 가지 SCM에 의해 생성된 데이터셋이 갖고 있는 독립성과 모든 SCM이 갖고 있을 가능성 있는 종속성은 다음과 같다.

1. Z와 Y는 의존적일 가능성이 (likely dependent) 있다.
   ⇒ 어떤 z,y에 대해서는, $P(Z=z|Y=y) \neq P(Z=z)$이다.
2. Y와 X는 의존적일 가능성이 있다.
   ⇒ 어떤 y,x에 대해서는, $P(Y=y|X=x) \neq P(Y=y)$이다.
3. Z와 X는 의존적일 가능성이 있다.
   ⇒ 어떤 z,x에 대해서는, $P(Z=z|X=x) \neq P(Z=z)$이다.
4. Y가 조건부로 주어졌을 때, Z와 X는 독립이다.
   ⇒ 모든 x,y,z에 대해서 $P(Z=z|X=x, Y=y) = P(Z=z|Y=y)$이다.

이러한 독립성과 종속성이 어떻게 유지되는지 이해하기 위해 그래프 모형을 살펴보겠다. 첫 번째로 모서리로 연결된 두 변수가 의존적일 가능성이 있는지 확인한다. 한 변수에서 다른 변수로 가는 화살표는 첫 번째 변수가 두 번째 변수를 발생시킨다는 것을 의미한다. 두 번째로 첫 번째 변수의 값이 두 번째 변수의 값을 결정하는 함수의 일부라는 것이다. 따라서 두 번째 변수의 값은 첫 번째 변수에 따라 달라질 가능성이 있다. 첫 번째 변수의 값을 변경하면 두 번째 변수의 값이 변경되는 경우도 있다. 즉, 데이터셋에서 변수를 조사할 때 다른 변수의 값을 알면 변수 하나가 주어진 값을 가질 확률이 달라질 가능성이 있다. 그래서 일반적인 인과 모형에서 특정 기능에 관계없이 모서리에 의해 연결된 두 변수는 의존적이다. 이러한 이유로 SCM 2.2.1-2.2.3에서 Z와 Y는 의존적이며 Y와 X는 의존적이라는 것을 알 수 있다.

예를 들어, X와 U_Y은 앞뒷면이 나올 확률이 같은 동전의 결과이고, $Y=1$의 필요충분조건

이 $X = U_Y$라고 하자. 이 경우에 $P(Y=1|X=1) = P(Y=1|X=0) = P(Y=1) = 1/2$이다. 이러한 예외적인 사례(pathological case)는 독립성을 만족하는 정확한 수치의 확률이 주어졌을 때 확인할 수 있다. 즉, $P(X=1) = P(U_Y=1) = 1/2$이다. 이러한 경우는 일반적이지 않고, 아주 드물다. 실용적인 목적을 위해서는 무시할 수 있다.

SCM 2.2.4 (비전이적 의존성 (intransitive dependence)을 갖는 예외적인 사례)

$$V = \{X, Y, Z\},\quad U = \{U_X, U_Y, U_Z\},\quad F = \{f_X, f_Y, f_Z\}$$

$$f_X : X = U_X$$

$$f_Y : Y = \begin{cases} a, & X=1\text{이고 } U_Y = 1\text{일 때} \\ b, & X=2\text{이고 } U_Y=1\text{일 때} \\ c, & U_Y = 2\text{일 때} \end{cases}$$

$$f_Z : Z = \begin{cases} i, & Y = c \text{ 또는 } U_Z = 1\text{일 때} \\ j, & U_Z = 2\text{일 때} \end{cases}$$

이 경우, U_Y와 U_Z가 어떤 값을 취하더라도 X는 Z가 취하는 값에 아무런 영향을 미치지 않는다. X의 변화는 Y가 a 또는 b 값을 갖는 것을 설명하지만, Y가 c값을 취하지 않으면 X는 Z에 영향을 미치지 않는다. 따라서 이 모형에서 X와 Z는 서로 독립인 값을 취한다. 이러한 비전이적 사례 (intransitive cases)와 같은 경우를 살펴보고자 한다.

그러나 비전이적 사례는 우리가 접할 수 있는 몇 안 되는 경우에 속한다. 대부분의 경우 X와 Z의 값은 X와 Y, Y와 Z와 함께 바뀌므로 데이터셋에 종속되어 있을 가능성이 크다.

이제 항목 4를 살펴보자. Z와 X는 Y의 조건이 주어졌을 때 독립이다. Y를 조건부로 할 때, Y의 값을 기반으로 한 데이터 그룹으로 필터링한다. 그래서 $Y=a$인 모든 경우를 비교한다. 또한 $Y=b$에서도 모든 경우를 비교한다. 이런 식으로 모든 Y값에 대해서 X와 Z값을 비교한다. $Y=a$인 경우를 생각해보자. 이 경우에만 Z의 값이 X의 값과 독립인지 알고 싶다. 이전에는 X값이 바뀔 때, Y값이 바뀔 가능성이 있고, Y의 값이 바뀌면 Z의 값이 바뀔 가능성이 있기 때문에, X와 Z가 의존적일 가능성이 높았다. 그러나 $Y=a$인 경우만 조사하면, X값을 선택함에 따라 $Y=a$를 유지하도록 U_Y는 변한다. 그러나 Z는 Y와 U_Z에만 의존하고 U_Y에는 의존하지 않기 때문에 Z의 값은 변경되지 않는다. 따라서 X에 대해서 다른 값을 선택해도 Z의 값은 변하지 않는다. 따라서 $Y=a$인 경우에 X와 Z는 독립이다. 물론 이것은 Y의 특정 값을 조건으로 하는 경우에만 성립한다. 따라서 X와 Z는 Y가 특정 값을 갖는다는 조건부에서 독립이다.

이러한 변수의 구성, 즉 세 개의 노드 (nodes)와 두 개의 모서리가 있는데, 이중 하나의 모서리가 중간 변수 (middle variable)로 들어가고 다른 모서리가 중간 변수 (middle variable)에서 나오는 형태를 갖고 있는 형태를 사슬 (chain)이라고 한다. 위와 유사한 추론은 X와 Y 사이의 유일한 경로가 사슬로만 구성된 경우, 두 변수 X와 Y가 주어졌을 때, 그래프 모형에서 해당 경로의 중간 변수에 대해 X와 Y가 조건부 독립이라는 것을 알 수 있다. 이러한 독립적인 관계는 변수를 연결하는 함수와 관계없이 성립한다. 이것을 통해 다음과 같은 규칙을 설명할 수 있다.

규칙 1 (사슬에서의 조건부 독립)

X와 Y 사이에 하나의 방향성 경로 (unidirectional path)만 있고 Z가 해당 경로를 가로막는 변수 집합인 경우, Z가 조건부로 주어졌을 때 두 변수 X와 Y는 조건부 독립이다.

중요한 참고 사항: 규칙 1은 오차항 U_X, U_Y 및 U_Z가 서로 독립이라고 가정할 때만 성립한다. 예를 들어, U_X가 U_Y의 원인이라면 Y를 조건부로 하였을 때, 반드시 X와 Z가 독립인 관계에 있는 것은 아니다. X의 변화는 오차항을 통해 Y와 여전히 연관될 수 있기 때문이다.

이제 그림 2.2의 그래프 모형을 생각해보자. 이 구조는 예를 들어, 어떤 도시의 기온 (X), 이 도시 상점에서 판매된 아이스크림 수 (Y), 이 도시에서 일어난 강력 범죄의 수 (Z)를 연결하는 인과적 메커니즘을 설명한다. 이 변수들 사이의 가능한 관계는 SCM 2.2.5에 나와 있다. 또는 이 구조는 전등 스위치의 상태 (X) (위 또는 아래), 첫 번째 전구의 상태 (Y) (켜짐 또는 꺼짐) 및 두 번째 전구의 상태 (Z) (켜짐 또는 꺼짐)를 연결하는 원인 메커니즘인 SCM 2.2.6에서와 같이 나타낼 수 있다. 외생 변수

U_X, U_Y 및 U_Z는 이러한 장치의 작동에 영향을 미치는 또 다른 요소 (랜덤 요소)를 나타낸다.

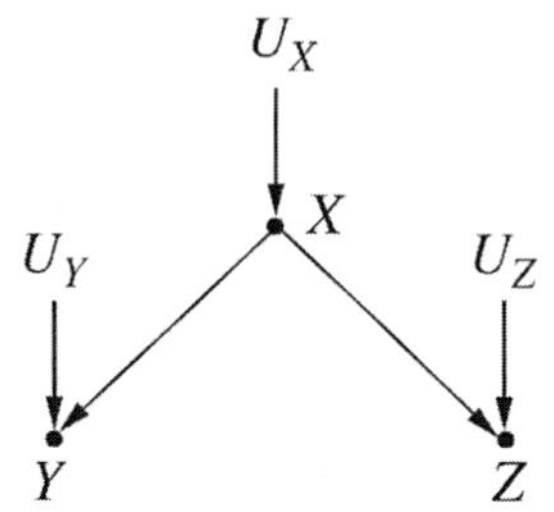

그림 2.2 SCM 2.2.5와 SCM 2.26의 그래프 모형.

SCM 2.2.5 (기온, 아이스크림 판매량, 강력 범죄)

$$V=\{X,Y,Z\},\quad U=\{U_X,U_Y,U_Z\},\quad F=\{f_X,f_Y,f_Z\}$$

$$f_X : X = U_X$$
$$f_Y : Y = 4x + U_Y$$
$$f_Z : Z = \frac{x}{10} + U_Z$$

SCM 2.2.6 (스위치와 두 개의 전구)

$$V=\{X,Y,Z\},\quad U=\{U_X,U_Y,U_Z\},\quad F=\{f_X,f_Y,f_Z\}$$

$$f_X : X = U_X$$
$$f_Y : Y = \begin{cases} \text{켜짐, } (X=\text{위}, U_Y=0) \text{ 또는 } (X=\text{아래}, U_Y=1) \\ \text{꺼짐, 다른경우} \end{cases}$$
$$f_Z : Z = \begin{cases} \text{켜짐, IF } (X=\text{위}, U_Z=0) \text{ 또는 } (X=\text{아래}, U_Z=1) \\ \text{꺼짐, 다른경우} \end{cases}$$

오차항 U_X, U_Y 및 U_Z가 독립이라고 가정하면 그림 2.2의 그래프 모형을 검토하여 SCM 2.2.5 및 2.2.6이 다음 종속성 및 독립성을 공유하는지 확인할 수 있다.

1. X와 Y는 의존적일 가능성이 (likely dependent) 있다.

   ⇒ 어떤 x,y에 대해서는, $P(X=x|Y=y) \neq P(X=x)$이다.

2. X와 Z는 의존적일 가능성이 있다.

   ⇒ 어떤 x,z에 대해서는, $P(X=x|Z=z) \neq P(X=x)$이다.

3. Z와 Y는 의존적일 가능성이 있다.

   ⇒ 어떤 z,y에 대해서는, $P(Z=z|Y=y) \neq P(Z=z)$이다.

4. X가 조건부로 주어졌을 때, Y와 Z는 독립이다.

   ⇒ 모든 x,y,z에 대해서 $P(Y=y|Z=z,X=x)=P(Y=y|X=x)$이다.

항목 1과 항목 2는 Y와 Z가 모두 화살표로 X에 직접 연결되어 있으므로 X값이 바뀌면 Y와 Z값이 모두 바뀐다는 것을 의미한다. X가 바뀌면 Y가 바뀌고 X가 바뀌면 Z가 바뀌고, Y가 Z와 함께 바뀔 (확실하지는 않지만) 가능성이 높다. 따라서 Y의 값이 변경되면 Z 값 역시 변경될 수 있으므로, Y와 Z는 의존적인 관계일 가능성이 있다.

그렇다면 X의 조건이 주어졌을 때, 왜 Y와 Z는 독립인가? X를 조건부로 하면, 무슨 일이 생기는가? X의 값에 따라 데이터를 필터링하고, 이제는 X의 값이 일정한 경우만 비교하도록 한다. X는 바뀌지 않으므로 X값의 변동으로 인해 생길 수 있는 Y와 Z의 변동은 없다. Y와 Z의 값은 오로지 각각 서로 독립이라고 가정한 U_Y와 U_Z에 의해서만 변경된다. 따라서 Y와 Z 값은 서로 독립일 가능성이 커진다.

이러한 변수의 구성 (중간 변수에서 나오는 두 개의 화살표가 있는 세 개의 노드)을 분기 (fork)라고 한다. 분기 변수의 중간 변수는 다른 두 변수와 그 자손의 공통 원인 (common cause)이다. 두 변수가 공통된 원인을 공유하고 그 공통 원인이 그 사이의 유일한 경로의 일부인 경우, 위와 비슷한 방식의 추론은 이러한 종속성과 조건부 독립성이 이러한 변수에 성립한다는 것을 뜻한다. 그러므로 이것은 다음과 같은 또 다른 규칙을 따른다.

규칙 2 (분기에서 조건부 독립)

변수 X가 변수 Y와 변수 Z의 공통 원인 (common cause)이고 Y와 Z사이에 단 하나의 경로가 있는 경우 X의 조건이 주어졌을 때 Y와 Z는 조건부 독립이다.

2.3 충돌부

지금까지 두 변수 사이의 경로에서 발생할 수 있는 모서리와 노드의 두 가지 간단한 경우인 사슬 (chain)과 분기 (fork)를 살펴보았다. 이번에는 독특한 형태를 갖고 있는 세 번째 구성을 알아보기로 한다. 세 번째 구성에는 충돌 노드 (collider node)가 포함되어 있으며 한 노드가 두 개의 다른 노드에서 나온 모서리가 연결될 때 만들어진다. 충돌부 (colliders)를 포함하는 가장 단순한 그래프 인과 모형은 그림 2.3에 나와 있으며 두 가지 원인 X와 Y의 공통 효과 (common effect) Z를 나타낸다.

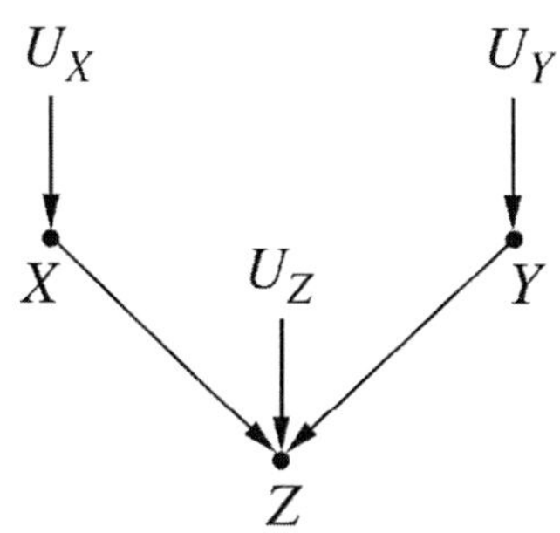

그림 2.3 간단한 형태의 충돌부.

모든 그래프 인과 모형의 경우와 마찬가지로, 그림 2.3을 그래프 모형으로 갖는 모든 SCM은 이 그래프 모형만으로 변수들 간의 종속성과 독립성이 결정된다. 그림 2.3의 모형의 경우 U_X, U_Y 및 U_Z의 독립성을 가정하면 다음과 같은 특성을 갖는다.

1. X와 Z는 의존적일 가능성이 (likely dependent) 있다.
   ⇒ 어떤 x,z에 대해서는, $P(X=x|Z=z) \neq P(X=x)$이다.
2. Y와 Z는 의존적일 가능성이 있다.
   ⇒ 어떤 y,z에 대해서는, $P(Y=y|Z=z) \neq P(Y=y)$이다.
3. X와 Y는 독립이다.
   ⇒ 모든 x,y에 대해서, $P(X=x|Y=y) = P(X=x)$이다.
4. Z가 조건부로 주어졌을 때, X와 Y는 의존적일 가능성이 있다.
   ⇒ 어떤 x,y,z에 대해서 $P(X=x|Y=y,Z=z) \neq P(X=x|Z=z)$이다.

첫 두 항목 (항목 1, 항목 2)은 2.2절에서 설명한 것과 같고, 항목 3은 당연한 명제이다. X와 Y는 서로의 자손 또는 조상이 아니며, 동일한 변수에 의존하지도 않는다. 그들은 서로 독립이라고 가정한 U_X와 U_Y에만 반응하므로 X값의 변화가 Y값의 변화로 연결되는 인과적 메커니즘이 없다. 이 독립성은 또한 시간이 지남에 따라 인과성이 어떻게 작용하는지에 대해서도 설명한다. 현재 독립인 사건은 앞으로도 공통적인 효과가 있을 수 없기 때문에 서로 의존하지 않게 된다.

그렇다면 항목 4는 왜 성립하는 것일까? 두 개의 서로 독립인 변수가 공통된 원인이 될 때, 공통된 효과를 조건부로 설정했을 때, 왜 이 두 개 변수가 의존적이 되는가? 이 문제에 답하기 위해 다시 조건부 변수의 값에 의한 필터링으로서 조건부 확률의 정의를 살펴보자.

Z를 조건부로 할 때, 우리는 Z가 동일한 값을 갖는 경우에 대해서만 비교를 한다. 그러나 Z는 X와 Y에 의존한다는 것을 기억하기 바란다. 따라서 Z의 값이 일정할 때, X의 값이 변했다면, 그것은 Y의 값의 변화에 의해 보상되어야 한다. 그렇지 않으면, Z의 값도 바뀌게 된다.

충돌 노드의 조건부가 노드의 부모 사이의 의존성을 만들어내는 충돌부 속성에 대한 추론은 처음에는 이해가 잘 되지 않을 수도 있다. $Z=X+Y$일 때, X와 Y가 서로 독립인 상황에서, 다음과 같은 논리로 이것을 설명할 수 있다. $X=3$이라고 말하면, 이 두 변수는 독립이기 때문에, Y의 가능한 값에 대해서는 아무것도 알지 못한다. 반면에 $Z=10$이라고 말하면 $X=3$이라고 알려주는 즉시 Y는 7이어야한다. 따라서 $Z=10$라는 조건부에서 X와 Y는 서로 의존적이다.

이 현상은 실생활의 예를 통해 더 명확히 알 수 있다. 예를 들어, 특정 대학이 두 가지 유형의 학생, 뛰어난 재능 또는 높은 성적을 가진 학생에게 장학금을 제공한다고 가정하자. 일반적으로 음악적 재능과 학업 성취도는 독립인 특성이므로, 전체 인구에서 음악적 재능을 가진 사람을 찾는 것은 그 사람의 성적에 대해 아무 것도 알려주지 않는다. 그러나 장학금을 받는 사람이 발견되면 상황이 바뀐다. 그 사람이 음악적 재능이 없다는 것을 알게 되면 즉시, 우리는 그 사람이 장학금을 받게 된 원인이 점수가 높기 때문이라는 것을 알게 된다. 따라서, 거의 독립인 두 변수는 공통적인 효과인 세 번째 변수 (장학금)라는 조건이 주어지면, 의존적인 관계가 될 수 있다.

수치를 이용한 예제를 살펴보자. 앞뒷면이 나올 확률이 같은 동전 두 개 (two fair coins)를 독립적으로 던지고, 동전 중 적어도 하나가 앞면이 나올 때, 종이 울린다. 두 동전의 결과를 각각 X와 Y로 표시하고, Z가 종소리의 상태를 나타내고, $Z=1$이 종소리의 울림을 나타내며, $Z=0$은 종이 울리지 않음을 나타낸다. 이 메커니즘은 두 개의 동전의 결과가 부모 노드이고 종 울림의 상태가 충돌 노드인 그림 2.3에서와 같이 충돌부로 나타낼 수 있다.

후자의 계산을 보려면 표 2.1에 표시된 초기 확률을 바란다.

표 2.1 X는 첫 번째 동전의 결과, Y는 두 번째 동전의 결과, Z는 종이 울렸는지의 여부를 나타내며, 각각의 경우에 해당하는 확률이 표시되어 있음.

X	Y	Z	$P(X, Y, Z)$
앞면	앞면	1	0.25
앞면	뒷면	1	0.25
뒷면	앞면	1	0.25
뒷면	뒷면	0	0.25

다음과 같은 식이 성립한다.

$$P(X=\text{“앞면”}|Y=\text{“앞면”})=P(X=\text{“뒷면”}|Y=\text{“뒷면”})=\frac{1}{2}$$

즉, X와 Y는 독립이다. 이제, $Z=1$ (종이 울림)과 $Z=0$ (종이 울리지 않음)을 조건부로 하여 살펴보자. 결과 데이터 하위 집합은 표 2.2에 나와 있다.

이 표로부터 계산하면, 다음과 같다.

$$P(X=\text{“앞면”}|Z=1)=\frac{1}{3}+\frac{1}{3}=\frac{2}{3}$$

$Y=$ 앞면인 경우에만 $Z=1$에 대해서 서브 테이블을 필터링하여 해당되는 경우를 조사하면 다음과 같다.

$$P(X=\text{"앞면"} \mid Y=\text{"앞면"}, Z=1)=\frac{1}{2}$$

$Z=1$일 때 $X=$앞면의 확률은 $Y=$앞면이라는 것을 알 때, $\frac{2}{3}$에서 $\frac{1}{2}$로 바뀐다. 분명히 X와 Y는 $Z=1$에 의존적이다. 물론 종이 울리지 않을 때 ($Z=0$)의 의존성은 더 두드러지게 나타난다. 왜냐하면 이 경우에는 두 동전이 모두 뒷면일 수밖에 없기 때문이다.

표 2.2 표 2.1의 분포에 대한 조건부 확률 분포. (상단: $Z=1$의 조건. 하단: $Z=0$의 조건)

X	Y	$P(X, Y \mid Z=1)$
앞면	앞면	0.333
앞면	뒷면	0.333
뒷면	앞면	0.333
뒷면	뒷면	0
X	Y	$P(X, Y \mid Z=0)$
앞면	앞면	0
앞면	뒷면	0
뒷면	앞면	0
뒷면	뒷면	1

조금 어려운 충돌부의 예로 1.3절에서 소개했던 몬티 홀 (Monty Hall) 문제를 들 수 있다. 몬티 홀 문제는 충돌부가 존재하는 문제이다. 참가자가 처음으로 선택한 문은 부모 노드 (parent node)이다. 자동차가 배치된 문은 다른 부모 노드이다. Monty가 여는 문은 염소가 있는 문으로 다른 두 변수에 의해 인과적으로 영향을 받는 충돌 노드임을 알 수 있다. 이 때, 인과성 (causation)이 있음이 분명하다. 참가자가 문 A를 선택했을 때, 문 A에 염소가 있는 경우 진행자 Monty는 염소가 있는 나머지 문을 열어야 한다.

참가자의 초기 선택과 자동차의 위치는 독립인 관계에 있다. 그래서 처음에는 자동차가 있는 문을 선택할 확률이 1/3이다. 그러나 두 개의 독립인 동전과 마찬가지로 Monty의 문 선택이 하나의 주어진 조건이 되고, 참가자의 초기 선택과 자동차의 배치는 의존적이게 된다. 문 B에 자동차가 있을 확률은 1/3이지만, 참가자가 문 A를 선택하고 진행자인 Monty가 문 C를 열었다면, 문 B 뒤에 자동차가 있을 확률은 2/3이 된다.

충돌부의 조건부로 인해 독립인 변수가 의존적인 관계가 되는 것처럼, 충돌부의 자손에 대해서도 조건부 사건을 만들 수 있다. 이것이 성립하는 이유를 알아보기 위해, 두 개의 독립인 동전과 종의 예를 살펴보자. 우리가 직접 종소리를 듣지 않고, 대신 다소 신뢰할 수 없는 목격자의 증언을 의지한다고 가정하자. 종이 울리지 않을 때, 목격자가 그 사실을 거짓으로 보고할 확률은 50%이다. 목격자의 증언을 W로 표기하면 인과 구조는 그림 2.4에, X, Y 및 W의 모든 조합에 대한 확률은 표 2.3에 나와 있다.

표 2.3 X는 첫 번째 동전의 결과, Y는 두 번째 동전의 결과, 신뢰하기 어려운 목격자에 의한 종소리의 여부 W에 따른 확률 분포.

X	Y	W	$P(X, Y, W)$
앞면	앞면	1	0.25
앞면	뒷면	1	0.25
뒷면	앞면	1	0.25
뒷면	뒷면	1	0.125
뒷면	뒷면	0	0.125

이 표를 기반으로 다음과 같이 구할 수 있다.

$$P(X=\text{“앞면”}|Y=\text{“앞면”})=P(X=\text{“앞면”})=\frac{1}{2},$$

$$P(X=\text{“앞면”}|W=1)=\frac{(0.25+0.25)}{(0.25+0.25+0.25+0.125)}=\frac{0.5}{0.875},$$

$$P(X=\text{“앞면”}|Y=\text{“앞면”},W=1)=\frac{0.25}{(0.25+0.25)}=0.5<\frac{0.5}{0.875}$$

따라서 X와 Y는 목격자가 사실 또는 거짓을 전달하기 전에는 독립이지만, 목격자에 의해 종소리의 여부가 전달된 후에는 의존적인 사건이 된다.

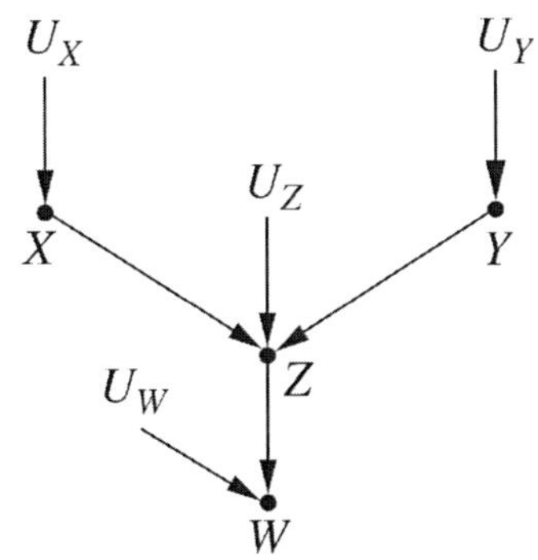

그림 2.4 하나의 자식 W를 가진 충돌부 (Z)를 포함한 그래프. 이 그래프는 표 2.3의 시나리오를 나타냄. X는 첫 번째 동전의 결과, Y는 두 번째 동전의 결과, Z는 종소리의 여부, W는 신뢰하기 어려운 목격자의 증언을 나타냄.

규칙 3 (충돌부에서의 조건부 독립)

변수 Z가 두 변수 X와 Y 사이의 충돌 노드이고 X와 Y 사이에 단 하나의 경로 (one path)만 있는 경우, X와 Y는 비조건부 독립 (unconditionally independent)이다. 그러나 Z 또는 Z의 자손을 조건부로 하였을 때에는 X와 Y는 종속적일 가능성이 있다.

규칙 3은 인과 연구에서 매우 중요하다. 다음 장에서는 교락 (confounding)이 있을 때, 인과 모형으로부터 데이터가 생성되었는지, 데이터로부터 모형을 발견할 수 있는지, 그리고 측정할 변수와 인과 효과를 추정하는 방법을 결정함으로써 심슨의 역설을 완전히 해결할 수 있는지 테스트할 수 있음을 알게 될 것이다.

Remark 호기심 많은 학생들은 몬티 홀 (Monty Hall) 예와 같이 충돌부를 조건으로 할 때, 어떻게 서로 다른 사건을 의존적으로 만드는지 궁금해 할 것이다. 그 이유는 사람들이 두 변수 사이의 통계적 의존성 (statistical dependence)과 인과성 (causation)을 연관시키는 경향이 있기 때문이다. (인과성이 없어도 통계적 의존성이 나타날 수 있음에도 불구하고) 그러한 관점에서는 두 변수 사이의 통계적 의존성은 인과적 메커니즘이 존재할 때만 생길 수 있다고 가정하는 실수를 하게 된다. 즉, 한 변수가 다른 변수에 영향을 주거나, 또는 세 번째 변수가 다른 두 개의 변수에 영향을 준다고 생각한다. 그러나, 충돌부가 있는 경우, "인과 관계가 없으면 상관관계가 없다"는 흔히

저지르는 잘못된 가정을 위반하고, 인과성 없이도 변수들이 서로 의존적인 관계에 있게 된다.

$$X \rightarrow R \rightarrow S \rightarrow T \leftarrow U \leftarrow V \rightarrow Y$$

그림 2.5 조건부 독립성을 증명하기 위한 방향성 그래프. (오차항은 표시하지 않음)

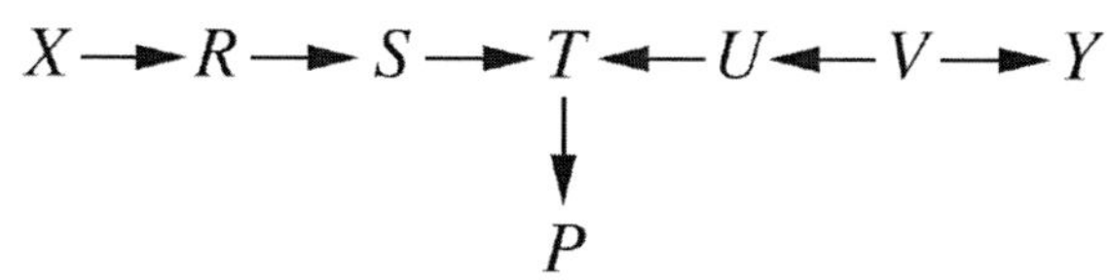

그림 2.6 P가 충돌부의 자손인 방향성 그래프.

연습문제

2.3.1 (a) 그림 2.5에서 집합 $Z=\{R, V\}$가 조건부로 주어졌을 때, 조건부 독립인 변수를 구하시오.

(b) 그림 2.5의 인접하지 않은 (nonadjacent) 변수의 쌍에 대해서, 그 쌍을 독립으로 만드는 조건부 변수의 집합을 구하시오.

(c) 그림 2.6에서 집합 $Z=\{R, P\}$가 조건부로 주어졌을 때, 조건부 독립인 변수의 집합을 모두 구하시오.

(d) 그림 2.6의 인접하지 않은 변수의 쌍에 대해서, 그 쌍을 독립으로 만드는 조건부 변수의 집합을 구하시오.

(e) 그림 2.5에서 설명한 모형으로 데이터를 생성하고 이를 선형 방정식 $Y=a+bX+cZ$로 적합한다고 가정하자. 기울기 b가 0이라는 것을 보이기 위해 Z에 대해 어떤 값을 선택할 수 있는가?

[힌트: 0이 아닌 기울기는 Y가 X에 의존적이라는 것을 의미한다.]

(f) 문제 (e)에서 데이터를 다음 방정식으로 적합했다고 하자.

$$Y=a+bX+cR+dS+eT+fP$$

어떤 계수가 0인가?

2.4 d – 분리

일반적으로 인과 모형은 지금까지 조사한 사례처럼 간단하지는 않다. 특히, 그래프 모형이 변수 사이의 단일 경로로 구성되는 경우는 거의 없다. 대부분의 그래프 모형에서 변수 쌍에는 변수를 연결하는 여러 경로가 있으며 각 경로는 다양한 사슬 (chain), 분기 (fork) 및 충돌부 (colliders)를 통과한다. 그래프에 의해 생성된 모든 데이터셋이 공유하는 의존성을 예측할 수 있는 그래프 인과 모형에 적용될 수 있는 기준 또는 프로세스의 존재 여부가 여전히 문제로 남아 있다.

실제로 이전 장에서 설정한 규칙에 기초한 d-분리 (d-separation)라는 프로세스가 있다. d-분리 ("d"는 "방향성"을 나타냄)는 임의의 노드 쌍에 대해서 노드가 방향성을 갖고 변수를 연결하는지, 그러한 경로가 없이 분리되었는지를 결정할 수 있다. 한 쌍의 노드가 d-분리되어 있다고 말하면, 이들이 나타내는 변수가 확실히 독립이라는 것을 의미한다. 한 쌍의 노드가 연결되어 있다고 말하면 (d-connected), 그들은 대부분 의존적이라는 것을 의미한다.[1)]

두 노드 X와 Y는 (경로가 존재할 경우) 그 사이의 모든 경로가 차단되면 d-분리 (d-separated)된다. X와 Y 사이의 경로 하나라도 차단되어 있지 않으면 X와 Y는 d-연결 (d-connected)된다. 변수들 사이의 경로는 물이 통과하는 파이프 (pipe)로 생각할 수 있다. 파이프가 차단되지 않은 경우 (unblocked) 물이 한 곳에서 다른 곳으로 흐를 수 있으며 단일 경로이면, 양 끝의 변수가 의존적이다. 그러나 파이프가 한 곳에서 막혀서 물이 흐르지 못하는 경우가 있으며, 마찬가지로 그래프에서 한 경로는 전체 경로에서 종속 경로 (the passage of dependence)를 차단하는 데 하나의 노드만 이용한다.

비조건부로 또는 조건부로 d-분리되어 (d-separated) 있는지 여부에 따라 경로를 차단할 수 있는 특정 종류의 노드가 있다. 조건부로 주어진 변수가 없다면, 충돌부가 경로를 차단할 수 있다. 이것은 2.2절에서 보았듯이 비조건부 의존성 (unconditional dependence)은 충돌부를 통과할 수 없다. 따라서 두 노드 X와 Y 사이의 모든 경로에

---

1) d-연결 변수 (d-connected variables)는 그래프에서 화살표에 할당된 거의 모든 함수 집합에 의존적일 수 있다. 예외는 2.2절에서 논의된 비전이적 사례 (intransitive cases)를 들 수 있다.

충돌부가 있으면 X와 Y는 비조건부로 의존적일 수 없다. 그들은 서로 독립이어야 한다.

그러나 노드 Z가 조건부로 주어졌을 때 경로가 차단되는 경우는 다음과 같다.

- 충돌부와 충돌부의 자손이 조건부 집합 Z에 속하지 않는 경우.
- 중간 노드가 Z인 사슬 또는 분기.

이러한 추론은 2.2절과 2.3절에서 배운 내용과 연결된다. 충돌부는 부모들 사이(between its parents)를 흘러가지 못하도록 하여, 즉 경로를 차단하여 의존적인 관계를 허용하지 않는다. 그러나 규칙 3은 충돌부 또는 그 자손을 조건부로 할 때, 부모 노드가 종속 될 수 있다는 것을 설명한다. 따라서 충돌 노드가 집합 Z를 조건부로 갖지 않는 충돌부는 경로를 통과함으로써 생길 수 있는 의존성을 차단하지만, 충돌 노드 또는 그 자손이 조건부 집합 (conditioning set)에 있는 경우에는 의존성이 생기게 된다. 반대로 충돌부가 아닌 사슬과 분기를 통과하면 의존적인 관계가 될 수 있다. 그러나 규칙 1과 규칙 2는 사슬과 분기 중간 노드에 특정 조건을 주면, (한 번에 하나의 경로만 고려할 때) 경로의 양쪽 끝에 있는 변수는 서로 독립이 된다는 것을 알려준다. 따라서 조건부 집합에 속한 비충돌 노드 (noncollision node, 사슬이나 분기의 중간 노드)는 종속성을 차단하는 반면 조건부 집합에 속하지 않은 비충돌 노드는 의존성을 허용한다.

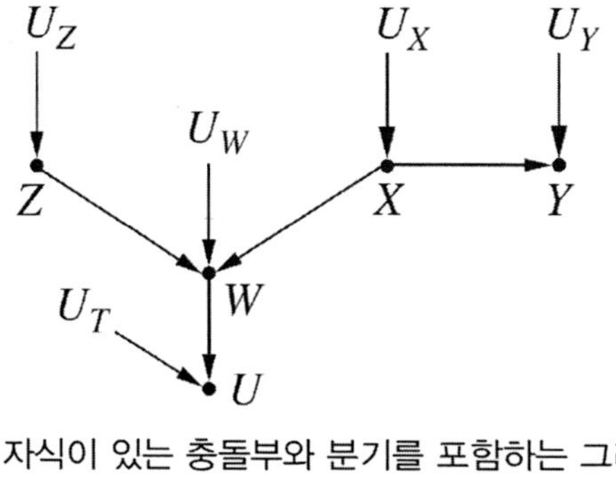

그림 2.7 자식이 있는 충돌부와 분기를 포함하는 그래프 모형.

우리는 이제 d-분리에 대한 일반적인 정의를 내릴 준비가 되었다.

정의 2.4.1 (d-분리)

경로 p는 노드 Z에 의해 차단된다는 명제는 다음 항목과 필요충분조건이다.

1. 경로 p는 중간 노드 B가 Z에 속하는 (즉, B가 조건부로 설정됨) 사슬 $A \rightarrow B \rightarrow C$ 또는 분기 $A \leftarrow B \rightarrow C$를 포함한다.
2. 경로 p는 중간 노드 B와 B의 자손이 Z에 속하지 않는 충돌부 $A \rightarrow B \leftarrow C$를 포함한다.

d-분리를 이용하여 이제 좀 더 복잡한 그래프 모형을 살펴보고 어느 변수가 독립이고 의존적인지 다른 변수들에 대해서 주변적으로 (marginally) 또는 조건부로 (conditionally) 결정한다. 그림 2.7의 그래프 모형을 예로 들어보자. 이 그래프는 여러 가지 인과 모형을 포함한다. 이 그래프의 변수는 이산, 연속 또는 이산과 연속의 혼합인 변수일 수 있다. 그것들 사이의 관계는 선형적 (linear)이거나, 지수적 (exponential)이거나, 또는 다른 관계가 될 수도 있다. 그러나 모형에 관계없이 d-분리는 모형이 설명하는 데이터에서 항상 동일한 종류의 독립성 관계를 설명한다.

특히, Z와 Y의 관계를 살펴보자. 공집합이 조건부 집합이면, Z와 Y가 d-분리가 되며, 이것은 Z와 Y가 비조건부 독립이라는 것을 말해준다. 왜 그럴까? 조건부로 주어진 집합이 공집합이기 때문에 (어떤 조건도 추가적으로 주어지지 않았기 때문에) Z와 Y 사이를 연결해주는 경로가 없다. Z와 Y 사이에 단 하나의 경로가 있지만, 그 경로는 충돌부에 의해 차단된다. ($Z \rightarrow W \leftarrow X$)

그러나 공집합이 아닌 W를 조건부로 한다고 가정하자. d-분리는 Z와 Y가 W의 조건부로 연결된다는 것을 말해 준다. 그 이유는 조건부 집합이 이제 $\{W\}$이고, Z와 Y 사이의 유일한 분기 (X)는 그 집합 $\{W\}$에 없으며, 경로의 유일한 충돌부 (W)는 그 집합에 있으며 그 경로는 차단되지 않는다. (충돌부들에 대한 조건부는 "차단 해제" 임을 기억하기 바란다.) U는 Z와 Y 사이의 경로를 따라 존재하는 충돌부의 자손이기 때문에 W 대신에 U라는 조건부 집합이 있다면 이때에도 똑같은 결과를 얻는다.

반면에 집합 $\{W, X\}$를 조건부로 하면 Z와 Y는 독립이다. 이번에는 Z와 Y 사이의 경로가 정의 2.4.1에서 제시한 첫 번째 기준에 의해 차단된다. 즉, 조건부 집합에 비충돌 노드 (X)가 있다. W가 조건부 집합에 의해 차단 해제되었지만, 다른 차단된 노드 X로 전체 경로를 차단할 수 있다. Z와 Y 사이의 유일한 경로는 이 조건부 집합에 의해 차단되므로, Z와 Y는 $\{W, X\}$ 조건에 의해 d-분리된다.

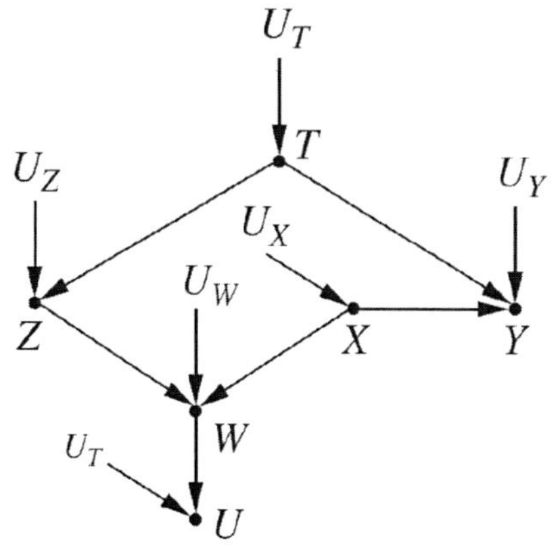

그림 2.8 그림 2.7에서 Z와 Y 사이에 경로를 추가한 그래프 모형.

이제부터 Z와 Y 사이에 다른 경로를 추가할 때 어떤 일이 일어나는지 알아보자.

그림 2.8에서 Z와 Y는 이제 비조건부 의존적인 (unconditionally dependent) 관계에 있다. 왜 그럴까? Z와 Y 사이에 충돌부를 포함하지 않은 경로 ($Z \leftarrow T \rightarrow Y$)가 있기 때문이다. 그러나 T가 정의 2.4.1의 조건을 만족하면 그 경로는 차단되고 Z와 Y는 다시 독립이 된다. 반면에 $\{T, W\}$를 조건으로 하면 Z와 Y는 다시 연결된다. (T의 조건부는 $Z \leftarrow T \rightarrow Y$를 차단하지만 W의 조건부는 경로 $Z \rightarrow W \leftarrow X \rightarrow Y$의 차단을 해제한다.) 그리고 X를 조건부 집합에 추가하면 조건부 집합은 $\{T, W, X\}$가 되고, 이때 Z와 Y는 독립인 상태가 된다! 이 그래프에서, Z와 Y는 W, U, $\{W, T\}$, $\{U, T\}$, $\{W, U, T\}$, $\{W, X\}$, $\{U, X\}$와 $\{W, U, X\}$를 조건부로 할 때, d-연결 (d-connected) 된다. (따라서 의존적일 가능성이 있다.) Z와 Y는 T, $\{X, T\}$, $\{U, X, T\}$ 및 $\{W, U, X, T\}$을 조건부로 할 때, d-분리된다. T는 Z와 Y를 d-분리하는 모든 조건부 집합에 있다. 그 이유는 T가 비조건부으로 Z와 Y를 연결하는 경로의 유일한 노드이기 때문이다. 아무런 조건이 없으면 Z와 Y는 항상 d-연결된다.

연습문제

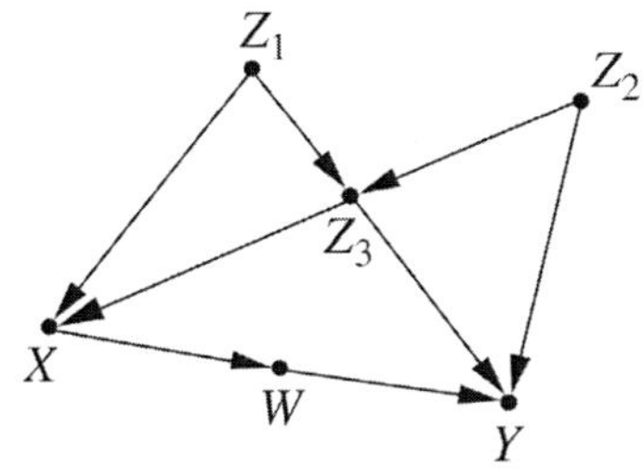

그림 2.9 문제 2.4.1에서 이용된 인과 그래프. 모든 U는 (그림에는 표시되지 않음) 독립이라고 가정함.

2.4.1 (a) 이 그래프에서 인접하지 않은 노드의 각 쌍에 대해 그 쌍을 d-분리 (d-separated)하는 변수 집합을 찾으시오. 이 집합과 관련하여 각 변수의 독립성을 설명하시오.

(b) 집합 $\{Z_3, W, X, Z_1\}$의 변수만 측정할 수 있다고 가정할 때, 질문 (a)에 대한 답을 하시오.

(c) 그래프의 인접하지 않은 각 노드 쌍들이 다른 변수들에 대한 조건부에서 조건부 독립인지 설명하시오.

(d) 그래프에서 모든 변수 V에 대해서 (즉, V가 X, W, Y, Z_1, Z_2, Z_3의 한 변수일 때), V가 아닌 모든 변수와 V를 독립으로 만드는 최소 노드 집합을 찾으시오.

(e) Y가 아닌 다른 모든 변수에서 얻은 측정치로부터 Y값을 추정한다고 가정하자. 모든 변수를 측정했을 때와 마찬가지로 Y의 추정치를 얻을 수 있는 가장 작은 변수 집합을 찾으시오.

(f) 질문 (e)에서 Y 대신에 Z_2를 추정한다고 가정하고 답하시오.

(g) Z_3의 측정값으로부터 Z_2의 값을 예측하려고 한다. W의 측정값을 추가로 알게 되면, Z_2의 값을 예측하는 데 더 도움이 되는가? 이유를 설명하시오.

2.5 모형의 검정 및 인과 검색

앞의 장에서는 인과 모형으로부터 생성되는 데이터셋에서, 해당 인과 모형을 통해 각 변수가 다른 변수에 미치는 영향력을 검정할 수 있는 결과 (testable implications)를 보았다. 예를 들어, 데이터셋 S를 생성했을 것으로 생각되는 그래프 G가 있다면, d-분리는 G의 어떤 변수가 다른 변수가 조건부로 주어졌을 때 독립 (조건부 독립)인지 여부를 알려준다. 조건부 독립은 데이터셋을 이용하여 검정 (test) 할 수 있는 부분이다. 그래프 G에서 d-분리 조건을 열거하고, 변수 A와 B가 C의 조건부에 의해 독립이어야 한다고 가정하자. 데이터셋 S에 기반한 확률을 추정한 후, A와 B가 C의 조건부에서 독립이 아닌 데이터를 발견했다고 하자. 그렇다면, G는 S에 대한 가능한 인과 모형이 아니라고 결론 내릴 수 있다.

그림 2.9의 인과 모형에서 이를 증명할 수 있다. 모형에 의해 설명된 많은 조건부 독립 중에서 W와 Z_1은 X가 조건부로 주어지면 독립이라는 것을 알 수 있다. 왜냐하면 X가 W를 Z_1으로부터 분리하기 때문이다. 이제 우리는 X와 Z_1을 설명 변수로 하여 반응변수 W에 대한 회귀 분석을 한다고 가정한다. 즉, 다음 식을 고려하여 데이터를 가장 잘 적합시키는 직선을 찾을 것이다.

$$w = r_X x + r_1 z_1$$

r_1이 0이 아니라면, X가 주어졌을 때 W는 Z_1에 의존한다고 볼 수 있다. [조건부 상관 관계는 조건부 의존성을 의미한다는 것을 기억하라.] 우리는 이 모형이 잘못되었다는 사실을 알고 있을 뿐만 아니라, 잘못된 부분도 알고 있다. 실제 모형은 W와 Z_1의 경로는 X에 의해서 d-분리되면 안 된다. 마지막으로 이것은 독립인 오차항을 갖는 모든 비순환 모형 (acyclic models)에 적용되는 이론적인 결과이며 (Verma and Pearl 1990), 모형의 모든 d-분리 조건이 데이터의 조건부 독립성과 일치하면 그 모형을 반박하기 위해서 더 이상의 검정을 수행할 필요가 없다는 것도 알려져 있다. 이것은 모든 데이터셋에 대해서 모형에 대한 함수 집합 F와 오차항 U에 해당하는 확률을 할당할 수 있고, 따라서 모형을 통해 데이터를 정확하게 생성할 수 있음을 의미한다.

모형의 적합성을 검정하는 다른 방법이 있다. 적합성을 평가하는 표준적인 방법은 전체 모형에 대한 통계적 가설 검정 (statistical hypothesis testing)을 이용하는 것이다. 즉, 우리는 새롭게 제시된 가설 (대립가설)이 기존에 일반적으로 받아들여진 가설 (귀무가설)과 얼마나 다를 가능성이 있는지를 측정함으로써, 모형을 평가할 수 있다. 그러나 모형이 완전하게 만들어지지 않았기 때문에 가능도 (likelihood)를 평가하기 전에 모수를 먼저 추정해야 한다. 선형 가우시안 모형 (linear and Gaussian model) (즉, 모형의 모든 함수가 선형이고 모든 오차항이 정규분포를 따름)을 가정할 때 이러한 검정을 할 수 있다. 이러한 가정 하에서는, (정규 분포의) 결합 분포가 모형의 모수로 표현될 수 있기 때문에, 모수 모형 (fully parameterized model)을 통해 표본이 갖는 가능도 (likelihood)를 계산할 수 있다. (Bollen 1989)

그러나, 이 절차에는 여러 가지 문제가 있다. 첫째, 모수를 추정할 수 없으면 결합 분포를 추정할 수 없으며 모형을 검정할 수 없다. 이것은 오차항의 일부가 상관되거나 변수 중 일부가 관찰되지 않을 때 발생할 수 있다. 이 부분에 대해서는 3.8.3절에서 더 자세히 다룰 것이다. 둘째, 이 절차는 모형 각 부분의 문제점을 찾기보다는 모형 자체가 적합한지 아닌지를 검정한다 (we test a model globally). 이 경우에는 모형이 데이터에 적합하지 않다는 것을 알게 된 경우 어떤 부분이 잘못되었는지 판단할 수 있는 방법이 없다. 적합성을 높이려면 그래프 모형에서 모서리를 제거하거나 추가해야 한다. 셋째, 모형 자체를 검정할 때 모형에 포함된 변수가 많을 수 있으며, 각 변수와 관련된 측정 오차 및 (또는) 표본 변동이 심한 경우 이 검정 방법은 안정적이지 않다.

d-분리는 이러한 모형의 검정 방법에 비해 몇 가지 이점을 갖고 있다. 첫 번째로, 비모수 모형 (nonparametric model)을 도입할 수 있다. 비모수 모형은 변수들을 연결하는 특정 함수에 의존하지 않는다. 그 대신 문제의 모형 그래프만 이용한다. 두 번째로 모형 자체를 검정하는 것이 아니라, 모형을 국소적으로 검정하는 방법을 이용할 수 있다. (it tests models locally, rather than globally). 이를 통해 가설을 설명하는 모형을 완전히 새로운 모형으로 바꾸는 것이 아니라 결함이 있는 부분을 식별해서 그 부분만 수정할 수 있다. 또한 모형의 일부에서 계수를 추정할 수 없는 경우, 다른 남은 부분에서 불완전한 정보를 얻을 수 있다. (이것은 하나의 계수를 추정할 수 없을 때 모형의 다른 부분도 검정할 수 없는 첫 번째 방법과는 대조적이다.)

컴퓨터를 이용하여 가능한 많은 모형을 검정하고 검정 결과에 따라 모형을 적합하지 않은 모형은 채택하지 않을 수 있다. 결과적으로 데이터셋에서 나타나는 종속성과 모순되지 않는 검정할 수 있는 결과 (testable implications)를 가진 모형 집합으로 축소시킬 수 있다. 몇몇 그래프들은 형태가 다를지라도 다른 의미를 갖는다고 보기 어려운 경우가 있기 때문에 (some graphs have indistinguishable implications), 하나의 모형만 남는 것이 아니라 가능한 몇몇 모형의 집합으로 축소된다. 서로 구분될 수 없는 (indistinguishable) (다른 의미를 갖는다고 보기 어려운) 그래프의 집합을 동치류 (equivalence class)라고 한다. 두 그래프 G_1과 G_2가 동일한 뼈대를 공유한다면, 즉 모서리의 방향에 관계없이 같은 모서리를 공유하고, 공통된 v-구조 (v-structure, v-구조는 충돌부가 그들의 부모와 인접하지 않은 구조를 뜻함)를 가지면, 두 그래프 G_1과 G_2는 동일한 동치류 (equivalence class)에 속한다. 이 기준을 만족하는 두 그래프는 동일한 d-분리 조건의 집합을 가지므로 검정할 수 있는 결과 (testable implications)에 대해서 동일한 집합을 갖고 있다. (Verma and Pearl 1990)

이 결과는 데이터셋을 생성할 수 있는 인과 모형에 따라 데이터셋을 검색할 수 있다는 점에서 중요하다. 따라서 인과 모형으로 시작하여 데이터셋을 생성할 수 있을 뿐만 아니라 데이터셋에서 시작해서 인과 모형을 추론할 수도 있다. 대부분의 데이터 중심 연구의 목적은 데이터를 정확히 설명하는 모형을 찾는 것이라는 점에서 이 결과는 매우 유용하게 이용될 수 있다. 인과 검색 (causal search)의 다른 방법들 [모형 자체를 검정하는 방법 (global model testing)도 포함해서 그 밖의 여러 가지 방법들]에 관한 완전한 설명은 이 책의 범위를 벗어난다. 인과 검색에 대해 더 자세히 알고자 하는 독자들은 (Pearl 2000; Pearl and Verma 1991; Rebane and Pearl 2003; Spirtes and Glymour 1991; Spirtes et al. 1993)을 참고하기 바란다.

연습문제

2.5.1 (a) 그림 2.9의 화살표 중 어떤 것이 통계적 검정에 의해 탐지되지 않고 거꾸로

(reversed) 될 수 있는가? [힌트: 동치류 (equivalence class)에 대한 기준을 이용하시오.]

(b) 그림 2.9와 동치류인 그래프를 찾으시오.

(c) 그림 2.9에서 비실험 자료 (nonexperimental data)로부터 직접적으로 결정될 수 있는 화살표를 찾으시오.

(d) 그림 2.9에서 회귀식의 특정 계수가 0이 아니면 모형이 잘못되었다고 할 수 있는 Y에 대한 회귀 방정식을 쓰시오.

(e) (d)에서 Y 대신 Z_3에 대해서 그러한 Z_3에 대한 회귀 방정식을 구하시오.

(f) X가 측정되지 않는다고 가정하고 (e)에 대한 답을 하시오.

(g) (d)와 (e)에서 설명된 유형의 회귀 방정식 모형이 완전히 검정될 수 있는지, 즉 추가적인 어떤 검정으로도 이 모형을 반박할 수 없도록 하기 위해서는, 얼마나 많은 회귀 방정식이 필요한가? [힌트: 곱 분해 (1.29)가 암시하는 모든 사라지는 부분 회귀 계수를 검정해야 한다.]

Chapter. 2 참고문헌

인과 모형에서 사슬 (chain)과 분기 (fork) 사이의 구별은 Simon (1953)과 Reichenbach (1956)에 의해 만들어졌고 충돌부 (colliders)의 처리는 영국의 경제학자 Pigou (1911)로부터 기인한 것이다. (Stigler 1999, pp. 36-41). 역학에서, 충돌부 (colliders)들은 인공 지능 분야에서 "설명 효과"(Kim과 Pearl 1983)로 알려지면서 "선택 편의 (selection bias)" 또는 "Berkson의 역설" (Berkson 1946)과 관련이 있다는 것이 알려졌다. 그래프에 의한 조건부 독립 (정의 2.4.1)을 결정하기 위한 d-분리 (d-separated)의 규칙은 Pearl (1986)에 의해 소개되었고 graphoids 이론을 이용하여 공식적으로 Verma와 Pearl (1988)에서 증명되었다. d-분리 (d-separated)에 대한 간단한 소개는 Hayduk et al. (2003), Glymour와 Greenland (2008), Pearl (2000, pp. 335-337)에서 찾을 수 있다. d-분리 (d-separated)를 찾고 최소한의 분리 집합를 발견하기 위한 알고리즘 및 소프트웨어는 Tian et al. (1998), Kyono (2010) 및 Textor et al. (2011)을 참고하기 바란다. 모델의 부분적 검정 (local model testing)의 장점은 Pearl (2000, pp. 144-145)에서 논의되었으며, Chen과 Pearl (2014)에서 더 자세히 설명되어 있다. 최근에 제시된 d-분리 (d-separated)의 응용에는 표본 선택 편의 (sampling bias) 문제를 보완한 ((Bareinboim et al. 2014) 모집단 (Pearl과 Bareinboim 2014)과 결측 데이터 처리 (Mohan et al., 2013)에 대한 외삽법 (extrapolation)이 포함된다.

의학 및 사회과학 연구를 위한

통계적 인과 추론

Causal Inference in Statistics: A Primer

Chapter 03

개입의 효과

3.1 개입

통계학 연구의 궁극적인 목적은 개입 (interventions)의 효과를 예측하는 것이다. 서쪽에서 난 산불과 관련된 요인에 대한 자료를 수집할 때, 실제로 개입을 통해서 산불 발생을 줄이는 것이 가능한지 알고자 한다. 새로운 항암제에 대한 연구를 수행할 때 질병에 대한 치료가 환자의 상태에 어떻게 영향을 미치는지에 대해서 식별하고자 (identify) 한다. 폭력적인 텔레비전 프로그램과 어린이의 공격적 성향의 상관성 (correlation)을 조사하면서, 폭력적인 텔레비전 프로그램에 대한 어린이의 접근을 줄이기 위한 개입이 어린이의 공격적 성향을 감소시키는지를 결정하고자 한다.

당신이 통계학 수업에서 의심의 여지 없이 자주 들었던 것처럼, "상관성은 인과성이 아니다 (correlation is not causation)". 두 변수 사이에 연관성이 있다고 해서, 반드시 한 변수가 다른 한 변수의 원인이 되는 것은 아니다. (이러한 속성과 관련된 유명한 예로써, 아이스크림과 폭력 범죄의 예를 들 수 있다. 아이스크림이 폭력 범죄를 일으키는 것은 아니지만, 날씨가 더울 때, 아이스크림의 판매량이 증가하고 폭력 범죄가 더 많이 발생하기 때문에 이 둘은 상관성이 있다.) 이러한 이유로, 무작위 통제 실험 (randomized controlled experiments)은 통계학에서 중요한 기준이 된다. 적절하게 수행된 무작위 통제 실험에서 결과에 영향을 줄 수 있는 요인 단 하나만 제외하고 다른 모든 요인은 고정적 (static)이거나 랜덤하게 변하도록 조절한다. 단 하나의 요인만 적절하게 변하도록 함으로써, 결과가 어떻게 바뀌는지 확인할 수 있다. 만약 결과가 바뀌었다면 다른 모든 요인은 고정시켰기 때문에, 변화가 있었던 요인으로 인해 결과가 바뀌었다는 것을 알 수 있다.

안타깝게도 무작위 통제 실험을 할 수 없는 경우가 현실적으로 자주 발생한다. 우리는 날씨를 통제할 수 없기 때문에 산불에 영향을 미치는 변수를 랜덤하게 추출할 수 없다. 폭력적인 텔레비전 프로그램에 관한 연구에 참가하는 어린이들을 랜덤하게 추출할 수는 있지만, 모든 어린이가 시청하는 텔레비전 프로그램을 효과적으로 통제하기 어렵고, 효과적으로 통제하는지 여부 또한 알기는 거의 불가능하다. 무작위 약 실험 (randomized drug trials) 또한 참가자가 약물 투여에 실패하거나 중도 탈락할 수 있고, 그렇지 않다고 하더라도 약물 투여량을 실제와 다르게 보고할 때 문제가 생길 수 있다.

데이터를 통제하는 무작위 통제 실험을 수행하는 것이 현실적으로 어려울 경우, 무작위 통제 실험을 수행하는 대신에 데이터를 기록하는 관측 연구 (observational studies)를 수행할 수 있다. 관측 연구의 문제점은 단지 인과 관계를 단순한 상관관계로부터 풀어내기가 어렵다는 점이다. (The problem of such studies is that it is difficult to untangle the causal from the merely correlative.) 상식적으로 아이스크림 판매에 개입해도 범죄에 아무런 영향을 미치지 않을 것이라고 생각할 수 있으나, 이것 또한 명확하지는 않다. 예를 들어, 최근 위니펙 대학교의 (University of Winnipeg) 한 연구에 따르면 청소년들이 빈번하게 문자를 보내는 행동 (heavy text messaging)은 "가벼움 (shallowness)"과 관련이 있음을 보여준다. 매스컴은 청소년들이 문자 메시지를 자주 이용하는 것이 청소년들이 가볍게 행동하도록 한다는 식으로 보도를 하였다. (또는 "개입"이라는 용어를 이용하면, 청소년들이 문자 메시지를 적게 이용하도록 개입하면 그들이 가볍게 행동하는 현상이 줄어들 것이다.) 그러나 이 연구는 그 어떤 것도 증명하지 못하였다. 가벼운 태도를 보이는 청소년들이 문자 메시지를 더 자주 보낼 수도 있다. 가벼운 태도와 빈번한 문자 메시지를 보내는 행동 모두 공통 인자 (아마도 유전자)에 의해 야기될 수 있으며, 그러한 변수에 개입하는 것이 가능하다면 가벼운 태도와 빈번한 문자 메시지를 보내는 행동 모두 줄어들 수 있다.

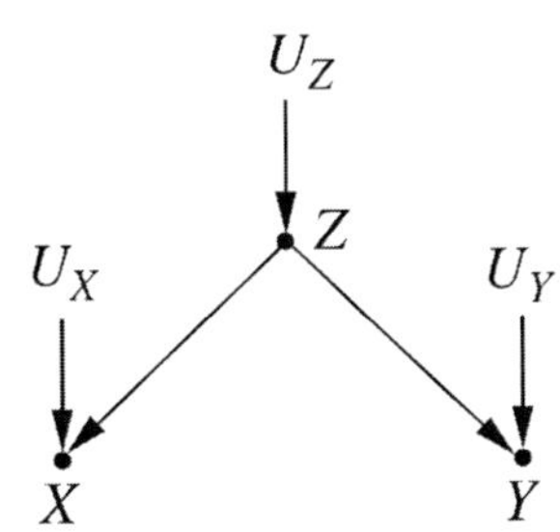

그림 3.1 기온 (Z)과 아이스크림 판매량 (X) 및 범죄율 (Y) 의 관계를 나타내는 그래프 모형.

예를 들어, 아이스크림 판매량의 그래프 모형을 보여주는 그림 3.1을 살펴보자. X는 아이스크림 판매량, Y는 범죄율, Z는 기온이다. 변수의 값을 고정하기 (fix) 위해 개입할 때, 그 변수가 다른 변수에 반응하여 변하는 자연스러운 현상을 막을 수 있다. 이것은 그래프 모형에서 일종의 수술 (surgery)을 시행하고 해당 변수로 전달되는 모든 모서리를 제거하는 역할을 한다. 아이스크림 판매량을 줄이기 위해 개입한다면 (예를 들어, 모든 아이스크림 가게를 폐쇄하여) 그림 3.2와 같은 그래프 모형을 만들 수 있다. 이 새로운 그래프에서 상관성을 조사할 때, 당연히 범죄율은 더 이상 기온 (Z)과 관련이 없으므로 범죄율은 아이스크림 판매량이 완전히 독립이라는 (즉, 상관성이 없음) 것을 알 수 있다. 다시 말해, X (아이스크림 판매량)를 상수로 유지하는 수준을 변화시킨다 하더라도, 그 변동은 변수 Y (범죄율)로 전달되지 않는다. 어떤 변수를 개입할 경우와 그 변수를 조건부로 한 경우를 비교하면 완전히 다른 종속성 패턴이 나타난다. 또한 후자 (그림 3.1의 모형)는 1장에서 설명한 절차를 이용하여 데이터셋에서 직접 얻을 수 있지만 전자 (그림 3.2의 모형)는 인과 그래프의 구조에 따라 다르게 나타난다. 모형에 개입을 반영하기 위해 그래프 모형에서 어느 화살표가 없어져야 하는지 알 수 있다.

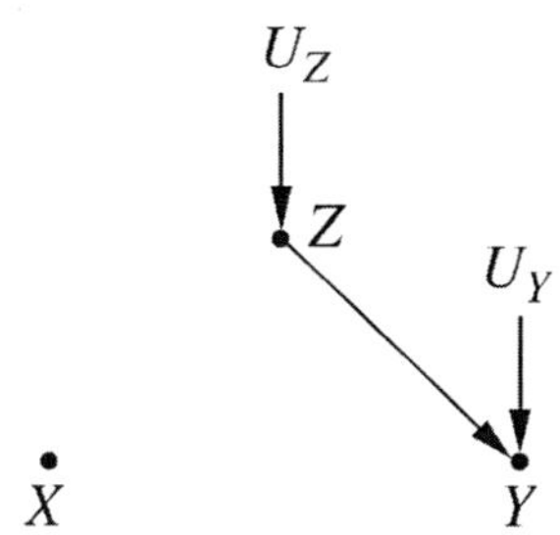

그림 3.2 그림 3.1의 모형에 개입하여 아이스크림 판매량을 줄이는 모형을 나타내는 그래프.

변수 X가 자연스럽게 값 x를 갖는 경우와 $X=x$로 의도적으로 고정하는 (fix) 경우를 구분해서 표기하도록 한다. 의도적으로 $X=x$로 만드는 경우는, $do(X=x)$로 표기한다. 그러므로 $P(Y=y|X=x)$는 자연스럽게 $X=x$인 조건에서 $Y=y$일 조건부 확률이고 $P(Y=y|do(X=x))$는 의도적으로 $X=x$로 만들어서 개입하는 경우에 $Y=y$인 확률을 의미한다. 분포 용어에서 $P(Y=y|X=x)$는 X가 x인 집단에서 Y의 분포를 반영한다. 반면에, $P(Y=y|do(X=x))$는 모집단의 모든 원소를 의도적으로 $X=x$로 만들었을 때, Y의 확률을 나타낸다. 비슷한 방식으로, $P(Y=y|do(X=x), Z=z)$는 $do(X=x)$라는 개입이 있을 때, $Z=z$이라는 조건부에서의 Y의 확률을 나타낸다.

do 표현식 (*do*-expressions)과 그래프 수술 (graph surgery)을 이용하여, 상관관계로부터 인과 관계를 알아낼 수 있다. 이 장의 나머지 부분에서는, 그래프를 통해 현실적

으로 유효한 표현이 가능하다고 가정할 때, 관측 데이터 (observational data)만으로 인과 정보 (causal information)를 나타낼 수 있는 방법을 설명할 것이다. 이 때, 개입에 "부작용"이 없다는 암묵적인 가정을 하고 있다. 즉, X에 x값을 할당하면 후속 변수 (subsequent variables)가 직접적인 방식으로 변경되지 않는다. 예를 들어, 약물을 "배정"받는 것은 종교적 탄압에 의해 약물을 복용하도록 강요당하는 것과는 회복 효과가 다를 수 있다. 부작용이 있는 경우 모형에서 명시해야 한다.

3.2 조정 공식

아이스크림 예는 X에서 Y로의 인과 경로 (causal path)가 없으므로, 인과적 관점에서 봤을 때 X와 Y 사이의 상관성이 완전히 다르게 바뀌는 극단적인 사례를 나타낸다. 대부분의 실제 상황은 그렇게 명확하지는 않다. 보다 현실적인 상황을 고려하기 위해 Y가 Z와 X에 모두 반응하는 그림 3.3을 살펴보자. 이러한 모형의 예로써 심슨의 역설 (Simpson's Paradox)을 보여주는 첫 번째 이야기를 들 수 있다. 여기서 X는 약물 이용, Y는 회복, Z는 성별을 나타낸다. 신약이 얼마나 효과적인지 알아보기 위해 모든 사람에게 약물을 균일하게 투여하는 가설적 개입 (hypothetical intervention)을 상상하고, 모든 사람이 그 약을 복용하는 것을 막는 반대적 개입 (complementary intervention)을 통해 얻을 수 있는 회복률을 비교한다. 첫 번째 개입은 $do(X=1)$, 두 번째 개입은 $do(X=0)$로 나타낼 수 있으며, 우리의 임무는 이 두 가지 개입에 의한 차이를 추정하는 것이다. 이것은 "인과 효과 차이 (causal effect difference)" 또는 "평균 인과 효과 (average causal effect, ACE)"라고 하며 다음 식으로 표현할 수 있다.

$$P(Y=1|do(X=1)) - P(Y=1|do(X=0)) \tag{3.1}$$

그러나 모든 경우에 해당하는 일반적인 인과 효과 $P(Y=y|do(X=x))$를 예측하고자 한다. 여기서 x와 y는 각각 변수 X와 Y가 가질 수 있는 임의의 두 값을 나타낸다. 예를 들어, x는 약물 이용, y는 환자의 혈압일 수 있다.

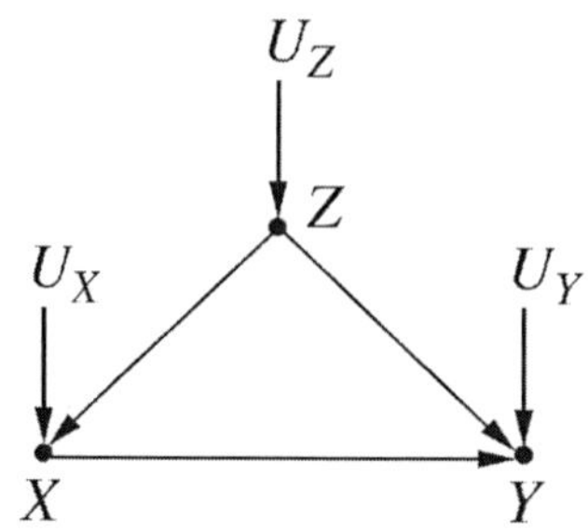

그림 3.3 성별 Z, 약물 이용 X 와 회복 Y를 통해서 신약의 효과를 나타내는 그래프 모형.

우리는 인과 관계의 첫 번째 원칙으로부터, 인과 이야기 (causal story)가 없는 데이터셋만으로는 인과 효과 (causal effects)를 추정할 수 없다는 것을 알고 있다. 그것은 심슨의 역설 (Simpson's Paradox)을 통해 알게 되었다. 약물의 효과가 긍정적인지 부정적인지를 결정하는 데 있어서 데이터가 충분한 역할을 할 수 없었다. 그러나 그림 3.3의 그래프를 이용하여 데이터로부터 인과 효과의 정도 (the magnitude of the causal effect)를 계산할 수 있다. 이를 위해 우리는 아이스크림 예제에서 했던 것처럼 그래프 수술 (그림 3.4)의 형태로 개입을 통한 시뮬레이션을 하고자 한다. 인과 효과 $P(Y=y|do(X=x))$는 그림 3.4의 조작된 모형 (manipulated model)에서의 조건부 확률 $P_m(Y=y|X=x)$과 동일하다. [이것은 물론 정답이 통합된 테이블 또는 Z-특정 테이블 (Z-specific table)에 있는지 여부를 결정한다. 개입을 통해 답을 도출할 때에는 개입을 포함한 하나의 테이블, Z의 테이블만 고려하면 된다.]

인과 효과를 계산할 때에는, 조작된 확률 P_m이 P (그림 3.3의 사전 개입 모형에 해당하는 원래 확률 함수)와 두 가지 필수 속성을 공유하는 사실을 아는 것이 핵심이 된다. 첫째, Z에서 X까지의 화살표를 제거하는 것이 Z를 결정하는 과정에 영향을 미치지 않기 때문에, 이러한 개입이 있을 때 확률 $P(Z=z)$는 변하지 않는다. 이 예에서는 남성과 여성의 비율이 개입 전과 후에 동일함을 의미한다. 두 번째로, X가 자발적으로 변하거나 의도적인 조작에 의해 변하는 것과 관계없이, Y가 X와 Z에 반응하는 과정, $Y=f(x,z,u_Y)$가 동일하기 때문에 조건부 확률 $P(Y=y|Z=z,X=x)$는 변하지 않는다. 따라서 다음과 같은 두 가지 불변 방정식 (equations of invariance)을 쓸 수 있다.

$$P_m(Y=y|Z=z, X=x)=P(Y=y|Z=z, X=x) \text{와 } P_m(Z=z)=P(Z=z)$$

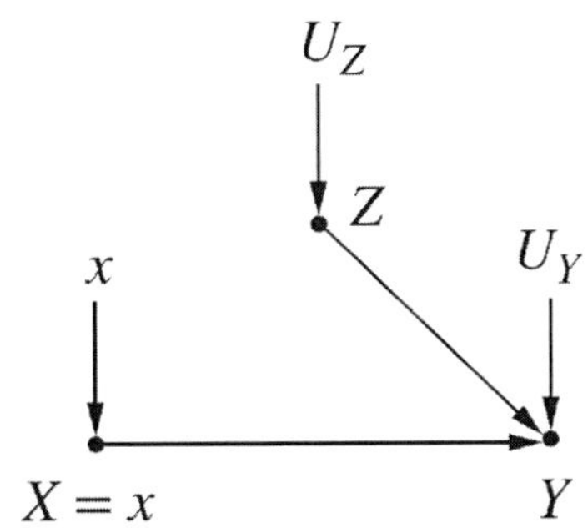

그림 3.4 그림 3.3 모형에 개입하여 수정된 그래프 모형. 모집단에서 약물 이용에 개입하여 조작된 확률 P_m을 결과로 얻음.

Z와 X는 수정된 모형 (modified model)에서 d-분리 (d-separated)되어 있으므로 개입 분포 하에서 (under intervention distribution) 독립이라는 사실을 이용할 수 있다. 이것은 $P_m(Z=z|X=x)=P_m(Z=z)=P(Z=z)$을 뜻한다. 따라서 아래 식에서 마지막 등호가 성립함을 알 수 있다. 이러한 사항을 종합하면, 다음과 같은 식을 얻는다.

$$
\begin{aligned}
P(Y=y|do(X=x)) &= P_m(Y=y|X=x) \text{ (정의에 의해서)} && (3.2)\\
&= \sum_z P_m(Y=y|X=x, Z=z)P_m(Z=z|X=x) && (3.3)\\
&= \sum_z P_m(Y=y|X=x, Z=z)P_m(Z=z) && (3.4)
\end{aligned}
$$

식 (3.3)은 식 (1.9)에서 언급한 총확률의 법칙(the Law of Total Probability)으로부터 얻어진다. 식 (3.4)는 수정된 모형에서 성립하는 Z와 X의 독립성을 통하여 얻어진다.

마지막으로, 위에서 언급한 불변 관계 (invariance relations)를 이용하여, 선행 개입 확률 (preintervention probabilities)의 관점에서 다음과 같은 인과 효과에 대한 공식을 얻는다.

$$P(Y=y|do(X=x))=\sum_z P(Y=y|X=x, Z=z)P(Z=z) \quad (3.5)$$

식 (3.5)는 조정 공식 (adjustment formula)이라고 부르며, 위의 식에서 알 수 있듯이 Z의 각 값 z에 대해 X와 Y의 연관성 (association)을 계산한 다음 평균을 구한다. 이 절차를 "Z에 대한 조정 (adjusting for Z)" 또는 "Z에 대한 통제 (controlling for Z)"라고 한다.

최종 표현식 (3.5)는 조건부 확률들로만 구성되기 때문에 데이터로부터 직접 추정할 수 있다. 각 조건식은 1장에서 설명한 필터링 절차에 의해 계산될 수 있다. 이러한 설정에서, 데이터는 그림 3.4의 구조를 갖는 모형에 의해 생성되므로, Y에 영향을 미치는 임의의 변수 Z와 관계없이 $P_m = P$이기 때문에 무작위 통제 실험 (randomized controlled experiment)에서는 조정할 필요가 없다는 것을 유의해야 한다. 따라서 조정 공식 (3.5)는 랜덤화 (randomization)로 인해, 우리가 추정하고자 하는 확률, $P(Y=y|do(X=x))$을 알면 유도할 수 있다. 실제로 연구자들은 표본 변동 (sampling variations)을 최소화하기 위해 무작위 실험 (randomized experiments)에서도 조정을 이용한다 (Cox 1958).

이제 조정 공식을 수치를 이용하여 설명하겠다. 심슨의 이야기에서, $X=1$은 약을 복용한 환자, $Z=1$은 남성, $Y=1$은 환자의 회복을 의미한다. 다음과 같은 식을 얻는다.

$$\begin{aligned} P(Y=1|do(X=1)) &= P(Y=1|X=1, Z=1)P(Z=1) \\ &+ P(Y=1|X=1, Z=0)P(Z=0) \end{aligned}$$

위의 식에 표 1.1에 주어진 수치를 대입하면, 즉 약물 복용을 하도록 개입했을 때에는, 다음과 같은 결과를 얻는다.

$$P(Y=1|do(X=1)) = \frac{0.93(87+270)}{700} + \frac{0.73(263+80)}{700} = 0.8320$$

비슷한 방식으로, 약물 복용을 하지 않도록 개입했을 때에는 다음과 같은 결과를 얻는다.

$$P(Y=1|do(X=0)) = \frac{0.87(87+270)}{700} + \frac{0.69(263+80)}{700} = 0.7818$$

따라서 약물 복용 ($X=1$)의 효과와 복용하지 않았을 때의 ($X=0$) 효과를 비교하면, 다음과 같다.

$$ACE = P(Y=1|do(X=1)) - P(Y=1|do(X=0)) = 0.8320 - 0.7818 = 0.0502$$

이것은, 약물 복용으로 인한 이점이 있음을 보여 준다. 여기서 ACE에 대한 비공식적인 해석은 모든 사람이 약물을 복용하지 않을 때와 비교했을 때 모든 사람이 약물을 복용한 경우 회복하는 인구 비율의 차이를 뜻한다.

조정 공식을 통해 계산하는 과정은, 우선 성별을 결정하고, 남성과 여성에 대한 약물의 효과를 개별적으로 찾고, 남성과 여성의 비율을 이용하여 평균을 내는 방식으로 이루어진다. 따라서 약물이 전반적인 부작용을 가지고 있음을 (거짓으로) 결론 지은 모집단 데이터 $P(Y=1|X=1)$와 $P(Y=1|X=0)$를 고려할 필요가 없다.

이 간단한 예제는 독자들에게 세 번째 변수 Z를 조건부로 할지에 대한 딜레마에 직면할 때에, 비특정 분석 (nonspecific analysis)에 비해 Z의 특정 조건에 대한 분석 (Z-specific analysis)을 하는 것이 유용함을 알려준다. 그러나 표 1.2에 주어진 심슨의 역설을 나타내는 혈압 예에서는, 그렇지 않았다. 혈압을 조건부로 하지 않고, 비조건부 모집단 (unconditional population)에 대한 테이블을 직접 조사하는 것이 합리적이라고 주장했다. 그런 상황에 조정 공식을 어떻게 적용할 것인가?

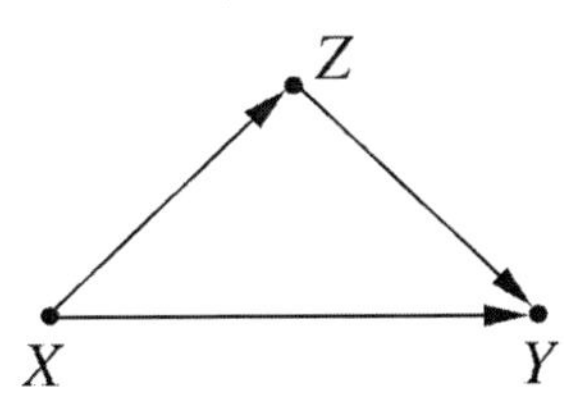

그림 3.5 X는 약물 이용, Y는 회복 여부, Z는 혈압을 나타내는 (혈압은 연구가 끝날 때 측정됨) 신약의 효과를 표현한 그래프 모형. 외생 변수는 서로 독립임을 가정하고 그래프에 표시하지 않음.

그림 3.5는 혈압 예에서 인과 이야기 (causal story)를 나타낸다. 이것은 그림 3.4와 동일하지만 X와 Z 사이의 화살표의 방향이 바뀌어서 약물 이용 (X)이 혈압 (Z)에 효과가 있고, 그 반대의 효과 (혈압이 약물 이용에 주는 효과)는 없다는 사실을 반영한다. 성별과 관련된 예제에서와 같이 이 모형에 대한 인과 효과 $P(Y=1|do(X=1))$를 계산해보자. 첫째, 개입을 시뮬레이션 한 다음 시뮬레이션된 개입에서 나오는 조정 공식을 조사한다. 그래프 모형에서 조작 변수 (manipulated variable) X로 들어오는 모든 화살표를 제거하여 개입을 시뮬레이션 할 수 있다. 그러나 그림 3.5의 그래프는

X의 부모가 없기 때문에 X로 들어오는 화살표가 없음을 보여준다. 이것은 수술이 필요 없다는 것을 의미한다. 데이터가 생성된 조건은 "랜덤하게" 처리 (treatment)가 할당된 것과 같았다. 환자가 처방을 선호하거나 거부하게 하는 요인이 있다면, 그러한 요인이 모형에 나타나야 한다. 그러한 요인이 없으면 X를 랜덤 처리 (randomized treatment)로 간주해도 된다.

이러한 조건에서 제거되어야 할 화살표가 없으므로, 개입 그래프 (intervention graph)는 원래 그래프와 동일하다. 조정 공식은 다음과 같다.

$$P(Y=y|do(X=x)) = P(Y=y|X=x)$$

이것은 조정 공식 (3.5)에서 공집합 (empty set)으로 조정한 것과 같다. 만약, 혈압을 조정한다면, 혈압이 사람들을 치료하도록 하는 잘못된 모형에서 확률을 계산하게 될 것이다.

3.2.1 조정할 것인가, 조정하지 않을 것인가?

이제 우리는 어떤 변수 또는 변수의 집합 Z가 조정 공식에 포함되는 것이 타당한지 분별할 수 있다. 개입하는 과정에서, 조정 공식에 포함되어야 하는 요인 Z는 X의 부모가 되어야 한다. 왜냐하면 X가 특정 값을 갖도록 외부 조작을 가할 때, 부모의 영향으로 인해 외부 조작이 중립화될 수 있기 때문이다. (because it is the influence of these parents that we neutralize when we fix X by external manipulation). 따라서 X의 부모를 $PA(X)$로 표시하면 일반 조정 공식에 대한 규칙을 만들 수 있다.

규칙 1 (인과 효과 규칙)
변수 집합 PA가 X의 부모일 때, 그래프 G가 주어지면 Y에 대한 X의 인과 효과는 다음과 같다.

$$P(Y=y|do(X=x)) = \sum_z P(Y=y|X=x, PA=z)P(PA=z) \tag{3.6}$$

이 때, z은 PA가 가질 수 있는 모든 값의 집합에 포함된다.

식 (3.6)을 확률 $P(X=x|PA=z)$를 곱하고 나누면 더 편리한 형태가 된다.

$$P(y|do(x))=\sum_z \frac{P(X=x, Y=y, PA=z)}{P(X=x|PA=z)} \tag{3.7}$$

이것은 X의 부모가 개입의 결과를 예측하는 역할을 명시적으로 표시한다. 요인 $P(X=x|PA=z)$는 "성향 점수 (propensity score)"로 알려져 있고, 이 형태로 $P(y|do(x))$를 표현할 때의 이점은 3.5절에서 논의할 것이다.

심슨의 역설을 해결할 때 인과 그래프가 어떤 역할을 하는지, 더 일반적으로 그래프의 어떤 측면으로 인해 순수한 통계 데이터의 인과 효과를 예측할 수 있는지 알 수 있다. X의 부모를 식별하기 위해서는 그래프가 필요하다. 즉, X의 부모는 비실험적 조건 하에서 X값 또는 그 값의 확률을 결정하기에 충분한 요소들의 집합이다.

이 결과는 아주 놀랍다. 그래프와 그 근본적인 가정을 이용하여 우리는 순전히 관측 데이터로부터 인과 관계를 식별할 수 있었다. 그러나 이 토론에서 독자들은 그래프의 역할이 상당히 제한적이라고 생각할 수도 있다. X의 부모를 식별하면, 그래프의 나머지 부분은 버려질 수 있고, 인과 효과는 조정 공식으로부터 기계적으로 계산될 수 있기 때문이다. 다음 장에서는 이것이 그렇게 간단하지 않다는 것을 알게 될 것이다. 실제로 X의 부모 집합 (the set of X's parents)에 관찰되지 않는 변수 (unobserved variables)가 포함되어 조정 공식으로부터 조건부 확률을 계산할 수 없는 경우가 많이 발생한다. 다행히도, $PA(X)$의 측정되지 않은 요소 (unmeasured elements)를 대체하기 위해 모형의 다른 변수를 조정할 수 있다. 이것은 다음 장에서 다룰 것이다.

연습문제

3.2.1 다음 문제를 풀 때 문제 1.5.2 (그림 1.10)에서 열거된 모수를 참고하시오.

(a) 모형의 개입 $do(x)$를 시뮬레이션하여 x와 y의 모든 값에 대해 $P(y|do(x))$를 계산하시오.

(b) 조정 공식 (3.5)을 이용하여 x와 y의 모든 값에 대해 $P(y|do(x))$를 계산하시오.

(c) ACE와 위험도 차이 (Risk Difference)를 계산하시오.

$$ACE = P(y_1|do(x_1)) - P(y_1|do(x_0))$$

$$RD = P(y_1|x_1) - P(y_1|x_0)$$

ACE와 RD의 차이점은 무엇인가? 모수 (parameters)의 어떤 값으로 이 차이를 최소화할 수 있는가?

(d) (문제 1.5.2 (c)처럼) 심슨의 역설 (Simpson's Paradox)을 나타내는 모수의 집합을 찾아 약물의 전반적인 인과 효과 (the overall causal effect)가 전체 자료 (desegregated data)로부터 얻어진다는 것을 보이시오.

3.2.2 다중 개입 및 절단된 곱 법칙

조정 공식을 유도할 때, 개입으로 인한 효과가 없다는 것을 시뮬레이션하기 위해 부모가 분리된 단일 변수 X에 개입하는 것을 가정했다. 그러나 사회 및 의료 정책에는 때때로 여러 가지 변수를 동시에 변화시키는 다중 개입 (multiple intervention) 또는 변수를 일정 시간에 걸쳐서 통제하는 정책이 포함될 수 있다. 다중 개입을 나타내기 위해 1.5.2절에서 논의한 것처럼 곱 분해 (product decomposition)를 이용하는 것이 편리하다. 곱 분해 법칙 (rule of product decomposition)에 따르면, 그림 3.3의 모형에서 사전 개입 분포 (the preintervention distribution)는 다음과 같이 확률의 곱으로 표현된다.

$$P(x,y,z) = P(z)P(x|z)P(y|x,z) \tag{3.8}$$

반면에, 그림 3.4의 모형에 나타난 사후 개입 분포 (postintervention distribution)는 다음과 같이 확률의 곱으로 표현할 수 있다.

$$P(z,y|do(x)) = P_m(z)P_m(y|x,z) = P(z)P(y|x,z) \tag{3.9}$$

$X=x$로 고정되어 X는 부모가 없는 것과 (parentless)와 같기 때문에 위의 식에서 $P(x|z)$는 보이지 않는다. $P(y|do(x))$는 y에 대한 주변 분포를 구하기 위해 (to marginalize) 모든 z값에 대해서 확률 $P(z,y|do(x))$을 더함으로써 계산되므로, 조정 공식 (3.5)와 동일한 다음 식을 얻을 수 있다.

$$P(y|do(x)) = \sum_z P(z)P(y|x,z)$$

다중 개입, 즉 변수 X의 집합의 값들을 상수로 고정시키는 개입을 통해 조정 공식을 일반화할 수 있다. 사전 개입 분포의 곱 분해를 간단히 쓰고, 개입 집합 (intervention set) X의 변수에 해당하는 모든 요인을 제거한다. 다음과 같이 쓸 수 있다.

$$X_i\text{가 } X\text{에 속하지 않는 모든 } i\text{에 대해서,} \quad P(x_1, x_2, \ldots, x_n|do(x)) = \prod_i P(x_i|pa_i),$$

이것은 절단된 곱 공식 (truncated product formula) 또는 g-공식 (g-formula)으로 알려져 있다. 이것을 설명하기 위해 그림 2.9의 모형에 개입하여 X를 x로, Z_3를 z_3로 설정하는 상황을 가정하자. 이 모형에서 다른 변수들에 대한 사후 개입 분포는 다음과 같다.

$$P(z_1, z_2, w, y|do(X=x, Z_3=z_3)) = P(z_1)P(z_2)P(w|x)P(y|w, z_3, z_2)$$

위의 식에서 $P(x|z_1, z_3)$와 $P(z_3|z_1, z_2)$는 없다는 것을 알 수 있다.

흥미롭게도 식 (3.8)과 식 (3.9)를 결합하면, 다음과 같이 사전 및 사후 개입 분포 관계를 간단하게 표현할 수 있다.

$$P(z, y|do(x)) = \frac{P(x, y, z)}{P(x|z)} \tag{3.10}$$

그것은 분포 $P(x, y, z)$에 의해 결정되는 비실험적 데이터로부터 개입 $do(x)$의 효과를 예측하기 위해서는 조건부 확률 $P(x|z)$만 알면 된다는 것을 뜻한다.

3.3 뒷문 기준

이전 장에서 어떤 변수가 다른 변수에 효과를 미치는지 알아보기 위해, 그 변수의 부모를 조정해야 한다는 결론을 내렸다. 그러나 측정되지 않은 부모 (unmeasured parents), 즉 그래프에는 부모로 표시되더라도 측정할 수 없거나, 그러한 변수가 있을 것이라고 예상되는 경우가 종종 있다. 이 때에는 조정할 수 있는 대체 변수 집합 (an alternative set of variables to adjust for)을 찾아야 한다.

이러한 딜레마는 더 깊이 있는 통계적 문제를 드러낸다. 어떤 조건 하에서 인과 이야기 (causal story)를 통해 어떠한 개입 (interventions) 없이 변수들 간의 인과 효과를 관찰 데이터로부터 계산할 수 있는가? 이러한 문제에 대해 인과 관계를 그래프로 표현하기로 했기 때문에, 이것은 그래프 이론적인 문제가 된다. 주어진 데이터셋으로부터 인과 효과를 계산할 때, 어떤 조건 하에서 인과 그래프 구조를 이용할 수 있는가?

이 중요한 문제에 대한 답을 찾는 것은 단순하지는 않다. 우리는 이 책의 나머지 부분을 다루면서 이 문제를 해결해 갈 것이다. 그러나 인과 효과를 계산할 수 있는지 결정할 때 이용할 수 있는 가장 중요한 도구 중 하나는 뒷문 기준 (the backdoor criterion)이라는 간단한 검정 (test) 방법이다. 이 방법을 이용하여 방향성 비순환 그래프 (directed acyclic graph, DAG)로 표시된 인과 모형에서 X와 Y의 인과 관계를 찾을 수 있다. 이 때, 방향성 비순환 모형에 있는 임의의 두 변수 X와 Y의 인과 관계를 찾기 위해 변수 집합 Z를 조건부로 해야 한다.

정의 3.3.1 (뒷문 기준)

방향성 비순환 그래프 (directed acyclic graph, DAG) G에서 순서쌍 변수 (X, Y)가 주어졌을 때, Z에 있는 어떤 노드도 X의 자손이 아니면 변수들의 집합 Z는 (X, Y)에 대한 뒷문 기준을 만족하며, Z는 X와 Y 사이의 X로 들어가는 모든 경로를 차단한다.

변수 Z의 집합이 X와 Y에 대한 뒷문 기준을 만족하면 Y에 대한 X의 인과 효과는 다음 공식에 의해 주어진다.

$$P(Y=y|do(X=x)) = \sum_z P(Y=y|X=x, Z=z)P(Z=z)$$

이것은 $PA(X)$를 조정할 때와 비슷하다. (즉, $PA(X)$는 항상 뒷문 기준을 만족한다.) 뒷문 기준의 논리는 매우 간단하다. 일반적으로 노드 Z의 집합을 조건부로 한다.

1. X와 Y 사이의 모든 허위 경로 (spurious paths)를 차단한다.
2. X에서 Y로 가는 모든 인과 경로 (all directed path)를 그대로 둔다.

3. 새로운 허위 경로를 만들지 않는다.

*Y*에 대한 *X*의 인과 효과를 찾기 위해, *X*로 들어오는 화살표가 있는 "뒷문 (backdoor)" 경로를 차단하는 노드를 조건부로 한다. 이러한 경로는 *X*와 *Y*를 종속적으로 만들지만 인과 효과를 분명히 전달하지 않기 때문이다. 그것들을 차단하지 않으면, *Y*에 대한 *X*의 효과와 교락될 것이다. 첫 번째 항목을 충족시키기 위해 뒷문 경로 (backdoor paths)를 조건부로 한다. 그러나 *X*의 자손인 노드에서 조건부를 설정하면 안 된다. *X*의 자손은 *X*에 대한 개입에 영향을 받고 *Y*에 영향을 줄 수 있다. 그것들을 조건부로 하면 그 경로가 차단될 것이다. 따라서 두 번째 항목을 충족시키기 위해 *X*의 자손을 조건부로 하지 않는다. 마지막으로, 세 번째 항목을 충족시키기 위해 *X*와 *Y* 사이의 새로운 경로의 차단을 해제하는 충돌부를 조건부로 하면 안 된다. *X*의 자손을 배제하는 것은 *X*와 *Y* 사이의 중간 노드 (예: 그림 2.4의 충돌 노드 *W*)의 자식에 대한 조건부 설정을 막는다. 이러한 조건부는 부모를 조건부로 했을 때와 유사하게 *X*와 *Y* 사이의 인과 관계의 통로를 왜곡시킬 것이다.

이것이 실제로 어떤 의미를 갖는지 확인하기 위해 그림 3.6에 있는 구체적인 예를 살펴보도록 한다.

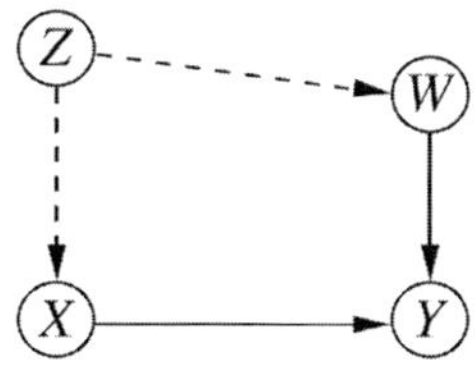

그림 3.6 신약 (*X*), 회복 (*Y*), 체중 (*W*)과 측정되지 않은 변수인 사회 경제적 상태 (*Z*) 사이의 관계를 나타내는 그래프 모형.

여기서 우리는 회복 (*Y*)에 대한 약물 (*X*)의 효과를 측정하려고 한다. 우리는 또한 회복에 영향을 미치는 체중 (*W*)을 측정했다. 또한 우리는 사회 경제적 상태 (*Z*)가 체중과 치료 선택에 모두 영향을 미친다는 것을 알고 있다. 그러나 이 연구에서는 사회 경제적 상태는 측정되지 않았다.

대신에 *X*에서 *Y*까지 뒷문 기준에 적합한 관찰된 변수를 탐색한다. 그래프를 간단히 살펴보면 X의 자손이 아닌 W가 뒷문 경로 $X \leftarrow Z \rightarrow W \rightarrow Y$를 차단한다는 것을 알 수 있다. 따라서 W는 뒷문 기준을 만족한다. 인과 이야기 (causal story)가 그림 3.6의 그래프와 일치한다면, W를 조정함으로써 Y에 대한 X의 인과 효과를 파악할 수 있다. 조정 공식을 이용하여 다음과 같이 쓸 수 있다.

$$P(Y=y|do(X=x)) = \sum_{w} P(Y=y|X=x, W=w)P(W=w)$$

W가 관찰되는 경우, 이 합계는 관측 데이터로부터 추정될 수 있다.

뒷문 기준을 이용하면, 복잡한 그래프에서도 정책적으로 중요한 문제에 대해 간단한 알고리즘으로 결론을 내릴 수 있다. 그림 2.8의 모형에서 Y에 대한 X의 인과 효과를 다시 계산하자. 인과 효과를 정확히 계산하기 위해 어떤 변수를 이용해야 하는가? 이 문제는 뒷문 기준을 만족시키는 변수 집합을 찾는 문제로 귀결되지만, X에서 Y까지 뒷문 경로가 없기 때문에 답은 간단하다. 뒷문 기준을 만족하는 변수가 없으므로 조정이 필요하지 않다. 정답은 다음과 같다.

$$P(y|do(x)) = P(y|x)$$

그러나 W를 조정한다고 가정하자. Y에 대한 X의 인과 효과에 대해 정확한 결과를 얻을 수 있을까? W가 충돌부이기 때문에 W를 조건부로 하였을 때, $X \rightarrow W \leftarrow Z \leftarrow T \rightarrow Y$ 경로가 열린다. 이 경로는 X에서 Y로 들어가는 인과 경로의 외부에 있기 때문에 허위 경로이다 (This path is spurious since it lies outside the causal pathway). 이 경로를 열면 편의 (bias)가 생겨 잘못된 답을 얻게 된다. 즉, W의 각 값에 대해 X와 Y의 연관성을 계산하면 Y에 대한 X의 정확한 효과를 측정할 수 없으며, 심지어 W의 각 값에 대해 잘못된 효과로 나타날 수 있다.

그렇다면 우리는 W의 특정 값 w가 주어졌을 때, Y에 대한 X의 인과 효과를 어떻게 계산할 수 있을까? 예를 들어, 그림 2.8에서 W는 환자의 치료 후 통증의 정도를 나타낼 수 있으며 고통을 겪지 않은 환자들에 대해서만 Y에 대한 X의 효과를 파악하는 것에 관심이 있다고 하자. W의 값을 지정하는 것은 $W=w$라는 조건부에 해당하며, W가 충돌부이기 때문에, X에서 Y로 들어가는 허위 경로 (spurious path)를 열게 된다.

인과 효과를 찾는 방법에 대한 답은 다른 변수를 이용하여 해당 경로를 차단할 수 있는 선택사항이 여전히 남아 있다는 것이다. 예를 들어, T를 조건부로 하면, W가 조건부 집합에 속해 있더라도 허위 경로 $X \rightarrow W \leftarrow Z \leftarrow T \rightarrow Y$를 차단한다. 따라서 w-특정 (w-specific) 인과 효과 $P(y|do(x), w)$의 식에서 T에 대해 조정하면, 다음 식을 얻게 된다.

$$P(Y=y|do(X=x), W=w) \\ = \sum_t P(Y=y|X=x, W=w, T=t)P(T=t|X=x, W=w) \tag{3.11}$$

그러한 W-특정 (W-specific) 인과 효과를 계산하는 것은 효과 수정 및 조절 (effect modification or moderation), 즉 Y에 대한 X의 인과 효과가 각기 다른 W의 값에 의해 수정되는 정도를 조사하는 데 필수적인 단계이다. 다시 그림 3.6의 모형에서 $W=w$에서의 인과 효과가 $W=w'$에서의 인과 효과와 같은지 검정해보자. (W는 나이, 성별, 인종과 같은 모든 전처리 변수가 될 수 있다.) 이 질문에 대한 답하기 위해 다음 두 가지 인과 효과를 비교해야 한다.

$$P(Y=y|do(X=x), W=w)\text{와 } P(Y=y|do(X=x), W=w')$$

그림 3.6의 예에서 W는 뒷문 기준을 충족시키기 때문에 답을 쉽게 도출할 수 있다. 따라서 조건부 확률 $P(Y=y|X=x, W=w)$와 $P(Y=y|X=x, W=w')$를 비교하면 된다. 합계를 구할 필요가 없다. 좀 더 일반적인 경우, W만이 뒷문 기준을 만족시키는 것이 아니라, 뒷문 기준을 만족하는 더 큰 집합 $T \cup W$가있는 경우, T의 원소를 조정해야 하고, 이를 통해 식 (3.11)을 얻을 수 있다. 이 주제는 3.5절에서 다룰 것이다.

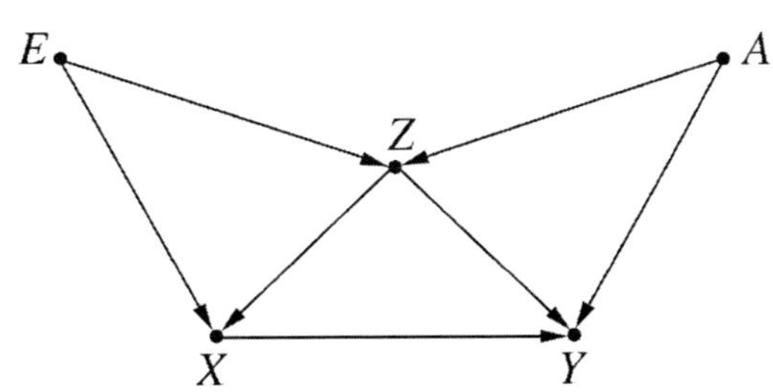

그림 3.7 Y에 대한 X의 인과 효과를 계산하기 위해 뒷문 기준을 적용했을 때, 충돌부 (Z)를 조건부로 해야 하는 그래프 모형

지금까지 본 사례에서 독자들은 충돌부를 조정하는 것을 삼가야 한다는 인상을 받을 수 있다. 이러한 조정은 그림 3.7에서 볼 수 있듯이 피할 수 없는 경우가 있다. 여기에는 X에서 Y로 가는 4개의 뒷문 경로가 있는데, 이 모든 경로는 Z를 거쳐 Y로 들어간다. Z는 $X \leftarrow E \rightarrow Z \leftarrow A \rightarrow Y$ 경로의 충돌부이다. Z를 조건부로 하면 이 경로의 차단이 해제되어 뒷문 기준을 위반하게 된다. 모든 뒷문 경로를 차단하려면 $\{E, Z\}$, $\{A, Z\}$ 또는 $\{E, Z, A\}$ 집합 중 하나를 조건부로 지정해야 한다. 이들 각각은 Z를 포함한다. 따라서 충돌부인 Z는 Y에 대한 X의 효과에 대한 불편 추정량 (bias가 없는 추정량, unbiased estimate)을 산출하는 임의의 집합에서 조정되어야 한다.

뒷문 기준을 이용하는 것은 몇 가지 추가적인 이점이 있다. $P(Y=y|do(X=x))$는 우리의 분석의 부산물이 아니라 자연스러운 경험적 사실이라는 점을 생각할 필요가 있다. 즉, $PA(X)$ 또는 뒷문 기준을 따르는 다른 집합이든 조정할 수 있는 적절한 변수 또는 변수 집합은 $P(Y=y|do(X=x)))$에 대해서 같은 결과를 갖게 된다. 그림 3.6의 경우에는 다음과 같은 결과를 얻는다.

$$\sum_w P(Y=y|X=x, W=w)P(W=w) = \sum_z P(Y=y|X=x, Z=z)P(Z=z)$$

위의 식은 두 가지 면에서 유용하다. 첫째, 조정에 적합한 관찰된 변수 집합이 여러 개가 있는 경우 (예: 그림 3.6에서 W와 Z가 모두 관찰된 경우), 조정할 변수를 선택할 수 있다. 이것은 여러 가지 실제적인 이유 때문에 유용할 수 있다. 아마도 어떤 변수는 다른 변수보다 측정하기 어려울 수 있다. 또는 인적 오류 (human error)가 더 많이 발생하거나 어떤 변수 집합은 단순히 많은 변수를 포함하고 있기 때문에 계산하기가 더 어려울 수 있다.

둘째, 위의 식은 d-분리 (d-separated)의 규칙과 마찬가지로 모든 조정 변수 (adjustment variables)가 관찰될 때 데이터에 대한 검증 가능한 제약 조건 (testable constraint)으로 구성될 수 있다. 그것을 위반하는 데이터 집합에 대해서는 위의 식과 모형을 이용하는 것은 적합하지 않다.

연습문제

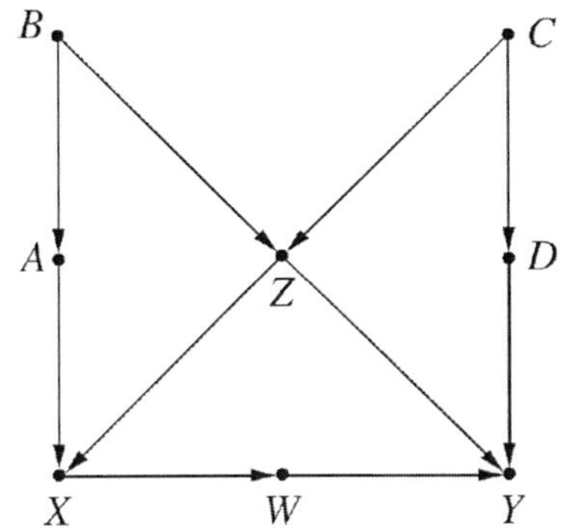

그림 3.8 다음 질문에서 뒷문 기준을 설명하기 위해 이용된 인과 그래프.

3.3.1 그림 3.8의 그래프에 대해서 다음 질문에 답하시오.

(a) Y에 대한 X의 인과 효과를 계산하기 위해 뒷문 기준을 만족하는 모든 변수 집합을 찾으시오.

(b) Y에 대한 X의 인과 효과를 계산하기 위해 뒷문 기준을 만족하는 모든 최소 변수 집합 (all sets of the minimal sets of variables)을 찾으시오. (즉, 뒷문 기준을 만족하는 최소 변수 집합에서 어느 한 변수를 제거한 경우 이 집합의 변수는 더 이상 기준을 만족하지 않게 된다.)

(c) Y에 대한 D의 효과를 식별하기 위해 측정할 필요가 있는 모든 최소 변수 집합을 찾으시오. Y에 대한$\{W, D\}$의 효과에 대해서도 이 작업을 반복하시오.

3.3.2 (로드의 역설, **Lord's Paradox**)

1학기 초에, 기숙학교는 학생들에게 그 해의 두 가지 식단 (meal plan)인 플랜 A와 플랜 B 중 하나를 선택하도록 한다. 학생들의 체중은 1학기 초 (9월)와 2학기 말 (6월)에 기록된다. 각각의 식단이 학생들의 체중 증가에 어떠한 영향을 미쳤는지 파악하기 위해, 이 학교는 두 명의 통계학자를 고용하였는데 이들은 각각 다른 방법을 이용하여 분석하였다. 첫 번째 통계학자는 6월 (W_F)과 9월 (W_I)의 각 학생의 체중의 차이를 계산하여 플랜 A와 플랜 B를 이용한 학생들의 평균 체중 증가가 둘 다 0임을 확인했다.

두 번째 통계학자는 학생들을 각 초기 체중 W_I에 대해 몇 개의 하위 그룹으로 나누었다. 그는 각 초기 체중에 대해 플랜 B를 이용한 학생들의 최종 체중이 플랜 A를 이용한 학생들의 최종 체중보다 높다는 결론을 내렸다.
따라서 첫 번째 통계학자는 체중 증가에 대한 식이 요법의 효과는 없었고 (no effect of diet on weight gain) 두 번째 통계학자는 식이 요법의 효과가 있다고 결론을 내렸다.

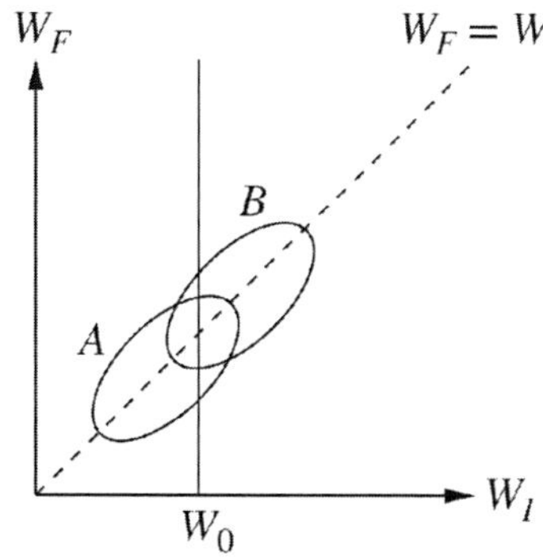

그림 3.9 학생들의 초기 체중을 x축에, 최종 체중을 y축으로 한 산점도 (scatter plot). 수직선은 초기 체중이 같고 플랜 A와 비교하여 플랜 B를 이용한 경우 최종 체중이 평균보다 높은 학생을 나타냄.

그림 3.9는 두 명의 통계학자가 상충되는 결론에 도달하게 된 데이터셋을 나타낸다. 첫 번째 통계학자는 체중 증가 $W_F - W_I$를 조사했다. 각 학생의 체중 증가 정도는 45° 선 ($W_F = W_I$)에서 평균적으로 최단 거리를 갖는 것을 알게 되었다. 사실, 각 다이어트 플랜의 평균의 차이는 0이다. 두 그룹은 각각 $W_F = W_I$에 대해 대칭적으로 위치한다. 한편, 두 번째 통계학자는 플랜 A를 이용한 학생과 플랜 B를 이용한 학생들의 초기 체중이 W_0 (그림에서 수직선으로 표시됨)일 때, 각 플랜을 이용한 학생들의 최종 체중을 비교하였다. 플랜 B를 이용한 학생의 최종 체중은 플랜 A를 이용한 학생의 체중보다 위에 위치한다. W_I 축에 W_0가 아닌 다른 값에 수직선을 그어도 (초기 체중이 다른 값일 때에도) 마찬가지 결과를 얻는다.

(a) 이 상황을 나타내는 인과 그래프를 그리시오.

(b) 어떤 통계학자가 정확한 결론을 내렸다고 생각하는가.

(c) 이 예는 심슨의 역설 (Simpson's Paradox)과 어떤 관련이 있는가?

3.3.3 문제 1.2.4의 막대사탕 이야기를 다시 읽고 다음 질문에 답하시오.
(a) 이 이야기에 해당하는 그래프를 그리시오.
(b) 뒷문 기준을 적용하여 조정해야 하는 변수를 결정하시오.
(c) 회복에 대한 약물의 효과에 대한 조정 공식을 쓰시오.
(d) 간호사가 연구 후에 환자들에게 막대사탕을 나눠 줄 때, 여전히 위약을 투여 받은 환자보다 치료를 받은 환자를 선호한다고 가정할 때, (a) ~ (c)의 문제에 대해서 답하시오.

3.4 앞문 기준

우리는 뒷문 기준 (backdoor Criterion)을 통해서 공변량 집합을 식별하는 간단한 방법을 알게 되었다. 비실험적 자료로부터 인과 효과를 추정하고자 할 때에는 조정이 필요하다. 그러나 뒷문 기준을 통해서만 이러한 효과를 추정할 수 있는 것은 아니다. 그래프 패턴이 뒷문 기준을 만족하지 않는 경우, 한눈에 잘 파악되지 않는 효과를 식별하기 위해 *do* 연산자 (*do*-operators)를 이용할 수 있다. 이 절에서는 앞문 (front-door)이라고 불리는 패턴을 논의할 것이다.

흡연과 폐암의 관계에 관한 100년 전에 있었던 논쟁을 생각해보자. 1970년 이전의 담배 업계는 선천적으로 타고난 니코틴에 대한 갈망을 유도하는 유전자 때문에 흡연과 폐암 간의 상관성 (correlation)이 있다는 이론을 제시함으로써 금연법이 효과가 없을 것이라는 주장을 하였다.

이 예제는 그림 3.10 (a)에 잘 나타나 있다. 이 그래프에서는 변수 U는 관찰되지 않으므로, X에서 Y로 들어가는 뒷문 경로를 차단하는 데 이용할 수 없다. 따라서 변수 U는 뒷문 기준을 만족하지 않고, 이 모형에서 폐암에 대한 흡연의 인과 효과를 식별할 수 없다. X와 Y 사이에 관찰된 상관관계의 어느 정도가 공통 효과 (common effect) U에 기인한 가짜 (spurious) 효과인지, 또는 진짜 인과 효과에 기인한 것인지를 결코 식별할 수 없다. (그러나 이러한 상황에서도, X와 Y 사이의 적절한 연관성을 완전히 설명하기 위해 U와 X, U와 Y 사이의 (관찰되지 않은) 연관성이 얼마나 강한지를 정량화하는 (quantify how strong the (unobserved) associates between U and X, and U and Y) 많은 연구가 있었다는 점을 알아두길 바란다.)

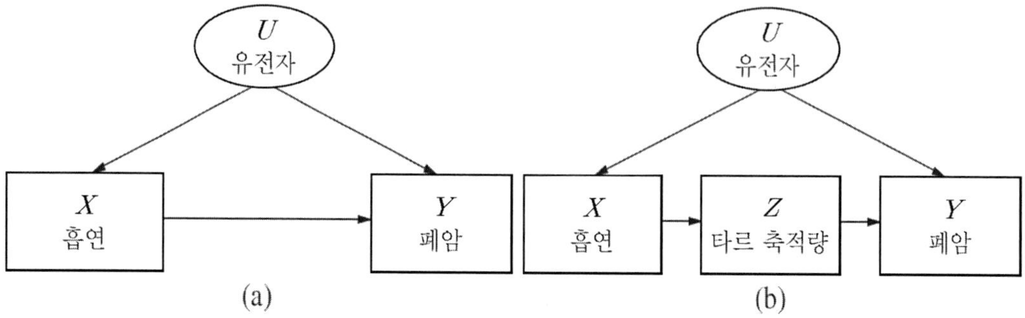

그림 3.10 관찰되지 않은 교란 변수 (U)와 매개 변수 Z를 갖는 흡연 (X)과 폐암 (Y)의 관계를 나타내는 그래프 모형.

그러나 추가적인 측정이 가능한 그림 3.10 (b)의 모형을 이용하여 답을 도출하는 데 더 가까이 갈 수 있다. 환자 폐의 타르 축적량을 추가적인 측도로 이용할 수 있다. 이 모형은 허위 경로 (spurious path) $X \leftarrow U \rightarrow Y$를 차단할 수 있는 변수가 아직 없기 때문에 뒷문 기준을 만족하지 못한다. 그러나 인과 효과 $P(Y=y|do(X=x))$는 뒷문 기준을 두 번 연속 적용하여 이 모형에서 식별 가능하다.

중간 변수 (intermediate variable) Z는 Y에 대한 X의 효과를 계산하는데 어떻게 작용할 수 있을까? 이것에 대해서는 처음에는 이해가 잘 되지 않을 수도 있다. 다음과 같은 정량적인 예 (quantitative example)에서 볼 수 있듯이 열띤 논쟁이 벌어질 수 있다.

예를 들어 흡연, 석면 등 발암 물질에 노출된 사람들 중 랜덤하게 선택된 80만 명의 피험자에 대해 다음과 같은 요인을 동시에 측정한 연구가 신중하게 진행되었다고 하자.

1. 피험자가 흡연자인지의 여부.
2. 피험자 폐의 타르 축적량.
3. 피험자가 폐암이 확인되었는지 여부.

이 연구에서 얻은 데이터는 표 3.1에 제시되어 있다. 문제를 단순화하기 위해 세 변수 모두 이진 (binary) 변수로 가정한다. 모든 숫자는 천 (1,000) 단위로 주어져 있다.

이 데이터에 대해 두 가지 상반된 해석을 할 수 있다. 담배 업계는 이 표가 흡연의 유익한 효과를 입증한다고 주장하였다. 비흡연자의 90.25%가 폐암을 앓고 있는데 반해 흡연자의 15%만이 폐암을 앓고 있다는 사실을 지적했다. 더욱이 타르가 발견된 피험자 집단과 타르가 발견되지 않은 피험자 집단의 두 하위 집단 내에서 흡연자는 비흡연자보다 암 발병률이 훨씬 낮다. [이 수치는 경험적인 관측치 (empirical observations)와 분명히 상반되지만, 관측치를 신뢰해서는 안 된다는 점을 잘 보여준다.]

표 3.1 타르가 발견되었을 때와 발견되지 않았을 때의 흡연자와 비흡연자에 대한 암 발병률 (단위: 1,000명)을 보여주는 랜덤하게 선택된 표본의 가상 데이터.

	타르가 발견된 피험자 400		타르가 발견되지 않은 피험자 400		모든 피험자 800	
	흡연자	비흡연자	흡연자	비흡연자	흡연자	비흡연자
	380	20	20	380	400	400
정상	323	1	18	38	341	39
	(85%)	(5%)	(90%)	(10%)	(85%)	(9.75%)
암 환자	57	19	2	342	59	361
	(15%)	(95%)	(10%)	(90%)	(15%)	(90.25%)

그러나 흡연을 반대하는 사람들은 이 표가 의미하는 바가 다르다고 주장하였다. 그들은 다음과 같은 이유를 제시하면서 흡연을 하면 실제로 폐암 위험이 감소하는 것이 아니라 증가한다고 말하였다. 흡연을 하지 않은 경우에는 타르 축적량이 5% (20/400)인데 반해, 흡연을 하는 경우에는 타르 축적량이 95% (380/400)이다. 타르 축적량의 효과를 계산하기 위해 표 3.2에서와 같이 흡연자와 비흡연자의 두 그룹을 구분하여 조사하였다. 모든 숫자는 천 (1,000) 단위로 주어져 있다.

타르 축적량은 두 그룹에서 모두 해로운 영향을 미친 것으로 보인다. 흡연자의 경우 타르가 발견되지 않은 피험자 그룹에서는 암 발병률이 10%였지만 타르가 발견된 피험자 그룹에서는 암 발병률이 15%였고, 비흡연자의 경우에는 타르가 발견되지 않은 피험자 그룹에서는 암 발병률이 90%이지만 타르가 발견된 피험자 그룹에서는 암 발병률이

95%였다. 그러므로 자연스럽게 니코틴을 갈망하도록 유도하는 유전자의 여부와 관계없이 타르는 유해하며, 타르 축적을 막기 위해서 금연을 해야 한다는 결론에 이른다.

표 3.2 표 3.1 데이터의 재구성: 흡연자 또는 비흡연자, 타르가 발견된 경우와 그렇지 않은 경우의 암 발병률. (단위: 1,000)

	흡연자 400		비흡연자 400		모든 피험자 800	
	타르가 발견됨	타르가 발견되지 않음	타르가 발견됨	타르가 발견되지 않음	타르가 발견됨	타르가 발견되지 않음
	380	20	20	380	400	400
정상	323	18	1	38	324	56
	(85%)	(90%)	(5%)	(10%)	(81%)	(19%)
암 환자	57	2	19	342	76	344
	(15%)	(10%)	(95%)	(90%)	(9%)	(81%)

그림 3.10 (b)의 그래프를 통해 이 두 그룹의 통계학자들 사이에서 결론을 내릴 수 있다. 먼저, X에서 Z로 들어가는 뒷문 경로가 없으므로 Z에 대한 X의 효과를 식별할 수 있다. 따라서 다음과 같이 쓸 수 있다.

$$P(Z=z|do(X=x))=P(Z=z|X=x) \tag{3.12}$$

다음으로 Z에서 Y로의 뒷문 경로, 즉 $Z \leftarrow X \leftarrow U \rightarrow Y$가 X의 조건부를 통해 차단될 수 있기 때문에 Y에 대한 Z의 효과도 파악할 수 있다.

$$P(Y=y|do(Z=z))=\sum_x P(Y=y|Z=z,X=x)P(X=x) \tag{3.13}$$

조정 공식을 통해 식 (3.12)와 식 (3.13) 둘 다 얻는다. 식 (3.12)는 공집합을 조건부로 하고, 식 (3.13)은 X를 조정하여 얻는다.

우리는 이제 Y에 대한 X의 총 효과를 계산하기 위해 두 가지 종류의 부분 효과를 연쇄적으로 연결하려고 한다. 다음과 같이 추론할 수 있다. Z를 z로 지정할 때, Y에 대한 확률은 $P(Y=y|do(Z=z))$이고, X를 x로 지정할 때, Z에 대한 확률은 $P(Z=z|do(X=x))$이다. 따라서 Z의 모든 상태 z에 대해서 합산하면, 다음과 같다.

$$P(Y=y|do(X=x)) = \sum_z P(Y=y|do(Z=z))P(Z=z|do(X=x)) \tag{3.14}$$

식 (3.14)의 우변의 두 항은 식 (3.12)와 식 (3.13)으로부터 계산되었고, $P(Y=y|do(X=x))$를 do를 이용하지 않은 (do-free) 표현식로 나타내기 위해 이들을 대체할 수 있다. 우리는 또한 식 (3.12)에 있는 x와 식 (3.13)에 있는 x를 구별해야 하는데, 후자는 단지 합계의 지수 (index)이므로 x'로 표시할 수 있다. 다음과 같이 쓸 수 있다.

$$P(Y=y|do(X=x)) = \sum_z \sum_{x'} P(Y=y|Z=z, X=x')P(X=x')P(Z=z|X=x) \tag{3.15}$$

식 (3.15)은 앞문 공식 (front-door formula)으로 알려져 있다.

이 공식을 표 3.1의 데이터에 적용하면 담배 사업자의 주장이 잘못되었음을 알 수 있다.

타르가 폐암 발생에 영향을 준다는 사실을 고려하면, 흡연이 타르 축적을 가중시킴으로써 폐암에 대한 위험을 증가시킬 수 있다.

표 3.1의 데이터는 분명히 비현실적이며 의도적으로 조작된 것이며, 관측 데이터를 잘못 분석함으로써 나타날 수 있는 반직관적인 결론 (counterintuitive conclusions)을 내렸던 독자들은 놀랄 수 있다. 실제로 우리는 관측 연구에서 흡연과 폐암 간의 양의 상관관계를 확인할 수 있을 것으로 기대한다. 식 (3.15)의 추정치는 암에 대한 흡연의 해로운 효과를 확인하고 정량화하는데 이용될 수 있다.

X에서 Y로 들어가는 여러 경로가 있을 때, 앞의 분석은 구조 (structures)로 일반화될 수 있다.

정의 3.4.1 (앞문 기준)

다음 기준을 만족하면, 변수 Z의 집합은 변수의 순서쌍 (X, Y)에 대한 앞문 기준을 만족한다.

1. Z는 X에서 Y로 향하는 모든 경로를 방해한다.

2. X에서 Z까지 차단 해제된 경로 (unblocked paths)가 없다.
3. Z에서 Y까지의 모든 뒷문 경로 (backdoor paths)는 X에 의해 차단된다.

정리 3.4.1 (앞문 조정)

Z가 (X, Y)에 대해 앞문 기준을 만족하고 $P(x, z) > 0$ 인 경우 Y에 대한 X의 인과 효과는 식별 가능 (identifiable)하며 다음 식으로 표현할 수 있다.

$$P(y|do(x)) = \sum_z P(z|x) \sum_{x'} P(y|x', z) P(x') \tag{3.16}$$

정의 3.4.1에 명시된 조건은 지나치게 보수적이다. 조건 2와 조건 3에 의해 배제된 뒷문 경로 중 일부는 일부 변수에 의해 차단되는 경우 실제로 허용될 수 있다. 그러한 복잡한 구조를 분석할 수 있는 *do*-계산 (*do*-calculus)이라고 불리는 강력한 상징적인 도구가 있다. 사실, *do*-계산은 주어진 그래프에서 식별할 수 있는 모든 인과 효과를 밝혀내는 데 이용될 수 있다. 하지만, *do*-계산은 이 책에서 다루지는 않을 것이다. (자세한 내용은 Tian과 Pearl (2002), Shipster와 Pearl (2009), Bareinboim과 Pearl (2012)를 참고하기 바란다.) 조정 공식, 뒷문 기준 및 앞문 기준의 조합 또한 수많은 시나리오를 포함하기 때문에 유용하게 이용될 수 있다. 인과 그래프는 단순히 인과 관계를 표현하는 것 이상으로 인과 정보를 실제로 발견하는 데 있어 거대한, 심지어 계시적이라고 할 수 있을 만큼의 능력을 갖고 있다.

연습문제

3.4.1 그림 3.8에서 X, Y와 추가로 하나의 변수만 측정할 수 있다고 가정한다. 어떤 변수를 통해 Y에 대한 X의 효과를 식별할 (indentification) 수 있는가? 그 효과를 계산하시오.

3.4.2 어떤 약을 사기 위해 약국에 갔는데, 두 가지 종류의 약병이 있었다. 하나는 1달러이

고 다른 하나는 10달러였다. 약사에게 "두 약병은 어떤 차이가 있나요?"라고 물어보았더니, 그는 "10달러짜리 병은 나온 지 얼마 안 되었고, 1달러짜리 병은 3년 동안 진열되어 있었습니다."라고 말했다. 그러나 데이터를 보면 알 수 있듯이 값싼 물건을 구입한 사람들의 회복률이 훨씬 높다. 놀랍지 않은가? 오래된 약물이 효과가 있는 것으로 검증되었는지 약사에게 물어보았다. 약사는 다음과 같이 대답하였다. "그렇습니다. 그리고 이것은 더욱 놀라운 것입니다. 오래된 약물은 95%, 신약은 5%만이 유효성분 (active ingredient)을 잃었지만 유효 성분이 적은 약을 복용한 사람들의 회복률은 유효 성분이 높은 약을 복용한 사람들보다 훨씬 높았습니다."

값싼 병을 주문하기 전에 데이터를 잘 살펴보았다. 데이터에서 고객이 구매한 약물의 종류 (오래된 병 또는 새 병), 병 속의 유효 성분 농도 (높음 또는 낮음), 고객의 회복률을 확인할 수 있었다. 즉, 데이터에는 약사의 이야기를 완벽하게 반영되어 있었다. 그러나 추가적으로 몇 가지를 더 계산한 후에 비싼 약을 사기로 결정했다. 최근에 나온 약이 일반적인 환자 (average patient)에게는 더 효과가 더 있을 것이라고 판단하였기 때문이다.

매우 합리적인 두 가지 가정에 근거하여, 데이터는 최근에 나온 약이 더 효과적이라는 것을 분명하게 보여준다. 이 때, 적용된 가정은 다음과 같다.

(i) 고객은 그들이 구매한 약병의 화학적 함유량 (chemical content) (높거나 낮음)에 대한 정보가 없었다. 그들은 가격과 약병이 선반에 진열된 시간만 고려하여 약을 선택하였다.

(ii) 기존 고객에 대한 약물의 효과 (The effect of the drug on any given individual)는 화학 물질 함량에 달려 있으며 선반에 진열된 시간 (오래된 병 또는 새 병)이 아니다.

(a) 이 문제에 관련된 변수를 결정하고, 이 시나리오를 인과 그래프로 설명하시오.

(b) 비싼 약을 사기로 결론을 내리는 이야기에 적합한 데이터셋을 만드시오.

(c) 가정 (i)과 (ii) 및 (b)에 주어진 데이터를 이용하여 오래된 병과 새 병에 대한 선택 효과를 결정하시오.

3.5 조건부 개입 및 공변량 관련 효과

지금까지 설명한 개입 (interventions)은 단순히 변수 또는 변수 그룹 X에 특정한 값 x를 반영하는 작업으로 제한되었다. 일반적으로 개입은 변수 X가 특정한 방법으로 다른 변수의 어떤 집합 Z에 응답하는 방식인 동적인 정책 (dynamic policies)으로 표현된다. 즉, 함수 관계 (functional relationship) $x = g(z)$를 통해 또는 X가 x일 확률 $P^{*}(x|z)$를 지정하는 확률적 관계 (stochastic relationship)로 표시된다. 예를 들어, 의사가 Z 값이 특정 수준을 초과하는 환자에게만 약물을 투여하기로 했다고 가정하자 ($Z = z$). 이 경우, Z의 값을 조건으로 하며, $Z > z$일 때 $g(Z)$가 1이고 그렇지 않으면 0인 경우 ($X = 0$은 '아니오'를 나타냄), $do(X = g(Z))$로 나타낼 수 있다. Z는 임의의 변수이기 때문에 이러한 조치 (action)에 의해 선택된 X의 값 역시 랜덤 변수가 되어 Z가 바뀌면 X도 바뀐다. 이에 대한 정책 (policy)의 결과는 함수 g와 X를 만들어내는 변수의 집합 Z에만 의존하는 확률 분포 $P(Y = y|do(X = g(Z)))$로 나타낼 수 있다.

그러한 정책 (policy)의 효과를 추정하기 위해, 우리가 3.3절 (식 (3.11))에서 간략히 설명했던 X의 "z-특정 효과 (z-specific effect)"라는 또 다른 개념을 더 자세히 살펴보기로 한다. $P(Y = y|do(X = x), Z = z)$라고 표현된 이 효과는 개입 후에 Z가 값 z를 갖는 모집단의 하위 집합에서 Y의 분포를 측정한다. 예를 들어, 치료가 특정 연령 그룹 ($Z = z$)에 영향을 주는 방식이나 치료 후 측정할 수 있는 특정 기능 ($Z = z$)이 있는 사람들에게 관심이 있을 수 있다.

z-특정 효과 (z-specific effect)는 뒷문 조정과 유사한 절차로 식별할 수 있다. 다음과 같이 추론할 수 있다. $P(Y = y|do(X = x))$를 추정하려고 할 때 S가 X에서 Y로 들어가는 모든 뒷문 경로를 차단하면 집합 S에 대한 조정이 가능해진다. 이제 우리는 $P(Y = y|do(X = x), Z = z)$를 식별하기 위해, 하나의 변수 Z를 조건부 집합에 추가할 때 이러한 경로가 차단되도록 해야 한다. 이것은 z-특정 효과 (z-specific effect)의 식별을 위한 간단한 기준을 산출한다.

규칙 2 *$S \cup Z$가 뒷문 기준을 충족하는 변수 집합 S를 측정할 수 있을 때에는 z-특*

정 효과 (z-specific effect) $P(Y=y|do(X=x), Z=z)$*가 식별된다. 또한, z-특정 효과는 다음의 조정 공식으로 나타낼 수 있다.*

$$P(Y=y|do(X=x), Z=z) = \sum_s P(Y=y|X=x, S=s, Z=z)P(S=s|Z=z)$$

이 수정된 조정 공식은 다음 두 가지를 제외하고 식 (3.5)과 유사하다. 첫째, 조정 집합 (adjustment set)은 S뿐 아니라 $S \cup Z$이며, 둘째, Z가 아닌 S에 속하는 모든 원소에 대해서 조건부 확률을 더하는 것이다. $S \cup Z$의 $\cup$ 기호는 합집합을 나타내며, Z가 S의 하위 집합인 경우 $S \cup Z = S$이며, 이 때에는 S만으로 뒷문 기준을 만족함을 의미한다.

z-특정 효과에 대한 식별 가능 기준 (identifiability criterion)은 비특이적 효과 (nonspecific effect)에 대한 식별 가능성 기준보다 다소 엄격하다는 점을 유의하기 바란다. 조건부 집합에 Z를 추가하면 모든 뒷문 경로를 차단하지 못하게 하는 종속성이 생길 수 있다. 이와 관련된 간단한 예는 Z가 충돌부일 때 발생한다. Z를 조건부로 하면 Z의 부모 사이에 새로운 의존성이 생겨서 뒷문 조건을 만족하지 않을 수도 있다. (may violate backdoor requirement).

우리는 이제 조건부 개입 (conditional interventions)을 추정해야 하는 본래 과제에 착수할 준비가 되었다. 정책 결정자가 연령에 따라 환자에게 약물의 양 x를 다르게 투여하는 연령 의존적 정책 (age-dependent policy)을 도입한다고 가정하자. 이것은 $do(X=g(Z))$로 쓸 수 있다. 이 정책의 결과인 Y의 분포를 확인하기 위해 $P(Y=y|do(X=g(Z)))$를 추정하고자 한다.

이러한 정책의 효과를 식별하는 것은 z-특정 효과 $P(Y=y|do(X=x), Z=z)$에 대한 식을 식별하는 것과 동일함을 보여준다.

$P(Y=y|do(X=g(Z)))$를 계산하기 위해, $Z=z$를 조건부로 하여

$$\begin{aligned} P(Y=y|do(X=g(Z))) &= \sum_z P(Y=y|do(X=g(Z)), Z=z)P(Z=z|do(X=g(Z))) \\ &= \sum_z P(Y=y|do(X=g(z)), Z=z)P(Z=z) \end{aligned} \tag{3.17}$$

Z는 X보다 먼저 일어나기 때문에 X에 가해진 조절은 Z의 분포에 영향을 미치지 않는다. 따라서 다음이 성립한다.

$$P(Z=z|do(X=g(Z)))=P(Z=z)$$

따라서, 식 (3.17)은 다음과 같이 쓸 수 있다.

$$\sum_z P(Y=y|do(X=x),z)|_{x=g(z)}P(Z=z)$$

위의 식에서, 조건부 정책 (conditional policy) $do(X=g(Z))$의 인과 효과는 x를 $g(z)$로 치환하고, (관찰된 분포 $P(Z=z)$를 이용하여) $P(Y=y|do(X=x),Z=z)$의 평균을 구함으로써, 계산할 수 있다.

연습문제

3.5.1 그림 3.8의 인과 모형에 대해서 다음 질문에 답하시오.

(a) Y에 대한 X의 c-특정 효과 (c-specific effect)에 대한 표현식을 구하시오.

(b) Y에 대한 X의 z-특정 효과 (z-specific effect)를 추정하기 위해 측정해야하는 4가지 변수의 집합을 식별하고 그 효과에 대한 표현식 (expression for the size of that effect)을 구하시오.

(c) (b)에 대한 답을 이용하여 Z-의존 전략 (Z-dependent strategy) 하에 Y의 기댓값을 구하시오. 여기서 Z가 2보다 작거나 같을 때 X는 0이고, Z가 2보다 크면 X는 1이다. (Z는 1에서 5까지의 정수 값을 취한다고 가정한다.)

3.6 역확률 가중치

예리한 독자들은 지금까지 설명한 개입 절차에 문제가 있음을 눈치 챘을 것이다. 뒷문 및 앞문 기준은 관측 연구에서 얻은 데이터로부터 가설적인 개입의 결과를 예측할 수 있는지 여부를 알려준다. 게다가 그들은 우리가 개입을 시뮬레이션하지 않고 그것에 대해서 생각조차 하지 않고, 이러한 예측을 할 수 있다고 말한다. 우리가 해야 할 일은 기준 중 하나를 만족하는 공변량의 집합 Z (a set Z of covariates)를 식별하고, 이 집합을 조정 공식과 연결하면 된다. 결과 표현식 (the resulting expression)으로부터 개입이 결과에 어떻게 영향을 미치는지에 대한 유효한 예측을 할 수 있다.

이것은 이론상으로는 문제가 없지만, 실제로는 Z를 조정하는 것이 문제가 될 수 있다. Z의 각 값 또는 값의 조합을 개별적으로 보고, 그 계층 (stratum)에서 X가 주어졌을 때 Y의 조건부 확률을 추정한 다음 결과의 평균을 계산한다. 계층의 수가 (number of strata) 증가함에 따라 Z에 대한 조정은 계산하기 어려워지고, 추정하는데 있어서 역시 어려움이 생길 수 있다. 집합 Z는 각각 수십 개의 이산 값 (discrete values)에 걸쳐있는 수십 개의 변수로 구성될 수 있기 때문에 조정 공식에 의해 계산해야 하는 양이 많을 수 있고, 각 $Z=z$ 셀 안에 속하는 데이터 표본 수는 너무 작아서 조건부 확률을 추정하는데 있어서 신뢰성이 떨어질 수 있다.

그러나 이 절에서 아직 어떤 방법도 논하지 않았다. 조정 절차는 명확하기 때문에 개입 기준 (intervention criteria)을 설명할 때 쉽게 이용할 수 있다. 그러나 조정의 실질적인 어려움을 극복해야 하는 또 다른 미묘한 절차가 남아 있다.

이 장에서는 종종 "성향 점수 (propensity score)"라고 불리는 함수, 즉 각 x와 z에 대한 $g(x,z)=P(X=x|Z=z)$의 신뢰할 수 있는 추정치를 얻을 수 있는 경우로 이 문제를 피할 수 있는 방법을 논의한다. 이러한 추정은 선형 회귀 함수의 계수를 적합시키는 것과 같은 방식으로 유연한 함수 $g(x,z)$의 모수를 현재 데이터에 적합시켜 얻을 수 있다. 따라서 평균 제곱 오차를 최소화 할 수 있다 (그림 1.4). 이 때 이용된 방법은 연속 변수, 이산 변수, 이진 변수 등 랜덤 변수 X의 특성에 따라 달라진다.

함수 $P(X=x|Z=z)$를 이용할 수 있다고 가정하면, $P(x,y,z)$가 아닌 사후 개입 확률 (postintervention probability) P_m에서 계산된 것처럼 나타나는 가상의 표본 (artificial samples)을 생성하는 데 이용할 수 있다. 그런 가상의 표본을 얻으면 표본의 각 계층 $X=x$에 대해 사건 $Y=y$의 빈도를 간단히 계산하여 $P(Y=y|do(x))$을 계산할 수 있다. 이 방법을 이용하면 모든 계층 $Z=z$에서 해당하는 값을 합산하는 것과 같은 복잡한 작업을 건너 뛸 수 있다.

가상의 표본 (fictitious samples)을 이용하여 확률을 추정하는 방법은 새로운 것이 아니다. 이것은 유한 표본으로부터 조건부 확률을 추정할 때마다 암묵적으로 이용되었다.

1장에서 조건부를 이용하여 필터링하는 과정, 즉 조건 $X=x$가 아닌 모든 사례를 무시하고 남은 사례 (surviving cases)를 정규화 (normalizing)하여 총 확률이 1이 되도록 만들었다. 이 작업의 최종 결과는 각각의 남은 경우 (surviving cases)의 확률이 $1/P(X=x)$만큼 부풀어진다는 것이다. 이것은 베이즈 법칙 (Bayes' rule)에서 직접 확인할 수 있다.

$$P(Y=y, Z=z|X=x) = \frac{P(Y=y, Z=z, X=x)}{P(X=x)}$$

즉, 남은 테이블 (surviving table)에서 각 행의 확률을 찾기 위해 비조건부 확률 $P(Y=y, Z=z, X=x)$에 상수 $1/P(X=x)$를 곱한다.

이제 $do(X=x)$ 연산으로 생성된 모집단을 살펴보고, 이 연산의 결과로 각 사례의 확률이 어떻게 변하는지 찾도록 하자. 이에 대한 답은 조정 공식에 의해 얻을 수 있다.

$$P(y|do(x)) = \sum_z P(Y=y|X=x, Z=z)P(Z=z)$$

합계 내의 식을 성향 점수 $P(X=x|Z=z)$로 곱하고 나누면, 다음을 얻는다.

$$P(y|do(x)) = \sum_z \frac{P(Y=y|X=x, Z=z)P(X=x|Z=z)P(Z=z)}{P(X=x|Z=z)}$$

분자에는 (X, Y, Z)의 전처리 분포 (pretreatment distribution) 외에는 쓸 수 없다는 것을 알고 있으므로, 다음과 같이 표현할 수 있다.

$$P(y|do(x)) = \sum_z \frac{P(Y=y, X=x, Z=z)}{P(X=x|Z=z)}$$

이 식에 대한 답은 명확해진다. 모집단의 각 경우 $(Y=y, X=x, Z=z)$의 확률은 $1/P(X=x|Z=z)$를 곱해서 구해야 한다. (따라서 "역확률 가중치 (inverse probability weighting)"라는 이름을 사용한다.)

이것은 유한 표본에서 $P(Y=y|do(X=x))$를 추정하는 간단한 절차를 알려준다. 이용 가능한 각각의 표본을 요인 $1/P(X=x|Z=z)$의 가중치를 다시 반영하여 재보정된 표본 (reweighted samples)을 P가 아닌 P_m에서 생성된 것으로 간주하여 $P(Y=y|do(x))$를 구할 수 있다.

다음 예제를 통해 이것을 확인할 수 있다.

표 3.3은 남성과 여성에게 유익한 것으로 보이지만 일반 대중에게 해로운 약물, 심슨의 역설의 예를 보여준다. 이전에 이용한 데이터와 동일한 데이터를 이용했지만 이번에는 가중치 테이블 (weighted table)로 표시했다. 이 경우 X는 환자가 약을 복용했는지 여부를 나타내고 Y는 환자의 회복 여부를 나타내며 Z는 환자의 성별을 나타낸다.

표 3.3 1장 (표 1.1)의 약물에 대한 회복률에 대한 이야기에 해당하는 결합 확률 분포 $P(X, Y, Z)$.

X	Y	Z	확률
예	예	남성	0.116
예	예	여성	0.274
예	아니오	남성	0.010
예	아니오	여성	0.101
아니오	예	남성	0.334
아니오	예	여성	0.079
아니오	아니오	남성	0.051
아니오	아니오	여성	0.036

표 3.4 표 3.3의 모집단에서 약물 이용자 (X = 예)에 대한 조건부 확률 분포 $P(Y, Z|X)$.

X	Y	Z	확률
예	예	남성	0.232
예	예	여성	0.547
예	아니오	남성	0.020
예	아니오	여성	0.202

"X = 예"로 조건을 정하면 두 단계로 구성된 표 3.4의 데이터셋을 얻는다. 먼저 "X = 아니오"인 모든 행이 제외되었다. 두 번째로, 나머지 행에 주어진 가중치는 "재

정규화 (renormalized)"된다. 즉, 상수를 곱한 후 모든 조건부 확률을 다 더하면 1이 된다. 이 상수는 베이즈 법칙 (Bayes' rule)에 따라 $1/P(X=\text{예})$이고, 이 예에서 $P(X=\text{예})$는 표 3.3의 처음 네 행이 결합된 가중치이며 다음과 같다.

$$P(X=\text{예}) = 0.116 + 0.274 + 0.01 + 0.101 = 0.501$$

결과는 표 3.4의 네 가지 가중치 분포 (weight distribution)로 표시된다. 각 행의 가중치는 $1/0.501 = 2.00$배로 커졌다.

동일한 집단에 약물을 투여하기로 한 의도적인 결정을 나타내기 위해, 이제 $do(X=\text{예})$ 작업으로 만들어진 모집단을 조사하기로 한다.

이 모집단에서 가중치의 분포를 계산하기 위해서는, 각 z에 대한 계수 $P(X=\text{예}|Z=z)$를 계산해야 한다. 표 3.3에 따라

$$P(X=\text{예}|Z=\text{남성}) = \frac{(0.116+0.01)}{(0.116+0.01+0.334+0.051)} = 0.247$$
$$P(X=\text{예}|Z=\text{여성}) = \frac{(0.274+0.101)}{(0.274+0.101+0.079+0.036)} = 0.765$$

남성과 여성의 경우에 각각 $1/0.247$과 $1/0.765$를 곱하면 표 3.5가 된다. 표 3.5는 표 3.3의 사후 개입 분포 (postintervention distribution)를 나타낸다. 이 분포에서 환자가 회복될 확률은 처음 두 개의 행을 합하여 데이터에서 직접 계산할 수 있다.

$$P(Y=\text{예}|do(X=\text{예})) = 0.476 + 0.357 = 0.833$$

표 3.5 역확률 방법에 의해 결정된, $do(X=\text{예})$로 인한 개입이 있을 때 표 3.3의 모집단에 대한 확률 분포.

X	Y	Z	확률
예	예	남성	0.476
예	예	여성	0.357
예	아니오	남성	0.041
예	아니오	여성	0.132

이 과정에서 세 가지 사항을 유의하기 바란다. 첫째, 가중치의 재분배 (redistribution

of weight)는 더 이상 비례하지는 않지만 차별적이라는 점이다 (the redistribution of weight is no longer proportional but quite discriminatory). 예를 들어 첫 번째 행은 확률이 0.116에서 0.476으로 되면서 4.1배로 증가하였고, 두 번째 행은 확률이 0.274에서 0.357로 증가하여 단지 1.3배 증가하였다. 이러한 재분배는 X를 무작위 시도 (randomized trial) (그림 3.4)를 한 것처럼 독립적으로 만든다.

두 번째로, 예리한 독자는 이 예에서 계산량의 감소 (computational savings)가 없었다는 것을 알아차렸을 것이다. $P(Y=\text{예}|do(X=\text{예}))$를 추정하기 위해 우리는 여전히 Z의 모든 경우 (남성, 여성)에 대해 합산해야 했다. 실제로 Z값이 수천 또는 수백만에 이르고 표본 크기가 수백 개에 이를 때, 표본을 이용하면 계산량이 감소한다. 하지만 표본으로부터 역확률 방법을 이용해서 계산을 해서는 안 되고, 모든 가능한 Z값의 경우를 고려해야 한다.

마지막으로, 아주 중요한 주의 사항이 있다. 역확률 계산 방법은 $1/P(X=x|Z=z)$에 해당하는 집합 Z가 뒷문 기준을 만족하는 경우에만 이용할 수 있다는 점이다. 이러한 확신을 할 수 없을 때, 역확률 방법을 이용하면 순수하게 조건부를 통해 얻은 결과인 표 3.4보다 실제로 편의 (bias)가 생겨서 심슨의 역설 (Simpson's Paradox)이 나타날 수 있다.

지금까지는 인과 효과에 대한 불편 추정 (unbiased estimation of causal effects)에 초점을 맞추었다. 다시 말해, 표본의 수가 무한대로 증가함에 따라 실제 인과 효과에 수렴하는 추정치를 구하는 것에 관심이 있었다.

이것은 분명히 중요하지만 이것만이 추정과 관련된 문제는 아니다. 또한 정밀도 (precision)를 고려해야 한다. 정밀도는 표본의 수가 유한한 경우 인과 관계 추정치가 다양하게 존재할 수 있음을 의미하며, 특히 우리가 구한 추정치가 실험마다 다를 수 있다는 것을 의미한다. 분명히 다른 모든 조건은 같다. 우리는 편의 (bias)가 거의 없거나 전혀 없는 것 외에도 높은 정밀도 (high precision)를 가진 추정 절차를 선호한다. 실제적으로 높은 정밀도 추정 (high-precision estimates)으로 얻어진 추정치는 신뢰 구간을 짧게 만든다. 신뢰 구간이란 추정치가 인과 효과에 대해 얼마나 확실한 값을 주는지의 정도를 정량화하는 하나의 방법이다. [신뢰구간 (confidence intervals)이 짧을수록 확실성이 높아진다고 해석할 수 있다.] 이 책에서는 관련된 인과적 수단

(causal means)과 인과 효과를 평가하는 “최선의” 또는 가장 정확한 방법을 다루지는 않지만 표본의 수가 무한대가 되면 관측된 데이터 분포에서 그러한 값을 추정할 수 있는지 여부에 초점을 맞추기로 한다.

예를 들어, X와 Y가 둘 다 연속 변수인 경우, 위의 인과 그래프에서 Y에 대한 X의 인과 효과를 추정하고자 한다. Z의 효과를 통해 X의 큰 값과 작은 값을 가장 일반적으로 관찰할 수 있다고 가정하고, X의 범위의 중간에 가까운 값은 훨씬 적다고 하자. 그런 다음 역확률 가중치 (inverse probability weighting)는 (Z로 인해 가장 자주 관찰되기 때문에) 양쪽 끝에 해당하는 X의 극단값의 가중치는 작아지고, X의 "중간" 값의 가중치는 커진다. X의 “중간” 값에만 집중한다. 예를 들어, Y에 대한 X의 인과 효과를 추정하기 위해 회귀 모형을 이용하면 다시 계산된 관측치를 이용하여 Z의 역할을 설명할 수 있다. 그 결과 추정치는 매우 부정확할 것이다. 그러한 경우에, 일반적인 방법보다는 좀 더 정확한, 대체 가능한 계산 방법을 찾아야 한다. 이 책에서 이러한 대안을 제시하지는 않지만, 인과 효과를 데이터에서 식별하는 것 외에도 한정된 데이터를 이용하여 효과의 크기를 추정하는 효과적인 전략을 고안해야 함을 강조하고자 한다.

3.7 매개

한 변수가 다른 변수의 원인이 될 때, 이것은 종종 매개 변수 집합 (a set of mediating variables)을 통해 직접적 또는 간접적인 방법으로 일어난다. 예를 들어, 앞에서 다루었던 심슨의 역설 (Simpson’s Paradox)에 해당하는 혈압/치료/회복 사례에서 치료는 회복에 대한 직접적인 (부정적) 원인이면서 혈압이라는 매개자 (mediator)를 통해 치료에 영향을 주는 간접적인 원인이 된다. 치료를 하면 혈압이 낮아지고, 이것은 회복으로 연결되기 때문이다. 많은 경우, 변수 Y에 대한 변수 X의 효과 중 어느 정도가 직접적으로 (direct) 나타나고, 어느 정도가 매개되어 (mediated) 나타나는지 파악할 필요가 있다. 그러나 실제로 이러한 두 가지 인과성 경로 (avenues of causation)를 분리하는 것은 어렵다.

예를 들어, 회사가 직원을 고용할 때, 성별 (X)을 차별하는지 여부 (Y)와 그 정도를 알고자 한다. 이것은 고용에 대한 직접 효과 (direct effect)이며, 그러한 차별은 불법이다. 그러나 성별은 또한 다른 방식으로 고용에 영향을 미친다. 종종 여성은 남성보다 특정 분야에 진출하거나 해당 분야에서 높은 학위를 취득할 가능성이 높다. 따라서 성별은 자격이라는 매개 변수 (Z)를 통해 고용에 간접 효과 (indirect effect)를 미칠 수 있다.

고용에 대한 성별의 직접 효과 (direct effect)를 찾기 위해서는 자격을 일정하게 유지하고 성별과 고용 간의 관계를 측정해야 한다. 자격이 변하지 않게 유지한 채로, 고용은 성별에만 영향을 받도록 해야 한다. 지금까지, 이것은 매개 변수 (mediating variable)를 조건부로 하여 계산되었다. 따라서 조건부 확률 P(고용됨|높은 자격 조건을 갖춘 여자)와 P(고용됨|높은 자격 조건을 갖춘 남자)가 다른 경우, 고용에 대한 성별의 직접 효과가 있다고 추론할 수 있다.

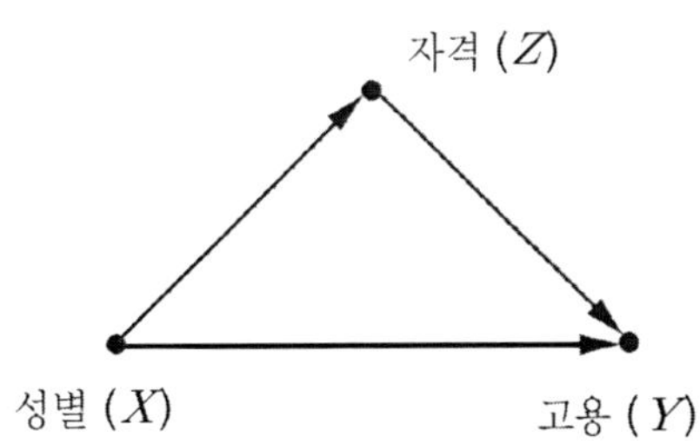

그림 3.11 성별, 자격과 고용의 관계를 나타내는 그래프 모형.

그림 3.11에서 이러한 점이 정확히 표현된 것을 확인할 수 있다. 그러나 매개 변수 (mediating variable)와 결과 변수 (outcome variable)에 대해서 교란 변수 (confounders)가 있다면 어떻게 될지 생각해보자. 예를 들어, 소득 수준이 높은 사람들은 대학에 진학할 가능성이 높으며, 또한 높은 소득 수준은 고용에 유리하게 작용할 가능성이 있다.

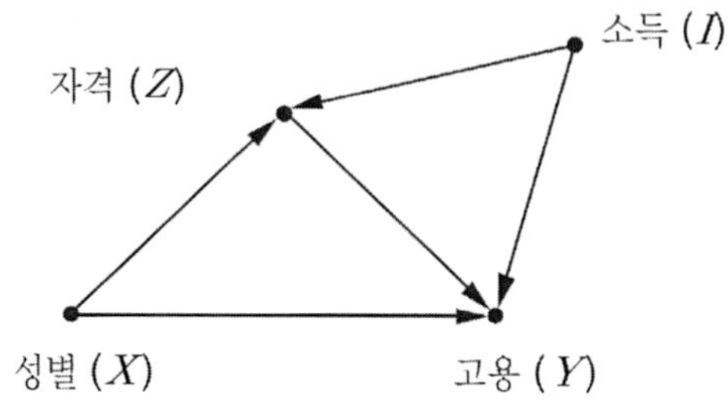

그림 3.12 성별과 고용 사이의 매개자로서 자격, 자격과 고용 사이의 교락인 소득을 나타내는 그래프 모형.

이제 자격을 조건부로 하면, 충돌부에 대한 조건부가 된다. 따라서 자격을 조건부로 하지 않으면 간접 의존도 (indirect dependence)가 성별 → 자격 → 고용의 경로를 통해 성별에서 고용으로 통과할 수 있다. 그러나 자격을 조건부로 하면 간접적 의존도는 성별 → 자격 ← 소득 → 고용 경로를 통해 성별에서 고용으로 이어질 수 있다. (자격을 조건부로 하면 소득 수준이 달라도 자격 조건이 일정하게 유지되기 때문에, 소득에 따른 남녀의 고용의 결과 차이를 비교하면 된다.) 지금까지는 아무리 노력해도 고용에 대한 성별의 진정한 직접 효과를 구하지 못했다. 이런 점에서, 전통적으로 통계학은 방대한 종류의 잠재적 매개 문제 (a huge class of potential mediation problems)를 포기해야만 했으며, “직접 효과 (direct effect)”의 개념을 정의할 수 없었다.

다행히도 매개 변수를 조건부로 하지 않는 개념적 방법이 있다. 즉, 매개 변수에 개입할 수 있다. 조건부 대신에 자격을 고정하면 (fix the qualifications) 성별과 자격 사이의 화살표 (및 소득과 자격 사이의 화살표)가 사라지고 허위 의존성 (spurious dependence)이 사라질 수 있다. (물론, 구직자의 자격을 직접 바꾸는 것은 불가능하다. 하지만 이것은 이전 장에서 논의한 이론적인 개입 (theoretical intervention)을 통해, 적절한 조정 (adjustment)을 선택함으로써 가능하다.) 따라서 임의의 세 변수 X, Y, Z에 대해, Z가 X와 Y 사이의 매개자 (mediator)인 경우, X의 값이 x에서 x'로 바뀔 때에, Y에 대한 통제된 직접 효과 (controlled direct effect, CDE)는 다음과 같이 정의된다.

$$CDE = P(Y=y|do(X=x), do(Z=z)) - P(Y=y|do(X=x'), do(Z=z)) \quad (3.18)$$

이것은 조건부를 기반으로 한 정의를 이용하는 것보다 일반성 (generality)이 유지된다는 점에서 이점이 있다. $Z \rightarrow Y$ 관계에 교락이 있을 때에도 (confounded) “Z를 일정하게 유지"한다는 점을 기억하길 바란다 ($X \rightarrow Z$ 및 $X \rightarrow Y$ 관계에서도 마찬가지이다). 실제적으로, 이 정의는 관측된 확률로부터 개입된 확률을 식별할 수 있는 모든 경우에 Y에 대한 X의 직접 효과를 추정할 수 있다. 직접 효과는 Z의 값에 따라 다를 수 있다. 예를 들어 고용 관행에 따르면, 자격 조건이 높은 직업에서 여성을 차별하고 자격 조건이 낮은 직업에서 남성을 차별할 수 있다. 따라서 직접 효과에 대해 전반적으로 파악하려면 Z의 모든 값 z에 대해 계산을 수행해야 한다. (선형 모형에서는 모든 Z를 계산할 필요가 없다. 이에 대한 자세한 내용은 3.8절을 참조하기 바란다.)

표현식에 두 개의 *do* 연산자 (*do*-operators)가 포함되어 있을 때 직접 효과를 어떻게 추정할 수 있을까? 3.2절에서 설명한 방법과 거의 동일한 방법을 이 경우에도 적용할 수 있다. 여기서 우리는 하나의 *do* 연산자 (*do*-operators)를 조정하여 처리한다. 그림 3.12의 예의 모형에서 X (성별)에서 Y (고용)까지의 뒷문 경로가 없다는 것을 먼저 파악할 수 있다. 따라서 $do(x)$를 x에 대한 조건부로 대체할 수 있다 (이것은 본질적으로 모든 교란 변수 (confounders)를 조정하는 값이다). 따라서, 다음과 같은 식을 얻는다.

$$P(Y=y|X=x, do(Z=z)) - P(Y=y|X=x', do(Z=z))$$

다음으로 $do(z)$항을 제거해야 하는데, 두 개의 뒷문 경로가 Z에서 Y로 들어갈 때, 하나는 X를 통과하고 하나는 I를 통과한다는 것을 알 수 있다. (X가 조건부가 되기 때문에) 첫 번째가 차단되고 I로 조정하면 두 번째도 차단될 수 있다.

$$\sum_i [P(Y=y|X=x, Z=z, I=i) - P(Y=y|X=x', Z=z, I=i)]P(I=i)$$

마지막 공식에는 *do*가 없다 (*do*-free). 즉 비실험 데이터에서 추정할 수 있음을 의미한다.

일반적으로, Z에 의해 매개된 (mediated by Z), Y에 대한 X의 CDE는 다음의 두 가지 조건을 만족하면 식별이 가능하다.

1. Z에서 Y까지 모든 뒷문 경로를 차단하는 변수 집합 S_1이 있다.

2. Z로 들어가는 모든 화살표를 삭제한 후 X에서 Y까지의 모든 뒷문 경로를 차단하는 변수 집합 S_2가 있다.

이 두 가지 특성이 모형 M에 있으면, 적절한 변수를 조정하고, 조건부 확률을 추정하여, 데이터 집합에서 $P(Y=y|do(X=x),do(Z=z))$를 결정한다. X를 랜덤화하면 X가 부모가 되지 않기 때문에 조건 2는 랜덤화 시도에서 필요하지 않다. 앞서 설명한 성별 차별 예처럼 X가 외생변수 (즉, 랜덤화된 것처럼)로 판정되는 경우에도 마찬가지이다.

Y에 대한 X의 직접 효과를 피할 수 있는 방법이 없으므로, 직접 효과를 배제한 간접 효과를 측정하는 것은 직접 효과만 측정하는 것보다 더 까다로운 문제가 된다. 총 효과와 직접 효과를 찾는 것은 쉽기 때문에 간접 효과는 그 둘의 차이로 계산될 수 있다고 주장할 수도 있다. 이것은 선형 시스템에서는 가능할 수 있지만, 비선형 시스템에서는 그렇지 않을 수도 있다. 예를 들어, Y의 변화는 X와 Z의 상호 작용 (interaction)에 의존할 수 있다. 위에서 가정한 것처럼 자격 조건이 낮은 직업에서 여성에 대한 고용 차별이 있는 경우, 총 효과에서 직접 효과를 뺀 값으로 자격에 의해 매개되어 나타나는 고용에 대한 성별의 효과를 설명하지 못한다. 이런 맥락에서, 총 효과 또는 직접 효과에 의존하지 않는 간접 효과에 대한 정의가 반드시 필요하다.

4장에서 이러한 어려움은 반사실 추론 (counterfactuals)을 이용하면 극복할 수 있다. 반사실 추론은 각 변수의 수준에서 적용 가능하고 구조 모형 (structural models)로부터 계산 가능한 좀 더 세련된 종류의 개입 (intervention)이라고 할 수 있다.

3.8 선형 시스템의 인과 추론

이 책에서 소개한 인과 방법은 문제의 모형을 구성하는 방정식 유형에 관계없이 적용 가능하다는 장점이 있다. d-분리 (d-separation)와 뒷문 기준은 두 변수 사이의 관계에 대한 형식에 특별한 가정을 하지 않고 오직 관계 (relationship)가 있다는 가정만 한다.

그러나 비모수적인 관점에서 인과 방법을 통해 설명하는 것은 선형 시스템 (주로 사회 및 행동 과학 분야에서 전통적 인과 분석이 수행된 영역)에서 이용한 방법이 제한적으로 이용될 수 있다. 이것은 안타까운 일이다. 많은 통계 전문가들이 선형 시스템에서 광범위하게 작업하고 있으며, 거의 모든 통계 전문가는 선형 시스템에 아주 익숙하다.

이 장에서는 선형 방정식 시스템에서 인과 가정과 그 효과가 어떻게 나타나고, 그래프 방법이 이러한 시스템에서 발생하는 인과 문제 (causal questions)에 어떻게 답할 수 있는지에 대해 깊이 있게 살펴보도록 한다. 이것은 비모수 모형에서 적용한 방법을 통해 보강될 것이고, 특히 선형 시스템의 맥락에서 인과 추론을 적용하고자 했던 사람들에게 유익할 것이다.

예를 들어, 우리는 교란 변수를 조정한 후 (adjusting for confounders) 다음에 열거한 것을 알고자 할 때가 있다. 혈압에 대한 피임의 효과, 방과 후 학습 프로그램이 시험 점수에 효과를 미치는 총 효과 (total effect), 다른 변수에 의해 매개되지 않았을 때, 방과 후 학습 프로그램이 시험 점수에 미치는 직접 효과, 또는 선택적 학습 프로그램의 등록과 소득이 어떤 공통적 원인 [예를 들어 동기 (motivation)]에 의해 교락되었을 때, 선택적인 학습 프로그램을 등록한 것이 미래의 수입에 미치는 효과를 알고자 할 수 있다. 이러한 방정식의 독특한 인과적 특성을 위해 연속 변수를 이용한 선형 방정식 모형이 공식으로 만들어졌다. 우리는 이러한 특성을 정확히 파악할 것이다.

이 장에서 이용된 모든 모형에서 변수 사이의 관계가 선형이며 모든 오차항이 가우스 (또는 "정규") 분포를 갖는다는 강한 가정을 한다. (어떤 경우에는 대칭 분포만 가정하면 된다.) 이 가정은 인과 분석에 필요한 절차를 아주 단순화한다. 우리는 정규분포의 특징인 종 모양 곡선에 익숙하다. 통계학에서 정규분포가 자주 이용되는 이유는 정규분포가 키, 체중, 소득, 사망률과 같은 거시적인 측정치에 더해지는 자연적으로 나타나는 작은 잡음 (noisy microprocesses)의 현상에 해당하기 때문이다. 여러 개의 정규 분포를 더해도 정규분포가 된다는 점 또한 우리가 관심을 갖는 이유이다. 정규성을 가정하면 선형 시스템에서 작업할 때 아주 유용한 다음과 같은 네 가지 속성이 있다.

1. 효율적인 표현 (Efficient representation)
2. 확률의 기댓값의 대체 가능성 (Substitutability of expectations for probabilities)
3. 기댓값의 선형성 (Linearity of expectations)
4. 회귀 계수의 불변성 (Invariance of regression coefficients)

정규 분포를 따르는 두 개의 변수 X와 Y로부터 시작하자. 두 변수의 결합 밀도 함수는 3차원에서 꼭대기 ($X-Y$ 평면 위로 올라가는 산과 같이)를 형성하고 그 꼭대기에서 같은 높이의 평면은 그림 1.2에 표시된 것과 같은 타원임을 알 수 있다. 이러한 각 타원은 1.3.8절과 1.3.9절에서 정의한 대로 $\mu_X, \mu_Y, \sigma_X, \sigma_Y,$와 ρ_{XY}의 5개의 모수 (parameters)로 특징지어질 수 있다. 모수 μ_X와 μ_Y는 $X-Y$ 평면에서 타원의 위치 (또는 중심)을 정하고, 분산과 관련된 σ_X와 σ_Y는 각각 X차원, Y차원에서 얼마나 퍼져 있는지를 정하고, 상관계수 ρ_{XY}는 방향을 결정한다. 3차원에서 결합 분포를 묘사하는 가장 좋은 방법은 $X-Y-Z$ 공간에 매달린 타원형 축구공을 상상하는 것이다. (그림 1.2) 상수 Z의 모든 평면은 그림 1.1에 표시된 것과 같은 2차원 타원으로 축구공을 잘랐을 때 생긴다.

더 높은 차원으로 가서 N개의 정규 분포 변수 $X_{1,} X_{2,} \cdots, X_N$을 고려할 때, 추가적인 변수에 관심을 가질 필요가 없다. $N(N-1)/2$쌍의 변수 $(X_{i,} X_j)$를 특성화하는 변수를 지정하는 것으로 충분하기 때문이다. 다시 말하면, i와 j $(i \neq j)$가 1에서 N의 값을 가질 때, $(X_{i,} X_j)$의 두 변수의 밀도를 지정하면 $(X_{1,} X_{2,} \cdots, X_N)$의 결합 밀도가 완전히 정해진다. 이것은 N개의 변수의 결합 분포를 정하는 매우 간결한 방법이 되므로 매우 유용하게 이용될 수 있는 속성이다. 또한, 각 쌍의 결합 분포는 5개의 변수로 결정되기 때문에 결합 분포에는 최대 $5 \times N(N-1)/2$개의 변수 (평균, 분산과 공분산)가 필요하며 각각은 기댓값에 의해 정의된다. 실제로 변수의 총 수는 $2N+N(N-1)/2$으로 그것보다 더 적은 수를 추정해야 한다. 첫 번째 항은 평균 및 분산 모수의 개수에 해당하고, 두 번째 항은 상관관계 계수의 개수에 해당한다.

이것은 다변량 정규 분포의 또 다른 유용한 특징을 보여준다. 이것은 기댓값에 의해 완전히 정의된다. 그래서 이산 변수를 다룰 때처럼 확률 테이블에 대해 걱정할 필요가 없다. 조건부 확률은 조건부 기댓값으로 표현될 수 있으며, 그래프 모형의 구조를 정의하는 조건부 독립성과 같은 개념은 조건부 기댓값 간의 동등한 관계로 표현될 수 있다. 예를 들어, Z가 주어졌을 때, X와 Y의 조건부 독립성을 표현하기 위해, 다음과 같이 표현할 수 있다.

$$P(Y|X,Z) = P(Y|Z)$$

또한 다음과 같이 쓸 수 있다.

$$E[Y|X,Z] = E[Y|Z] \quad \text{(이 때, } Z\text{는 변수의 집합이다.)}$$

정규 시스템의 이러한 특징은 아주 유용하게 쓰일 수 있다. 확률에 대한 기댓값으로 대체하면, 인과 정보를 결정하기 위해 회귀 분석 (예측 방법)을 이용할 수 있다. 정규 분포의 또 다른 유용한 특성은 선형성을 들 수 있다. 모든 조건부 기댓값 $\text{E}[Y|X_1, X_2, \cdots, X_n]$은 조건부로 주어진 변수의 선형 조합으로 표현된다. 다음과 같이 공식으로 표현할 수 있다.

$$E[Y|X_1 = x_1, X_2 = x_2, \cdots, X_n = x_n] = r_0 + r_1x_1 + r_2x_2 + \cdots + r_nx_n$$

여기서 각 기울기 $r_1, r_2, \cdots, r_n$은 1.3.10절과 1.3.11절에서 정의한 부분 회귀 계수 (partial regression coefficient)이다.

이러한 기울기의 크기는 설명 변수라고 불리는 조건부 변수의 값 $x_1, x_2, \cdots, x_n$에 의존하지 않는다. 설명 변수로 선택된 변수에만 의존한다. 다르게 말하자면, 측정 값 $X_i = x_i$에 대한 Y의 민감도는 회귀 분석에서 다른 변수의 측정값에 의존하지 않는다. 우리가 측정하기로 선택한 변수에만 의존한다. $X_i = 1$, $X_i = 2$, 또는 $X_i = 312.3$인지 여부는 중요하지 않다. X_i를 설명변수로 하여 회귀식에서 Y값을 구하는 경우 (we regress Y on X_i), X_j의 계수 r_j는 동일하게 유지될 것이다.

정규 분포의 이러한 독특하고 유용한 특징은 1장의 그림 1.1과 1.2에 설명되어 있다. 그림 1.1은 우리가 선택한 연령 수준에 관계없이 그 수준에서 X에 대한 Y의 기울기가 동일함을 보여준다. 그러나 연령을 일정하게 유지하지 않으면 (즉, 회귀식에서 그 변수를 설명변수로 쓰지 않으면), 그림 1.2에서 보는 것처럼 기울기가 크게 달라진다.

또한 선형 가정을 통해 각 모서리를 따라 경로 계수 또는 구조 계수 (a path coefficient or structural coefficient)를 인과 그래프에 포함시킴으로써 모형의 기능을 완전히 규정할 수 있게 된다. 모서리 $X \to Y$에 따른 경로 계수 β는 모형에서 Y를 정의하는 함수에서 X의 기여도를 정량화한다. 예를 들어, $Y = 3X + U$의 함수에서는 $X \to Y$의 경로 계수 (path coefficient)는 3이 된다. 경로 계수 $\beta_1, \beta_2, \cdots, \beta_n$은 1.3절에서 논의한 회귀 계수 (regression coefficients) $r_1, r_2, \cdots, r_n$과 근본적으로 다르다. 전자는 "구조적 (structural)" 또는 "인과적 (causal)"이며 후자는 통계적 (statistical)이다. 차이점은 다음 절에서 설명하기로 한다.

일반적으로 변수 $X_1, \cdots, X_k$가 다변량 정규 분포를 따른다는 가정을 적용하는 회귀 분석 방법이 쓰인다. 예를 들어, X_i의 일부가 범주형 변수 또는 심지어 이진 변수일 때, 따라서 이러한 일반화는 효과 수정 (effect modification)이나 상호 작용 (interaction)을 허용하기 위해 예를 들어 X_1X_2와 같은 항을 포함한 X_i의 비선형 조합을 포함하도록 조건부 평균 $E(Y|X_1 = x_1, \cdots, X_k = x_k)$를 허용한다. X_i를 조건부로 하기 때문에 일반적으로 그러한 변수에 대한 분배 가정을 할 필요는 없다. 그럼에도 불구하고, 다변량 정규 분포 시나리오는 구조적 인과 모형에 대한 상당한 통찰력을 제공한다.

3.8.1 구조 계수와 회귀 계수

선형 모형을 다룰 때에는 회귀 방정식 (regression equation)과 우리가 SCM에서 이용한 구조 방정식의 차이를 책 전체에 걸쳐 정의하는 것은 중요한 일이다. 회귀 방정식은 인과성 (causation)에 대한 가정 없이 설명적이다 (descriptive). $y = r_1x + r_2z + \epsilon$를 회귀 방정식으로 쓰면 X와 Z가 Y의 원인이 된다는 뜻이 아니다. 우리는 r_1과 r_2의 어떤 값을 이용하면, 방정식 $y = r_1x + r_2z$이 데이터의 선형 근사치 (the best linear approximation)가 되는지 또는 $E(y|x,z)$의 가장 적합한 선형 근사치가 되는지 설명하기만 하면 된다.

구조 방정식과 회귀 방정식의 근본적인 차이로 인해 어떤 책에서는 등호 기호 대신 화살표를 구조 방정식으로 쓰고 다른 종류의 글꼴을 이용하여 계수를 구별한다. 구조 계수를 α, β 등으로 표시하고 회귀 계수를 r_1, r_2 등으로 표시해서 구별한다. 또한 이 방정식에 나타나는 확률적 "오차항 (error terms)"을 구별한다. 회귀 방정식의 오차항은 식 (1.24)와 같이 ϵ_1, ϵ_2 등으로 표시된다. 구조 방정식에는 SCM 1.5.2에서처럼 U_1, U_2 등으로 표시된다. 전자는 $y = r_1x + r_2z$ 방정식을 데이터에 적용한 후 관측치에 대한 오차를 나타내지만, 후자는 Y에 영향을 미치고 X에 영향을 받지 않는 잠재 요인 (latent factors)을 [때때로 "잡음 (disturbance)" 또는 "누락 변수 (omitted variables)"라고 함] 나타낸다. 전자는 (불완전한 적합으로 인해) 인간이 만든 것이고, 후자는 자연에서 만들어진 것이다.

그것들은 인과적으로 묶이지는 않지만 회귀 방정식은 선형 시스템과 관련된 인과성 연구에서 중요한 의미를 갖는다. 다음을 생각해보자. 3.2절에서 조정 공식 (3.5)에서처럼 조건부 확률의 관점에서 개입의 효과를 표현할 수 있었다. 선형 시스템에서 회귀 계수는 조건부 확률의 역할을 대신할 것이다. 이러한 계수는 모형에 의해 유도된 종속성을 나타내며 최소 제곱 분석을 이용하여 쉽게 추정할 수 있기 때문이다. 이와 유사하게, 비모수 모형의 검사할 수 있는 결과 (testable implications)가 조건부 독립의 형태로 표현되는 반면, 이러한 독립성은 1.3.11절에서 논의된 것처럼 상관 계수가 0인지 확인하는 방식으로, 선형 모형에서 나타낼 수 있다.

$$y = r_0 + r_1 x_1 + r_2 x_2 + \cdots + r_n x_n + \epsilon$$

위의 회귀 방정식에서, $r_i = 0$이면, 다른 변수가 일정하게 주어졌다는 조건 하에서 Y는 X_i와 독립이다.

3.8.2 구조 계수의 인과적 해석

선형 시스템에서 모든 경로 계수는 종속 변수 Y에 대한 독립 변수 X의 직접 효과를 나타낸다. 이것이 틀림없이, 3.7절 [식 (3.18)]에서 주어진 직접 효과의 개입적 정의 (interventional definition)를 참조하며, Y의 다른 모든 부모가 일정할 때, X가 1 단위 증가할 때 Y의 변화를 계산하여 얻어진다. 이 정의를 선형 시스템에 적용할 때, 교란 (distrubances)이 존재하는지 여부에 관계없이 결과는 화살표 $X \rightarrow Y$의 경로 계수가 된다.

예를 들어 그림 3.13의 모형에서 Y에 대한 Z의 직접 효과를 추정한다고 가정하자. 완전히 지정된 모형 (fully specified model)의 구조 방정식은 다음과 같다.

$$\begin{aligned} X &= U_X \\ Z &= aX + U_Z \\ W &= bX + cZ + U_W \\ Y &= dZ + eW + U_Y \end{aligned}$$

위의 구조 방정식을 식 (3.18)의 기댓값의 형식을 이용하면 직접 효과에 대해 다음과 같은 식을 얻는다.

$$DE = E[Y|do(Z = z+1), do(W = w)] - E[Y|do(Z = z), do(W = w)]$$

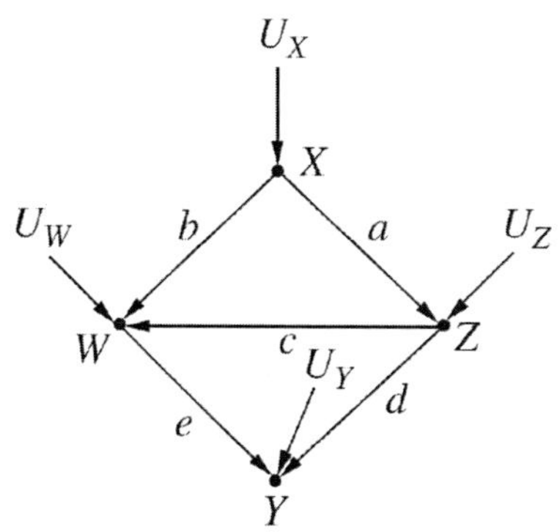

그림 3.13 경로 계수와 총 효과의 관계를 보여주는 그래프 모형.

왜냐하면 W는 그래프에서 Z를 제외했을 때, Y의 유일한 부모이기 때문이다. 모형에서 식을 간단히 만든 후, *do* 연산자 (*do*-operator)를 적용하면 DE (direct effect)의 사후 증가 항 (postincrease term)은 $d(z+1)+ew$가 되고 사전 증가 항 (preincrease term)은 $dz+ew$가 된다. 예상대로 이 둘의 차이는 d로써 이 값은 Y와 Z 사이의 경로 계수이다. 이런 방식으로 방정식을 간단하게 만들 수 있는 것은 U- 요인 간의 상관관계에 대한 가정을 하지 않는 *do* 연산자 (*do*-operator) [식 (3.18)]의 정의로부터 가능하다. 비록 U_Y와 U_Z가 상관관계가 있다고 하더라도, $DE = d$는 동일하다고 할 수 있다. 다른 직접 효과에 대해서도 마찬가지이다. 모든 구조 계수는 오차항이 어떻게 분포되어 있는지에 관계없이 직접 효과를 나타낸다. 또한 변수 X, 계수 a, b와 c는 *do* 연산자가 필요로 하는 “수술 (surgeries)”을 통해 이 모형에서 제거되기 때문에 이 계산에 포함되지 않는다.

그것은 모두 직접 효과를 구할 때 필요한 작업이다. 그러나 Y에 대한 X의 총 효과를 계산하는 경우를 먼저 살펴보자.

선형 시스템에서 Y에 대한 X의 총 효과는 X에서 Y까지 모든 뒷문 경로가 아닌 경로 (nonbackdoor path)의 모서리 계수의 곱의 합이 된다.

Y에 대한 X의 총 효과를 찾기 위해 먼저 X에서 Y까지의 모든 뒷문 경로가 아닌 경로를 찾는다. 그런 다음 각 경로에 대해 경로의 모든 계수를 함께 곱한 후, 그 곱들을 모두 더하면 된다.

이러한 계산이 가능한 이유는 SCM의 특성 때문이다. 그림 3.13의 그래프를 다시 보자. Y에 대한 Z의 총 효과를 구하기 위해, 먼저 Z에 개입하여 Z로 들어 가는 모든 화살표를 제거한 다음 Y를 Z로 표현해야 한다. 이것은 간단한 계산을 통해 구할 수 있다.

$$\begin{aligned} Y &= dZ + eW + U_Y \\ &= dZ + e(bX + cZ) + U_Y + eU_W \\ &= (d + ec)Z + ebX + U_Y + eU_W \end{aligned}$$

최종 표현식은 $Y = \tau Z + U$, 여기서 $\tau = d + ec$이고 U는 수정된 모형에서 Z와 독립인 항이다. 따라서 Z가 한 단위 증가하면 총 효과의 정의에 따라 Y가 증가한다. Z에서 Y까지의 두 개의 뒷문 경로가 아닌 경로에 있는 계수의 곱의 합을 계산하면 빨리 계산할 수 있다. 이것은 모든 선형 모형의 경우에 적용 가능하고, 계산할 수 있다. 또한, 곱의 합을 이용한 계산은 U 변수의 분포에 상관없이 그리고 그것이 종속적이든 독립적이든 관계없이 유효하다.

3.8.3 구조 계수 및 인과 효과의 식별

지금까지는 경로 계수의 관점에서 총 효과와 직접 효과를 표현했다. 이 때 직접 효과는 선험적으로 또는 개입적 실험 (interventional experiments)으로부터 추정할 수 있다고 알려져 있다. 이제 훨씬 더 어려운 문제인 비실험적 데이터로부터의 총 효과와 직접 효과를 추정하고자 한다. 이 문제는 “식별 가능성 (identifiability)”으로 알려져 있으며, 수학적으로는 공분산 σ_{XY} 또는 회귀 계수 $R_{YX \cdot Z}$의 관점에서 총 효과 및 직접 효과와 관련된 경로 계수를 나타낸다. 여기서 X와 Y는 모형에 포함된 두 개의 변수이며, Z는 변수의 집합이다. [1.3.11절 식 (1.27)과 식 (1.28)]

그러나 많은 경우 직접 효과와 총 효과를 식별하기 위해 모형의 모든 구조 모수를 식별할 필요는 없다. 먼저 총 효과 τ를 설명하고자 한다. 뒷문 기준을 통해 Y에 대한 X의 인과 효과를 결정하기 위해 조정해야 하는 변수의 집합 Z를 찾을 수 있다. 그렇지만 선형 시스템에서 인과 효과를 결정하기 위해 어떤 기준을 이용할 수 있을까? 원칙적으로 일단 집합 Z를 찾으면 X와 Z가 주어졌을 때, Y의 조건부 기댓값을 추정한 다음 모든 Z에 대해서 평균을 구하고, Y와 X 사이의 결과의 종속성을 이용하여 Y에 대한 X의 인과 효과를 측정할 수 있다. 이 절차를 회귀 분석 관점에서 설명하면 된다.

이것을 회귀 분석 관점에서 설명하는 방법은 단순하다. 먼저 모형에서 X에서 Y까지의 뒷문 기준을 만족하는 공변량 Z를 찾는다. 그런 다음 X와 Z를 설명변수로 하여 Y에 대한 회귀식을 구한다. 결과 방정식에서 X의 계수는 Y에 대한 X의 실제 인과 효과를 나타낸다. 이것에 대한 추론은 우리가 처음에 뒷문 기준을 정당화하는데 이용했던 논리와 유사하다. Z를 설명변수로 하면 (regressing on Z), Z가 방정식에 추가되어 X에서 Z로 가는 모든 뒷문 경로를 차단하므로 X의 계수가 경로에 포함된 허위 정보 (spurious information)에 흡수되는 것을 막는다.

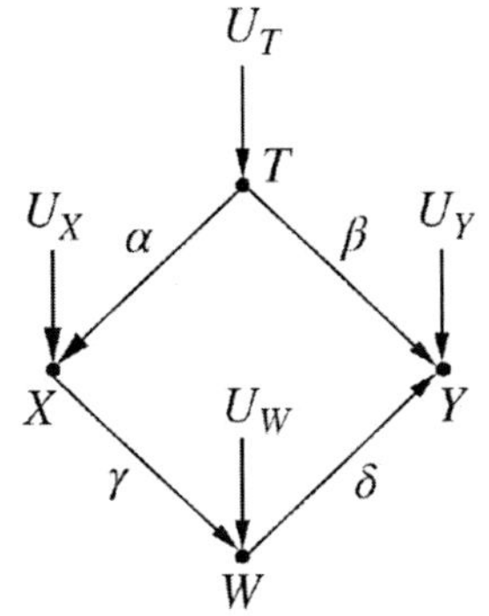

그림 3.14 Y에 대한 X의 직접 효과는 없지만, T를 조정하여 총 효과가 결정되는 그래프 모형.

예를 들어, 그림 3.14의 그래프를 따르는 선형 모형을 생각해보자. Y에 대한 X의 총 인과 효과를 계산하고 싶다면 먼저 뒷문 기준을 이용하여 T를 조정하기로 결정한다. 따라서 회귀 방정식 $y=r_X X+r_T T+\epsilon$를 이용하여 X와 T를 설명변수로 하여 Y에 대한 회귀식을 구한다 (we regress Y on X and T). 계수 r_X는 Y에 대한 X의 총 효과를 나타낸다. 이러한 식별은 모형의 모수를 식별하지 않고 변수 W를 측정하지 않았을 때에도 가능하다는 점을 유의하기 바란다. 그래프 구조 그 자체로 W를 무시하고, T와 X를 설명변수로 하여 Y에 대한 회귀식을 구했고, 그 회귀식의 X의 계수를 가지고 Y에 대한 X의 총 효과를 식별했다.

총 인과 효과 대신에 Y에 대한 X의 직접 효과를 찾는다고 하자. 선형 시스템에서 이 직접 효과는 시스템에서 Y를 정의하는 함수 $y=\alpha x+\beta z+\cdots+U_Y$의 구조 계수인 α이다. 그림 3.14의 그래프에서 X와 Y를 직접 연결하는 화살표가 없기 때문에 $\alpha=0$임을 알 수 있다. 따라서 이렇게 특별한 경우에는 답은 간단하다. 직접 효과는 0이다. 그러나 모형으로부터 이 값을 결정하지 못하다면, 데이터로부터 α의 크기를 어떻게 구할 수 있을까?

뒷문 경로와 유사한 절차를 이용할 수 있다. 이 때에는 뒷문 경로뿐만 아니라 X에서 Y까지의 간접 경로 (indirect paths)도 차단해야 한다. 먼저 X에서 Y까지 모서리를 제거하고 (그런 모서리가 있는 경우) 결과 그래프 G_α를 그린다. G_α에서 X와 Y를 d-분리 (d-separated)하는 변수 집합 Z가 있는 경우 X와 Z를 설명변수로 하여 Y에 대한 회귀식을 만들 수 있다. 결과 방정식의 X의 계수는 구조 계수 α와 같다.

"식별을 위한 회귀식 규칙 ("The Regression Rule for Identification)"이라고 불리는 위의 절차를 통해 주어진 변수가 (이 변수를 α라고 하자) 최소 제곱 회귀식으로 식별될 수 있는지 여부를 신속하게 판단할 수 있고, 그런 식으로 회귀식에 포함되어야 할 변수들을 찾을 수 있다. 예를 들어 그림 3.15의 선형 모형에서 이 방법으로 Y에 대한 X의 직접 효과를 찾을 수 있다. 먼저, X와 Y 사이의 모서리를 제거하고 그래프 G_α를 그림 3.16에 표시한다. 이 새로운 그래프에서 W가 X와 Y를 d-분리한다는 (d-separates) 것을 쉽게 알 수 있다. 따라서 X와 W를 설명변수로 하여 Y에 대한 회귀 방정식 $Y=r_X X+r_W W+\epsilon$을 만들 수 있다. 계수 r_X는 Y에 대한 X의 직접 효과이다.

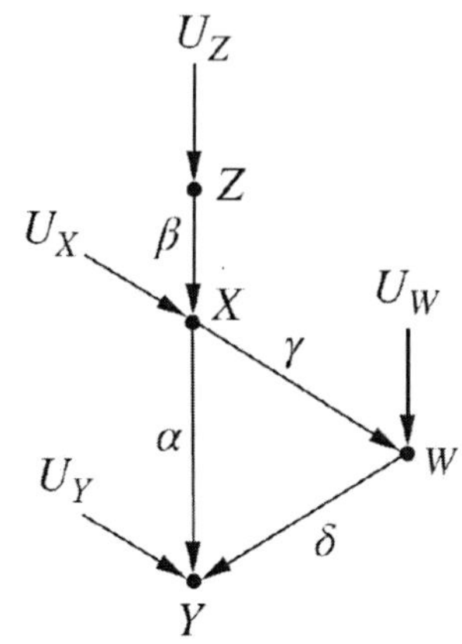

그림 3.15 Y에 대한 X의 직접 효과 α가 있는 그래프 모형.

지금까지 관찰한 것을 요약하면 두 가지 흥미로운 특징이 나타난다. 첫째, 선형 시스템에서 회귀식이 인과 효과의 식별과 추정을 위한 주요 도구로 이용된다는 것을 알 수 있다. 그 효과를 평가하려면 회귀 방정식을 만들어야 한다. (1) 방정식에 포함되어야 할 변수를 지정하고, (2) 그 방정식에서 우리가 관심 있는 효과 (the effect of interest)를 나타내는 계수를 찾아야 한다. 나머지는 표본 데이터에 대한 일반적인 최소제곱 분석이다. 이전에 언급했듯이, 매우 효율적인 다양한 소프트웨어 패키지로 쉽게 처리할 수 있다. 둘째, 오차항 U가 서로 독립이고 그래프의 모든 변수가 측정되는 한, 모든 구조 모수가 회귀 분석을 통해 식별될 수 있음을 알 수 있다. 즉, 하나 이상의 식별 회귀 방정식이 있고, 이 때 계수는 우리가 추정하고자 하는 모수에 해당한다. 그러한 방정식 중 하나는 분명히 구조 방정식 그 자체이며, Y의 부모는 설명 변수 역할을 한다. 그러나 추정을 위한 더 나은 특징과 그래프 분석을 통해 그것들을 모두 나타낼 수 있는 몇 가지 다른 식별할 수 있는 방정식이 존재할 수 있다. (문제 3.8.1 (c) 참조) 게다가 어떤 변수가 측정되지 않거나 몇몇 오차항들이 서로 상관관계가 있을 때, 구조 방정식으로부터 식별 가능한 회귀식를 찾는 작업은 일반적으로 불가능하다. 즉 G_α 절차는 필수 불가결하게 된다. (문제 3.8.1 (d) 참조)

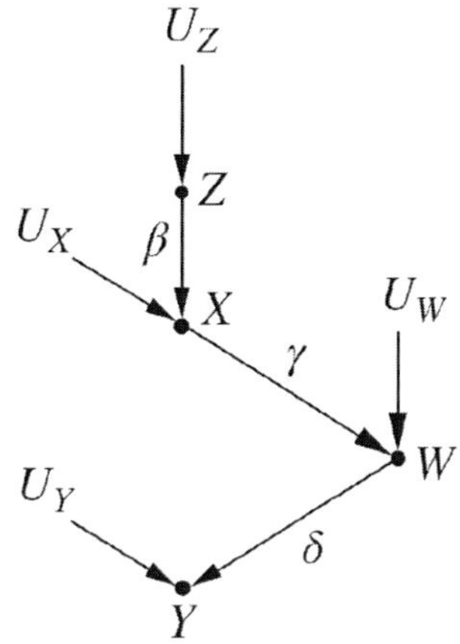

그림 3.16 X에서 Y로 들어가는 모서리를 제거하고 d-분리하는 변수 집합 $\{W\}$을 찾음으로써, Y에 대한 X의 직접 효과를 결정하기 위해 조정해야 하는 변수를 찾음.

놀랍게도 수세기 동안 연구자들은 회귀식 규칙 절차 (regression rule precedure)를 피해왔다. 아마도 대수적인 비그래프적 용어 (algebraic, nongraphical terms)로 표현하기가 극히 어려웠기 때문일 것이다.

G_α에서 X와 Y를 d-분리하는 변수 집합이 없다고 가정하자. 예를 들어 그림 3.17에서 X와 Y는 점선으로 표시된 두 개의 화살표에 의해 표시된 관찰되지 않은 공통원인 (common cause)을 가지고 있다. 공통 원인이 측정되지 않았기 때문에 우리는 그것을 조건부로 할 수 없으므로 X와 Y는 항상 공통 원인을 통해 종속되어 있다. 이렇게 특별한 경우, 직접 효과를 결정하기 위해 도구 변수 (instrument variables)를 이용할 수 있다. G_α에서 Y와 d-분리 (d-separated)되어 있고 X에 d-연결 (d-connected)되어 있는 변수를 "도구 (instrument)"라고 한다. 도구 변수가 있으면 구조 계수를 식별할 수 있음을 그림 3.17에서 확인할 수 있다.

그림 3.17에서, Z는 Y에 대한 X의 효과와 관련하여 X에 d-연결되고 G_α에서 Y와 d-분리되어 있기 때문에 도구 변수이다. Z를 이용하여 각각 X와 Y에 대하여 회귀 방정식 $y = r_1 z + \epsilon$와 $x = r_2 z + \epsilon$를 각각 쓸 수 있다. Z는 뒷문을 방출하지 않으므로 (Z emits no backdoors), r_2는 β와 같고 r_1은 Y에 대한 Z의 총 효과 $\beta * \alpha$와 같다. 따라서 우리가 구하고자 하는 계수는 $\alpha = r_1/r_2$이다. 이 예는 다른 경로를 거치

지 않고 총 효과에서 직접 효과가 어떻게 식별될수 있는지 보여 준다.

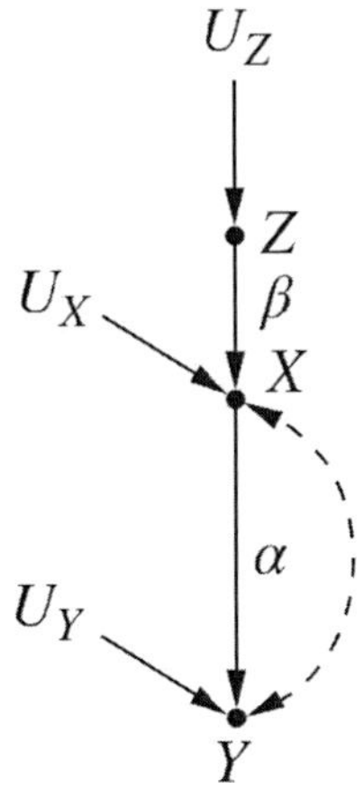

그림 3.17 점선으로 된 양끝 화살표는 측정되지 않은 변수로 구성된 X와 Y 사이에 뒷문 경로가 있음을 나타내기 때문에 조정을 통해 Y에 대한 X의 직접 효과를 찾을 수 없는 그래프 모형. 이 경우, Z는 α를 식별 가능하게 하는 Y에 대한 X의 효과에 관한 도구 변수임.

그래프 모형은 시스템에서 모든 도구 변수를 찾는 절차를 제공하지만, 열거 절차는 이 책의 범위를 벗어난다. 더 많은 것을 알기 원하는 사람들은 Chen과 Pearl (2014), Kyono (201)를 참조하기 바란다.

연습문제

3.8.1

$$
\begin{aligned}
Y &= aW_3 + bZ_3 + cW_2 + U & \qquad X &= t_1W_1 + t_2Z_3 + U' \\
W_3 &= c_3X + U'_3 & W_1 &= a'_1Z_1 + U'_1 \\
Z_3 &= a_3Z_1 + b_3Z_2 + U_3 & Z_1 &= U_1 \\
W_2 &= c_2Z_2 + U'_2 & Z_2 &= U_2
\end{aligned}
$$

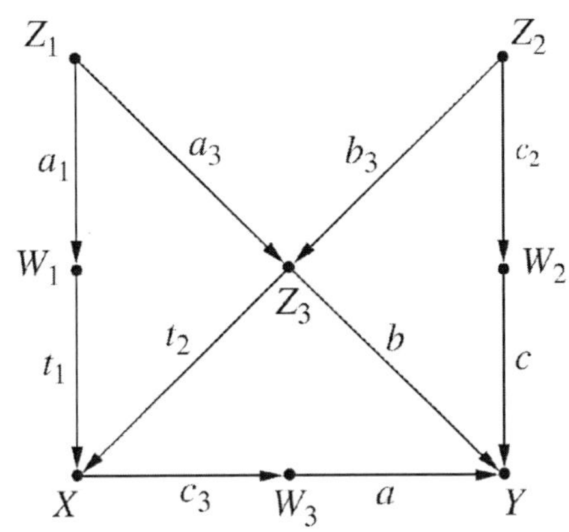

그림 3.18 문제 3.8.1의 모형 3.1에 해당하는 그래프.

위의 그래프 모형을 보고 다음 질문에 답하시오. (모든 답은 특정 회귀 방정식의 회귀 계수로 나타내어야 한다.)

(a) 이 모형에 대한 세 가지 검정할 수 있는 결과 (testable implications)을 식별하시오.

(b) X, Y, W_3 및 Z_3만이 관찰된다고 가정할 때 검정할 수 있는 결과를 식별하시오.

(c) 모형의 각 변수에 대해 계수 중 하나가 해당 변수와 동일한 회귀 방정식을 구하시오. 하나 이상의 방정식이 존재하는 변수를 식별하시오.

(d) 관찰된 유일한 변수가 X, Y, W_3이라고 하자. 데이터에서 식별할 수 있는 변수는 무엇인가? Y에 대한 X의 총 효과를 추정할 수 있는가?

(e) 모형의 다른 모든 변수에 대해 Z_1을 설명변수로 하면 회귀 계수는 0이 되는가?

(f) 그림 3.18의 모형은 추가적인 변수가 회귀식에 포함될 때 특정 회귀 계수가 변하지 않음 (invariance)을 의미한다. 이러한 회귀식에서 추가된 5개의 계수를 식별하시오.

(g) 변수 Z_2와 W_2를 측정할 수 없다고 가정하자. 회귀 계수를 이용하여 b를 추정하는 방법을 찾으시오.

[힌트: Z_1을 b의 도구 변수 (instrumental variable)로 변환하는 방법 찾기.]

3.8.4 선형 시스템에서의 매개 효과

변수 간의 선형 관계를 가정할 수 있는 경우 매개 분석 (mediation analysis)은 비선형 또는 비모수 시스템 (3.7절)에서 수행한 분석보다 훨씬 간단하다. 예를 들어, Y

에 대한 X의 직접 효과를 추정하면 두 변수 사이의 경로 계수를 추정할 수 있으며, 이는 3.8.3절에서 소개한 방법을 이용하여 상관 계수를 추정하는 것으로 귀결된다. 비슷한 방법으로, 간접 효과는 총효과와 직접효과의 차이 $IE = \tau - DE$를 통해 계산되며, 여기서 총 효과는 그림 3.14와 같은 회귀 분석에 의해 추정될 수 있다. 반대로 비선형 시스템에서 직접 효과는 식 (3.18) 또는

$$DE = E[Y|do(x, z)] - E[Y|do(x', z)]$$

로 표현된다. 이 때, $Z = z$는 (X는 제외한) Y의 다른 모든 부모 (parents)의 특정 계층을 나타낸다. 식별 조건을 만족하고 do 연산자 (do-operators)를 조정하여 일반적인 조건부 기댓값으로 간단히 할 수 있는 경우에도 결과는 여전히 x, x'과 z의 특정 값에 따라 달라진다. 더욱이 간접 효과는 변수를 일정하게 유지함으로써 X에 반응하는 Y의 값을 비활성화할 수 없으므로 do 표현식 (do-expressions)으로 정의할 수 없다. 또한 간접 효과는 총 효과와 직접 효과의 차이로 정의할 수 없다. 이 차이는 비선형 시스템에서 X에 충분히 반영되지 않기 때문이다.

이러한 연산은 반사실 추론 (counterfactuals)의 언어를 이용하여 4장 (4.4.5절 및 4.5.2절)에서 소개될 것이다.

Chapter. 3 참고문헌

문제 3.3.2는 로드의 역설 (Lord's Paradox) (Lord 1919)의 한 버전이며, Glymour (2006), Hernández-Díaz et al. (2006), Senn (2006), Wainer (1991) 등에도 나와 있다. 통합적인 해결 방법은 Pearl (2014b)에 제시되어 있다. 수정된 모형에서 do 연산 (do-operator)과 "ACE"의 정의는 Trygve Haavelmo (1943)에서 개념적 기원을 찾을 수 있다. 경제학자인 Trygve Haavelmo는 최초로 모형에서 방정식을 수정하여 개입을 시뮬레이션 하였다. [Pearl (2015c) 참조] 나중에 Strotz과 Wold (1960)는 X를 결정하는 방정식을 "없애야 한다"고 주장했다. Spirtes et al. (1993)은 "조작된 그래프 (manipulated graph)" 형태의 그래프 표현을 이용하였다. 식 (3.5) "조정 공식 (adjustment formula)"과 "절단된 곱 공식 (truncated product formula)"은 Spirtes et al. (1993)에 처음 등장하였지만, Spirtes et al. (1986)에 반사실 가정 (counterfactual assumptions, 4장 참조)을 이용하여 유도된 G-계산

공식 (G-computation formula)에 함축되어 있다. 정의 3.3.1의 뒷문 기준 (backdoor criterion)과 조정 (adjustment)의 의미는 Pearl (1993)에 소개되었다. 관측 자료와 실험 자료로부터 인과 효과를 식별하기 위한 앞문 기준 (front-door criterion)과 일반적인 계산법 (do-calculus라고 함)은 Pearl (1995)에서 소개되었고 Tian과 Pearl (2002), Shipster와 Pearl (2007) 및 Bareinboim과 Pearl (2012)에서 더욱 발전되었다. 3.7절, 조건부 개입 및 c-특정 효과의 식별은 (Pearl 2009, pp. 113-114)에 근거한다. 역동적인, 시간에 따라 변하는 정책 (dynamic, time-varying policies)에 대한 확장은 Pearl과 Robins (1995) 및 (Pearl 2009, pp. 119-126)에 설명되어 있다. 좀 더 최근에 do-계산은 외부 유효성 (external validity), 데이터 결합 (data fusion), 메타 분석 (meta-analysis) (Bareinboim과 Pearl (2013), Bareinboim과 Pearl (2016), Pearl과 Bareinboim (2014)) 문제를 해결하기 위해 이용되었다. 상호 작용, 조절 또는 효과 수정 (interaction, moderation or effect modification)을 평가할 때 공변량 특정 효과 (covariate-specific effects)의 역할은 Morgan과 Winship (2014) 및 Vanderweele (2015)에 설명되어 있으며, 잠재적 이질성의 탐지 (the detection of latent heterogeneity)에 대한 규칙 2의 적용은 Pearl (2015b)에 설명되어 있다. 역확률 가중치 (inverse probability weighting) (3.6절)의 이용에 관한 추가 논의는 Hernán과 Robins (2006)에서 찾아 볼 수 있다. 매개 (mediation) (3.7절)와 CDE의 식별은 Pearl (2009, pp.126-130)에 기반하고 있으며, Pearl (1998)과 Cole과 Hernán (2002)에서 직접 효과를 평가하기 위한 매개자의 "조건부" ("conditioning on mediator)에 대한 오류가 입증되었다.

매개 분석 (analysis of mediation)은 지난 15년 동안 급속도로 발전되었는데, 그것은 반사실 논리 (counterfactual logic)가 등장했기 때문이다 (4.4.5장 참조). 이러한 발전에 대한 포괄적인 설명은 Vanderweele (2015)에 나와 있다. Chen과 Pearl (2014)은 모수 식별에 초점을 맞춘 선형 시스템 (3.8절)에서 인과 관계 추론에 대한 튜토리얼을 제공한다. 회귀 분석과 구조 방정식의 혼란에 대한 추가 논의는 Bollen과 Pearl (2013)에서 찾아 볼 수 있다.

Heise (1975)은 구조 계수 및 회귀 계수 관계에 대해 설명한 가장 좋은 고전적인 참고 문헌이다. (웹사이트: http://www.indiana.edu/~socpsy/public_files/CausalAnalysis.zip)

다른 고전적인 참고 문헌으로는 Duncan (1975), Kenny (1979), Bollen (1989)이 있다. 그러나 고전적인 책은 뒷문 (backdoor)과 G_α를 이용하는 것과 같은 식별에 대한 그래프 도구의 설명이 충분하지 않다. (문제 3.8.1 참조) 그러나 예외적으로 Kline (2016)에는 그래프 도구에 대한 설명이 잘 되어 있다.

도구 변수 (instrumental variables)에 대한 소개는 Greenland (2000)와 계량 경제학의 다양한 교과서 (예: Bowden과 Turkington 1984, Wooldridge 2013)에서 찾아 볼 수 있다. Brito와 Pearl (2002)에서는 3.8.3절의 고전적 정의를 확장한 일반화된 도구 변수가 소개되어

있다.

DAGitty 프로그램 (웹사이트: http://www.dagitty.net/dags.html)에서 일반화된 도구 변수에 대한 그래프 검색이 가능하고 IV 추정치에 대한 결과를 얻을 수 있다. (Textor et al. 2011)

Chapter 04

반사실 추론과 응용

4.1 반사실 추론

어젯밤에 집에 운전해서 갈 때, 고속도로 ($X=1$)와 Sepulveda 도로 ($X=0$) 중에서 선택을 해야 하는 도로의 분기점에 도달했다. 결국 Sepulveda 도로를 타고 왔는데, 교통이 복잡해서 한 시간이나 걸렸다. 집에 도착했을 때, 나는 이렇게 중얼거렸다: "이런, 고속도로를 타고 가야 했어."

"고속도로를 타고 가야 했어"라는 것이 무슨 뜻인가? 일상적인 대화에서, 이것은 "고속도로를 타면 일찍 집에 도착했을 거야."라는 뜻이다. 과학적으로는, 다른 모든 상황이 동일할 때, 고속도로를 이용했을 때의 운전 시간이 실제 운전 시간보다 적게 걸렸을 것으로 예상된다는 뜻이다.

이런 종류의 진술, "만약에 ~ 라면 (if)"라는 진술은 반사실 사건 (counterfactual)으로 알려져 있다. "만약에 (if)"라는 부분은 사실이 아니거나 실제적이지 않은 진술을 할 때 하는 말이기 때문이다. "만약에 (if)" 부분은 가상 조건 (hypothetical condition), 또는 선행 사건 (antecedent)이라고 한다. 완전히 같은 조건이 주어졌을 때, 단 하나의 관심 영역에 대해서 두 가지 선택에 대한 결과를 비교하기 위해 반사실 추론을 한다. 이 예에서 선행 사건은 "Sepulveda 도로를 타는 것"에 반대되는 "고속도로를 타는 것"이고, "운전 시간"은 그 결과에 해당한다. 선택 (Sepulveda 도로를 이용)하기 전에 결과를 예상하는 것은 실제로 선택한 후의 결과와 완전히 다를 수 있으므로, 실제로 선택한 것에 대한 결과를 알고 있다는 사실은 중요하다. 결과 (1시간)는 예를 들어, 그 날 교통이 특별히 더 복잡했으며, 어쩌면 산불로 인해 교통 혼잡이 발생했을 수도 있다는 중요한 증거를 제공한다. "고속도로를 타고 가야 했어."라는 문구는 Sepulveda 도로에서 속도를 늦추는 메커니즘이 고속도로의 상태에 영향을 미치지 않을 것이라는 판단을 하는 것이다. 나중에 예상한 것은 고속도로를 이용했다면 1시간보다 적게 걸렸을 것이라는 것이고, 이것은 처음에 한 가지를 선택했을 때, 즉 결과를 알기 전에 예상했던 것과는 다른 것이다. 그렇지 않다면, 처음부터 고속도로를 이용했을 것이다.

do 표현식 (*do*-expressions)을 이용하여 이 추정치를 표현하는 것은 어려운 일이다.

$$E(\text{운전시간}|do(\text{고속도로}), \text{운전시간}=1\text{시간})$$

위와 같이 쓰면, 우리가 추정하고자 하는 운전 시간과 실제 운전 시간의 충돌로 이어진다. 이러한 충돌을 피하기 위해 다음 두 변수의 표기를 분명히 구별해야한다.

1. 실제 운전 시간
2. 실제 주행 시간이 1시간인 것으로 알려진 상황에서 고속도로에서의 가상 운전 시간 (hypothetical driving time).

안타깝게도, *do* 연산자 (*do*-operator)로 이것을 구분을 하는 것은 너무 조잡한 일이다. *do* 연산자는 $P(\text{운전시간}|do(\text{고속도로}))$와 $P(\text{운전시간}|do(\text{Sepulveda}))$의 두 확률을 구별할 수 있지만 두 변수를 구별하는 수단을 제공하지 않는다. 하나는 Sepulveda을 이용했을 때 걸린 시간이고, 다른 하나는 고속도로를 이용했을 때의 가상 시간이다. 실제 운전 시간 (Sepulveda 도로를 이용함)에 근거해서 가상 운전 시간에 대한 평가를 하려면 이 둘을 구별해야 한다.

다행히 이것을 구분하는 것은 쉽다. 우리는 단순히 두 가지 결과를 구별하기 위해 다른 하위 첨자를 이용할 수 있다. 고속도로 운전 시간은 $Y_{X=1}$ (또는 문맥상 괜찮다면 Y_1) 및 Sepulveda 도로의 운전 시간을 $Y_{X=0}$ (또는 Y_0)로 나타낸다. 이 경우, Y_0는 실제로 관찰된 시간 Y이므로, 이 때 추정하고자 하는 값은 다음과 같다.

$$E(Y_{X=1}|X=0, Y=Y_0=1) \tag{4.1}$$

위의 표현에 익숙하지 않은 사람들은 세 가지 변수를 절충적으로 혼합한 수식에 대해서 불편함을 느낄 수 있다. 이 식은 하나의 가상 사건 (hypothetical)과 두 개의 관측치를 갖고 있다. 하나의 사건 $(X=1)$에 근거한 가상 변수 (hypothetical variable) $Y_{X=1}$를 이미 관찰된 상충되는 사건 $(X=0)$을 조건부로 해서 예측해야 한다. 우리는 지금까지 이러한 충돌을 보지 못하였다. 개입 (intervention)의 효과를 예측하기 위해 *do* 연산자를 이용할 때에는, 다음과 같은 표현을 쓴다.

$$E[Y|do(X=x)] \tag{4.2}$$

이 표현식에서 Y는 $X=x$인 사건을 전제로 한다. 새로운 표기법으로는 $E[Y_{X=x}]$

로 쓰여 졌을 것이다. 그러나 이 표현식에서는 모든 변수가 같은 세계 (same world)에서 측정되었기 때문에 *do* 연산자를 버리고 반사실 표현 (counterfactual expressions)을 사용할 이유가 없다.

$Y_{X=1}=y$와 $X=0$은 서로 다른 조건에서 발생하는 사건이며, 때로는 "다른 세계 (different worlds)"라고 불리기 때문에 식 (4.1)과 같은 반사실 표현을 이용해야 한다. 이 문제는 개입 표현 (intervention expression)에서는 발생하지 않는다. 식 (4.1)은 (Sepulveda 도로를 선택한 세계에서) 실제 운전 시간이 1시간일 때, 고속도로를 선택한 세계에서 총 운전 시간을 추정하고자 한다. 식 (4.2)는 고속도로를 선택한 세계에서의 예상 운전 시간을 추정하기 위한 것으로, 다른 세계 (another world)에 대해서는 전혀 언급하지 않았다.

그러나 식 (4.1)에서의 충돌은 *do* 표현식으로 단순화되지 않는다. 즉, 개입 실험 (interventional experiments)에서 추정할 수 없다는 것을 의미한다. 실제로 두 가지 선택사항에 대한 무작위 통제 실험 (a randomized controlled experiment)을 통해서는 우리가 원하는 추정치를 결코 얻지 못할 것이다. 그러한 실험에서는 $E[Y_1]=E[Y|do(\text{고속도로})]$와 $E[Y_0]=E[Y|do(\text{Sepulveda})]$를 구할 수 있지만, 고속도로와 Sepulveda 도로를 동시에 이용할 수 없기 때문에 우리가 추정하고자 하는 값, 즉 조건부 기댓값 $E[Y_1|X=0, Y=1]$을 추정할 수 없다. 나중에 고속도로를 이용하여 운전 시간을 측정하거나 다른 운전자가 같은 시간에 고속도로를 운전한 시간을 측정하여 이러한 어려움을 피할 수 있다는 생각이 들 수도 있지만, 시간이 지나면 조건이 바뀔 수 있고 다른 운전자는 나와 다른 운전 습관을 갖고 있을 수 있다. 두 경우 모두, 그러한 대체적인 조건 하에서 측정된 운전 시간은 우리가 추정하고자 한 값의 근사치일 뿐이며, 이러한 근사치는 그 대체적인 조건이 내가 고속도로를 이용했을 때의 운전 시간에 얼마나 유사한지에 대한 가정에 따라 달라질 것이다. 그러한 근사치는 어떤 상황에서는 목표량을 산정하는데 적절할 수 있지만, 이를 정의하는 것은 적절하지 않다. 정의는 우리가 추정하고자 하는 것을 정확히 반영해야 하며, 이런 이유 때문에 내가 바로 그 시점에 고속도로를 선택했을 때의 운전 시간을 표기하기 위해 아래 첨자 표기를 이용해서 Y_1라고 쓴 것이다.

이 책을 읽는 독자들은 이제 곧 식 (4.1)이 갖는 충돌 특성에 대해서 불편하게 느끼지 않게 될 것이다. 반사실 사건 Y_1의 가상적인 성격 (hypothetical nature)에도 불구하고, 2장에서 설명한 구조적 인과 모형 (structural causal models)을 통해 완전히 지정된 모형 (fully specified model)에 대한 반사실 사건의 확률을 계산할 수 있을 뿐만 아니라 기본 함수가 지정되지 않았거나 일부 변수가 측정되지 않은 경우에도 데이터로부터 반사실 사건의 확률을 추정할 수 있다.

다음 절에서는 반사실 사건의 속성을 계산하고 추정하는 방법을 자세히 설명할 것이다. 이 방법을 이용하여 복잡하고 겉으로는 다루기 힘든 모든 종류의 문제를 해결할 수 있을 것이다. 직업 교육 프로그램의 효과를 계산하기 위해 반사실 사건을 이용하여, 실제로는 직업 교육 프로그램에 등록하지 않은 사람들이 그 프로그램을 이용했다면 얻었을 효과를 파악할 것이다. (인슐린 수치를 같은 값으로 설정한 것과 같은) 균등 개입 (uniform intervention)을 시행한 실험 연구에서 추가된 개입 (additive intervention) (다양한 인슐린 수치를 가진 환자 그룹에 5mg/L의 인슐린을 투여)의 효과를 예측할 수 있다. 암 환자가 실제 했던 선택과 다른 선택을 했다면 다른 결과가 발생할 가능성, 회사가 고용 과정에서 차별을 했을 확률, 직장에서 고용 시 성 차별을 규제하기 위해 성별에 대한 정보 없이 고용하는 방식 (gender-blind hiring practices)이 미치는 직접 및 간접 효과에 대해 알아볼 수 있다.

다양한 영역에서 반사실 사건에 대한 결과를 예측할 수 있다. 그러나 먼저, 반사실 사건을 정의하고, 계산하는 방법, 실제로 적용하는 방법을 다루고자 한다.

4.2 반사실 사건의 정의와 계산

4.2.1 반사실 사건의 구조적인 해석

개입 (intervention)을 설명한 절에서 구조적 인과 모형을 이용하여 이전에 구현되지 않았던 정책의 효과를 예측할 수 있었다. 변수 X를 x로 설정하는 작업은 X의 구조 방정식에서 $X=x$로 바꿈으로써 시뮬레이션 할 수 있다. 이 장에서는 다른 문맥에서 동일한 작업을 이용하여 표현하고, 구조 모형 방정식 (SEM)을 이용하여 반사실 사건이 뜻하는 것을 정의하고, 모형으로부터 반사실 사건을 해석하는 방법과 모형의 특정

부분을 알 수 없을 때 반사실 사건의 확률을 계산하는 방법을 설명할 것이다.

일단, 함수 $\{F\}$와 외생 변수의 값이 모두 알려진 완전히 지정된 모형 (fully specified model) M에서 시작한다. 그러한 결정적 모형 (deterministic model)에서, 외생 변수에 대한 모든 조건 $U=u$는 모집단의 단일 구성원 "단위 (unit)" 또는 자연에서의 "상황 (situation)"에 해당한다. 이렇게 할당한 이유는 다음과 같다. 각 조건 $U=u$는 V의 모든 변수의 값을 고유하게 결정한다. 비슷한 방법으로, 모집단의 각 개인 "단위"의 특성은 해당 개체에 따라 고유한 값을 갖는다. 모집단이 "사람"인 경우 이러한 특성에는 급여, 주소, 교육, 음악 활동 참여 의향, 특정 시간에 해당하는 개인과 관련된 모든 기타 특성이 포함된다. 모집단이 "농경지"인 경우 이러한 특성에는 토양 함유량, 주변 기후 및 지역 야생 동물이 포함된다. 정의할 수 있는 다양한 속성들 (defining properties)을 모두 모아서, 각 개체를 고유하게 구별하고 모형에 포함된 변수 값을 결정한다. 이러한 의미에서 모든 조건 $U=u$는 모집단의 단일 구성원 또는 "단위 (unit)" 또는 자연에서의 "상황 (situation)"에 해당한다.

예를 들어, $U=u$가 Joe라는 개인의 특성을 나타내고 X가 "급여"라는 변수를 나타내는 경우 $X(u)$는 Joe의 급여를 나타낸다. $U=u$가 특정 농경지를 나타내고 Y가 특정 계절에 측정된 생산량을 나타내면, $Y(u)$는 해당 계절의 농경지 $U=u$의 생산량을 나타낸다.

Y와 X가 V에 속한 어떤 두 변수인 경우, $Y_x(u)=y$로 표시된 "$U=u$"라는 상황에서 X가 x였다면 Y가 y인 사건 ("Y would be y had X been x, in situation $U=u$)"이라는 반사실 문장 (counterfactual sentence)을 생각해보자. 이 문장을 해석할 때의 핵심은 "X가 x였다면 (had X been x)"이다. 이것은 선행 조건 (antecedent condition)을 $X=x$로 하여 현재 모형을 최소 수정 (minimal modification)한 것이므로 실제 X의 관측값 $X(u)$과 충돌할 가능성이 있다. 이러한 최소 수정은 X에 대한 방정식에 상수 x값을 대입하여 이루어졌다. 외부 개입은 반드시 인위적인 실험에 의해서만 만들어지는 것은 아니므로, 이것은 외부 개입 $do(X=x)$으로 간주될 수 있다. 이렇게 상수를 대입하는 것은 방정식 시스템의 일관성을 유지하면서, X의 실제 값 (정확히 표현하면, $X(u)$)과 다른 상수 x를 허용한다. 이러한 방식으로 모든 내생 변수와 외생 변수에 대해서 선행 사건을 만들 수 있다.

다음과 같이 두 개의 방정식에 단순히 X, Y, U 이렇게 세 가지 변수를 포함한 인과 모형에 대해 정의할 수 있다.

$$X = aU \tag{4.3}$$

$$Y = bX + U \tag{4.4}$$

위의 식에서 먼저 반사실 사건 $Y_x(u)$를 계산한다. 즉, $U=u$인 상황에서 X가 x였다면, Y가 어떤 값을 가질지 계산하는 것이다. 첫 번째 방정식을 $X=x$로 바꾸면 "수정된 (modified)"모형 M_x가 된다.

$$\begin{aligned} X &= x \\ Y &= bX + U \end{aligned}$$

$U=u$를 대입하고 Y에 대해 쓰면 다음과 같다.

$$Y_x(u) = bx + u$$

위의 구조 방정식 $Y=bX+U$는 정확히 "자연스럽게 Y가 갖게 되는 값은 X에 할당된 값의 b배에 U를 더한 값이 되어야 한다. (인위적으로 Y값을 조절한 것이 아님)"라는 의미이기 때문에 이 식으로부터 Y를 예측할 수 있다. Y보다는 명확하지는 않지만, 반사실 사건 $X_y(u)$에 대해서도 예측할 수 있다. 즉, $U=u$인 상황에서 Y가 y일 때, X가 갖는 값을 찾을 수 있다. 이 때, 두 번째 방정식에서 Y에 $Y=y$ (상수)를 대입하고 X에 대해 풀면 $X_y(u)=au$를 얻는다. X는 가상 조건 (hypothetical condition) "Y가 y였다."는 사건에 의해 바뀌지 않았다. 비록 구체화되지 않았더라도, 가상 조건을 외부 개입 (external intervention)에 의한 것으로 생각하면, X도 예측할 수 있다. 만약에 개입 은유 (intervention metaphor)를 이용하지 않고, 단순히 $Y=y$를 자연스럽게 일어나는 예기치 못한 변화로 생각한다면 X는 예측하기 어렵다. 반사실 조건 (counterfactual condition) 하에서의 X의 불변성은 미래의 우연한 결과를 가정하는 것이 과거의 사건을 변화시키지 않는다는 우리의 직관을 반영한다.

각각의 SCM은 그 변수가 취할 수 있는 다양한 값에 상응하는 여러 가지 반사실 사건을 표현한다. 이 모형에 의해 생성된 추가적인 반사실 사건을 설명하기 위해, 식

(4.3)과 식 (4.4)에서 U가 1, 2, 3 이렇게 세 가지 값을 취할 수 있고, $a=b=1$이라고 가정하자. 표 4.1은 x와 y의 여러 값들에 해당하는 $X(u)$, $Y(u)$, $Y_x(u)$와 $X_y(u)$의 값을 보여준다. 예를 들어, $u=2$에 대해 $Y_2(u)$ 방정식에서 $X=aU$ 대신 $X=2$를 대입하면 $Y_2(u)=2+u=4$을 얻는다. 계산은 아주 간단하다. 반사실에 해당하는 관측치는 통계적 관점에서는 가상적이거나 신비한 것으로 간주되지만 구조 모형에 표현되어있는 것처럼 현실에 대한 우리의 인식을 자연스럽게 반영하는 것이다. 모든 구조 방정식 모형은 우리가 생각할 수 있는 모든 반사실 사건에 정확한 값을 할당한다.

표 4.1 식 (4.3)과 (4.4)의 선형 모형에서 $X(u)$, $Y(u)$, $Y_x(u)$ 및 $X_y(u)$.

u	$X(u)$	$Y(u)$	$Y_1(u)$	$Y_2(u)$	$Y_3(u)$	$X_1(u)$	$X_2(u)$	$X_3(u)$
1	1	2	2	3	4	1	1	1
2	2	4	3	4	5	2	2	2
3	3	6	4	5	6	3	3	3

이 예에서 독자는 반사실 사건이 *do* 연산자가 표현하는 일반적인 개입과 다르지 않다는 생각을 할 수 있다. 그러나 이 예에서 어떤 개입 조건 하에서 Y의 확률 또는 기댓값을 계산한 것이 아니라, 가정된 새로운 조건 $X=x$에서 Y의 실제 값을 계산했다는 점을 유의해야 한다. $U=u$인 상황에서, 가상의 Y값을 나타내는 정확한 값 $Y_x(u)$를 얻었다. 한편, *do* 연산자는 확률 분포에서만 정의되며, 곱 분해 식 (1.29)에서 $P(x_i|pa_i)$ 요소가 아닌 항상 $E[Y|do(x)]$와 같은 기댓값 결과로 보여준다. 실험적 관점에서, 이 차이는 모집단과 개체 수준의 분석 사이의 심오한 차이를 반영한다. *do* 연산자는 개입이 있었을 때 모집단을 반영하는 반면, $Y_x(u)$는 그러한 개입 하에서 특정 개체 $U=u$의 값을 기술한다. 이 차이는 광범위한 결과를 가져오며 신용 (credit), 비난 (blame) 및 후회 (regret)와 같은 개념을 확률로 정의할 수 있다.

4.2.2 반사실 추론의 기본 법칙

이제 어떤 구조 모형에 대해서도 반사실 사건의 개념을 일반화할 수 있는 준비가 되었다. 임의의 두 변수 X와 Y를 고려하자. 이 두 변수를 단 하나의 방정식으로 연결할 필요는 없다. M_x는 방정식에서 X에 x가 대입된 모형, 모형 M의 수정된 버전을 나타낸다. 반사실 사건 $Y_x(u)$의 공식 정의는 다음과 같다.

$$Y_x(u) = Y_{M_x}(u) \tag{4.5}$$

다시 말해서, 모형 M에서 반사실 사건 $Y_x(u)$는 "수정된 (surgically modified)" 하위 모형 (submodel) M_x에서 구한 Y의 해 (solution)로 정의된다. 식 (4.5)는 인과 추론의 가장 기본적인 원리 중 하나이다. 이 식을 통해 현실에 대한 과학적 개념을 취할 수 있게 되고, "X가 x일 때 Y는?"이라는 유형의 가상의 질문에 대한 답을 도출할 수 있다. X와 Y가 변수 집합일 때에도 동일한 정의를 적용할 수 있다. M_x는 X의 모든 원소의 방정식이 상수로 대체된 모형을 의미한다. 이것은 주어진 모형에 의해 계산 가능한 반사실 문장의 수가 아주 많을 때, 다음과 같은 재미있는 질문을 할 수 있다. 이렇게 많은 반사실 사건에 대해서 단지 몇 개의 방정식으로 구성된 단순한 모형으로 설명할 수 있을 것인가? 이 질문에 대한 답은 이 반사실 사건이 갖는 값이 전적으로 임의적이지는 않지만 근본적인 모형과 일치하도록 서로 연결되어 있어야 한다는 것이다.

예를 들어 $X(u)=1$이고 $Y(u)=0$을 관측한 경우, $Y_{X=1}(u)$는 0이어야 한다. 왜냐하면, X가 이미 알려진 세계에서는 (in the world) $X(u)$는 더 이상 바뀔 수 없다. 따라서 Y는 $Y(u)=0$의 현재 값을 유지해야 한다. 일반적으로 반사실 사건은 다음과 같은 일관성 규칙 (consistency rule)을 따른다.

$$\text{만약 } X=x\text{이면 } Y_x = Y \text{ 이다.} \tag{4.6}$$

X가 이진 (binary) 변수인 경우 일관성 규칙은 다음과 같이 편리한 형태가 된다.

$$Y = XY_1 + (1-X)Y_0$$

즉, X가 1일 때, Y_1은 Y의 관측값과 같다고 해석할 수 있다. 대칭적으로, Y_0는 X가 0일 때, Y의 관측값과 같다. 식 (4.5)를 통해 반사실 사건에 대해서 계산하면 이러한 모든 제약 조건이 자동으로 충족된다.

4.2.3 모집단 데이터부터 개인의 행동까지 – 예

개별 단위의 행동에 대한 추론에서 반사실 사건의 이용을 설명하기 위해, "방과 후 프로그램 (encouragement design)"를 나타내는 그림 4.1의 모형을 살펴보자. X는 방과 후 프로그램에서 학생이 보낸 시간, H는 학생이 숙제하는 시간, Y는 학생의 시험 점수를 나타낸다. 각 변수의 값은 학생의 성적을 표준 편차 단위로 (즉, 모든 변수가 평균 0과 분산 1이 되도록 모형이 표준화되어 있음) 표시된다. 예를 들어, $Y=1$인 학생의 성적은 시험에서 평균보다 크고 표준 편차 단위로 1이다. 이 모형은 학생들이 추첨을 통해 보충 세션에 무작위로 배정된 시범 프로그램 (pilot program)을 나타낸다.

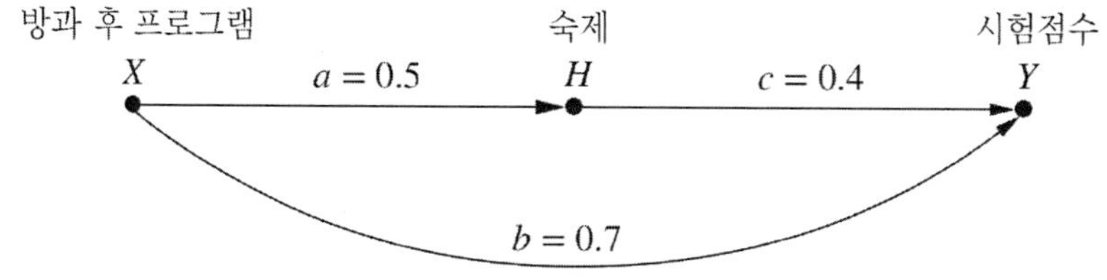

그림 4.1 학생들의 점수에 영향을 주는 방과 후 프로그램 (X)의 효과를 나타낸 모형.

$$
\begin{aligned}
X &= U_X \\
H &= a \cdot X + U_H \\
Y &= b \cdot X + c \cdot H + U_Y \\
\sigma_{U_i U_j} &= 0 \text{ 모든 } i, j \in \{X, H, Y\}\text{에 대하여}
\end{aligned}
$$

모든 U는 서로 독립이며 모형 4.1의 계수에 대한 값은 주어진다고 가정하자. (계수는 모집단 데이터로부터 추정할 수 있다.)

$$a = 0.5,\ b = 0.7,\ c = 0.4$$

$X = 0.5$, $H = 1$, $Y = 1.5$인 Joe라는 학생이 있다. 다음과 같은 질문에 대답하려고 한다. Joe의 점수는 숙제하는 시간을 두 배로 늘렸다면 어떻게 되었을까?

선형 구조 모형 방정식 (linear SEM)에서 각 변수의 값은 계수와 변수 U로 결정된다. U는 학생들 간의 변동을 설명한다. 결과적으로 Joe와 관련된 변수 U의 값을 결정하기 위해 $X = 0.5$, $H = 1$, $Y = 1.5$라는 증거 (evidence)를 이용할 수 있다. 이 값들은 Joe가 숙제하는 시간을 두 배로 늘릴 수 있는 가상 행동 (hypothetical actions) (또는 "기적")에 대해 불변한다.

이 경우, 증거로부터 Joe의 구체적인 특성을 찾을 수 있다.

$$U_X = 0.5,$$
$$U_H = 1 - 0.5 \cdot 0.5 = 0.75,$$
$$U_Y = 1.5 - 0.7 \cdot 0.5 - 0.4 \cdot 1 = 0.75.$$

다음으로는 H의 구조 방정식에서 상수 $H = 2$로 대체하여 Joe의 숙제 시간을 두 배로 늘리는 작업을 시뮬레이션한다. 수정된 모형은 그림 4.2에 주어져 있다. 마지막으로 업데이트 된 U값을 이용하여 수정된 모형에서 Y의 값을 계산한다.

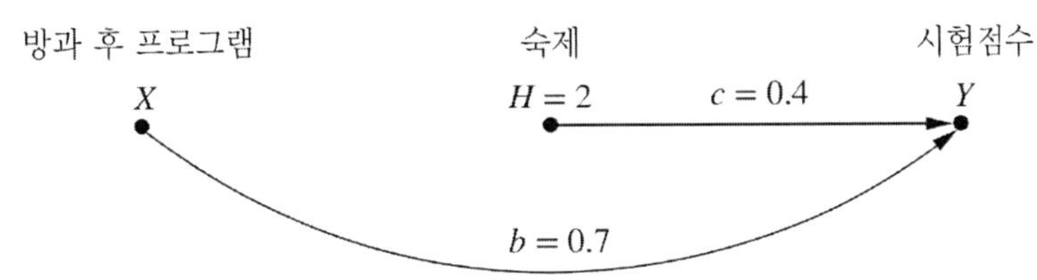

그림 4.2 숙제 시간이 $H = 2$로 증가했다는 가정에 근거하여 특정 학생의 점수에 대한 반사실 질문에 대한 답.

$$Y_{H=2}(U_X = 0.5, U_H = 0.75, U_Y = 0.75) = 0.5 \cdot 0.7 + 2.0 \cdot 0.4 + 0.75 = 1.90$$

Joe의 점수가 1.5점이 아니라 1.9점이었을 것이라는 결론을 내릴 수 있다. 이 식에 따르면, 현재 값 1.5 대신 평균 이상인 1.9 표준 편차 단위로 증가했을 것이라는 뜻이다.

요약하자면, 우리는 변수 U의 값을 업데이트하기 위해 $X = 0.5$, $H = 1$, $Y = 1.5$라는 값을 먼저 대입했다. 그런 다음 구조 방정식 $H=aX+U_H$를 $H=2$로 대체하여 조건 $H=2$를 강제하는 외부 개입 (external intervention)을 시뮬레이션 했다. 마지막으로, 구조 방정식과 업데이트 된 U값을 통해 Y값을 계산했다. (위에서 모든 경우에, 변수 Y는 H에 대한 가상 개입 (hypothetical intervention)에 의해 변하지 않는다고 가정했다.)

4.2.4 반사실 사건 계산의 3단계

Joe의 경우와 방과 후 프로그램의 사례는 반사실 사건의 근본적인 정의가 주어진 반사실 사건에 대한 값을 찾기 위한 과정으로 전환될 수 있는 방법을 설명한다. 결정적 반사실 사건 (deterministic counterfactual)을 계산하기 위한 3단계 과정이 있다.

1. 귀추 (abduction) : 증거 $E=e$를 이용하여 U의 값을 정한다.
2. 조치 (action) : 변수 X에 대한 구조 방정식을 제거하고 적절한 함수 $X=x$로 대체하여 모형 M을 수정한 모형 M_x를 구한다.
3. 예측 (prediction) : 수정된 모형 M_x와 U의 값을 이용하여 반사실 사건의 결과인 Y의 값을 계산한다.

단계 (i)는 현재의 증거를 이용하여 과거 (U)를 설명한다. 단계 (ii)는 과거의 과정이 (최소한으로) 가상 선행 사건 (hypothetical antecedent) $X=x$를 따르도록 한다. 마지막으로, 단계 (iii)은 과거에 대한 새로운 이해와 새롭게 확립된 상태 $X=x$에 기초하여 미래 (Y)를 예측한다.

이 과정을 통해 어떤 결정적 반사실 사건, 즉 모든 관련 변수의 값를 알고 있는 모집단에서 단일 단위에 관한 반사실 사건에 해당하는 값을 구할 수 있을 것이다. 구조 방정식의 각 방정식이 변수가 값을 갖는 메커니즘을 나타내므로, 구조 방정식은 이런 종류의 반사실 의문에 대한 답을 제시할 수 있다. 우리가 이러한 메커니즘을 알고 있다면, 변화가 있을 때, 이러한 메커니즘 중 일부가 변경되면 어떤 값을 얻을지 예측할 수 있어야 한다. 결과적으로, 반사실 사건을 구조 방정식의 파생된 속성으로 보는 것이 당연하다. (일부 체계에서는 반사실 사건을 기초 요소 (primitives)로 간주한다.

(Holland 1986; Rubin 1974)

그러나 반사실 사건은 또한 확률적 (probabilistic)일 수 있으며, 모집단 내의 한 클래스에 속할 수 있다. 예를 들어 방과 후 프로그램 예에서 우리는 $Y<2$인 모든 학생들의 숙제를 두 배로 늘린다면 어떤 일이 일어날지 알고자 한다. 이 확률적 반사실 사건 (probabilistic counterfactuals)은 개인의 집합에 개입한 것으로 제한하기 때문에 do 표현식으로 나타낼 수 없다.

이제 결정적 모형에서 벗어나서 확률적 모형을 생각해보자. 이제 반사실 사건의 확률과 기댓값에 관한 문제를 다룰 수 있다. 예를 들어, 그림 4.1의 연구에서 Joe가 시험에서 $Y=y$ 점수를 받은 학생이라고 가정하자. Joe가 방과 후 학습 시간을 5시간으로 늘렸을 때, 점수가 $Y=y'$일 확률은 얼마인가? 또는 가상 세계 (hypothetical world)에서 그의 기대 점수 (expected score)는 얼마일까? 모형 4.1의 예와 달리 이제는 세 변수 $\{X, Y, H\}$에 대한 정보가 없으므로 Joe와 관련된 값 u를 고유하게 결정할 수 없다. 대신에 각각의 u값이 다를 때, Joe는 사용 가능한 증거와 호환되는 큰 클래스에 속할 수 있다.

외생 변수 U에 확률 $P(U=u)$를 할당하면 비결정적 (nondeterminism) 인과 모형이 된다. 이것은 특정 상황 또는 변수가 갖는 값이 알려졌을 때 그 변수 외의 다른 특징으로 인해, 이 변수가 가질 수 있는 불확실성을 나타낸다.

임의의 단일 반사실 사건, $Y_x=y$의 확률뿐만 아니라 모든 관측치와 반사실 사건에 대한 조합의 결합 분포를 이용해서 외생적 확률 $P(U=u)$을 통해 내생 변수 V에 대한 $P(v)$에 고유한 확률 분포를 알 수 있다. 예를 들어, 모형에서 X, Y, Z와 W가 임의의 변수일 때, $P(Y_x=y, Z_w=z, X=x')$를 결정할 수 있다. 그러한 결합 확률은 괄호 안의 모든 사건이 참인 모집단 내의 개체 u의 비율을 말하며 $Y_x(u)=y$, $Z_w(u)=z$, $X(u)=x'$ 특히 x와 충돌하는 w 또는 x'에 대해서도 이러한 확률을 계산할 수 있다.

이러한 확률에 "주어진 개체에 대해 $E=e$라는 특성을 관찰했을 때, X가 x였을 경우 그 개체의 Y의 기댓값은 얼마인가?"라는 질문을 할 수 있다. 이 기댓값은 $E[Y_{X=x}|E=e]$로 표시되며, 여기서 $E=e$는 선행 사건 $X=x$와 충돌할 수 있다. 식 (4.1)에서 보았듯이, $E=e$는 X, Y 또는 다른 변수의 값을 포함하여 개체가 가질 수 있는 모든 정보 (또는 증거)를 나타낸다. 아래 첨자 $X=x$는 반사실 문장에 의해 지

정된 선행 사건을 나타낸다.

이러한 확률과 기댓값에 대한 계산과 관련된 자세한 설명은 다음 절에서 다루겠지만, 지금은 이것들을 이용하여 3단계 과정을 확률적 비선형 시스템 (probabilistic non-linear system)으로 일반화할 수 있음을 알아야 한다.

임의의 반사실 사건이 주어졌을 때, $E[Y_{X=x}|E=e]$의 계산에 대한 3단계 과정은 다음과 같이 표시된다.

1. 귀추 (abduction) : 증거를 이용하여 $P(U)$의 사후 확률인 $P(U|E=e)$를 구한다.
2. 조치 (action) : 변수 X에 대한 구조 방정식을 제거하고 적절한 함수를 이용하여 $X=x$로 대체하여 모형 M을 수정한 모형 M_x를 구한다.
3. 예측 (prediction) : 수정된 모형 M_x와 $P(U|E=e)$의 값을 이용하여 반사실 사건의 결과인 Y의 기댓값을 계산한다.

4.4절에서 위의 확률적 절차가 적용된 반사실 사건의 문제 ("X가 x였을 경우 Y의 값은 무엇인가?")가 모든 유형의 개입 문제 (intervention queries)에 적용될 수 있다. 특히 모든 개체가 X의 현재 값에 의존하는 행동을 취할 때에도 적용된다. 전형적인 예는 "추가적인 개입 (additive intervention)"일 것이다. 예를 들어, 이전 복용량에 관계없이 모든 환자에게 5mg/L의 인슐린을 추가하는 경우이다. 인슐린의 최종 수준은 환자마다 다르므로 이 정책은 *do* 표기법 (*do*-notation)으로 표현될 수 없다.

다른 예를 들면, 그림 4.1을 이용하여 숙제시간이 짧은 ($H \leq H_0$) 학생들에게 방과후 프로그램에 참여하도록 하는 ($X=1$) 학교 정책이 시험 점수에 미치는 효과를 추정한다고 가정하자. 이 모형에서 X가 H의 원인 중 하나이기 때문에, H가 작은 경우에 X에 개입하여 단순히 X를 1로 설정해서는 안 된다.

대신에 기댓값을 이용하여 반사실 표현 $E[Y_{X=1}|H \leq H_0]$으로 나타내고, 위의 3단계 방법을 이용하여 계산할 수 있다. 반사실 추론 (counterfactual reasoning)과 위의 절차는 정책에 의해 영향을 받는 특징 (예 : $H \leq H_0$)을 갖는 모집단의 하위 집합에 대한 행동과 정책의 효과를 추정하는 데 필요하다.

4.3 비결정적 반사실 사건

4.3.1 반사실 사건의 확률

비결정론 (nondeterminism)이 반사실 사건의 계산에 어떻게 반영되는지를 검토하기 위해, 식 (4.3)과 식 (4.4)의 모형에서 U의 값에 확률을 할당하기로 한다. $U=\{1,2,3\}$는 모집단에 속하는 세 가지 유형의 개체이며, 그들의 확률은 다음과 같다.

$$P(U=1)=\frac{1}{2},\ P(U=2)=\frac{1}{3},\ P(U=3)=\frac{1}{6}$$

모집단 내의 모든 개체는 표 4.1의 해당 행에 지정된 것과 같이 동일한 반사실 사건에 대한 값을 갖는다고 하자. 이 값을 이용하여 반사실 사건이 지정된 조건을 만족할 확률을 계산할 수 있다. 예를 들어, X가 2였을 때, $Y_2(u)=3$인 개체의 비율을 계산할 수 있다. 이 조건은 테이블의 첫 번째 행에서만 발생하며, 이 때 $U=1$이므로 해당 확률은 $\frac{1}{2}$이다. 이로부터 $P(Y_2=3)=\frac{1}{2}$이 계산된다. 비슷한 방법으로, 다른 사건의 확률도 계산할 수 있다. 즉, $P(Y_1=4)=\frac{1}{6}$, $P(Y_1=3)=\frac{1}{3}$, $P(Y_2>3)=\frac{1}{2}$로 계산할 수 있다. 여기서 주목할만한 점은 모든 반사실 사건과 관찰 가능한 사건 (observable events)의 모든 조합의 결합 확률을 계산할 수 있다는 것이다. 예를 들면 다음 식과 같은 경우를 계산할 수 있다.

$$P(Y_2>3, Y_1<4)=\frac{1}{3}$$
$$P(Y_1<4, Y-X>1)=\frac{1}{3}$$
$$P(Y_1<Y_2)=1$$

위의 예에서 첫 번째 식은 서로 다른 두 세계 (two different worlds)에서 발생하는 두 사건의 결합 확률에 해당한다. $X=2$인 세계에서 첫 번째는 $Y_2>3$이고, 두 번째는 $X=1$인 세계에서 $Y_1<4$이다. 두 사건이 $\frac{1}{3}$의 확률로 할당된 $U=2$에서만 공존하므

로 결합 확률은 $\frac{1}{3}$로 계산된다. 다른 교차 세계 (cross-world)의 사건은 두 번째 식과 세 번째 식에서 나타난다. 놀랍게도 (유용하게도) 이러한 서로 다른 세상의 충돌은 계산하는 데 장벽이 되지 않는다. 실제로, 교차 세계 (cross-world) 확률은 같은 세계 안 (intra-world)의 확률만큼 간단하다. 지정된 조합이 참인 행을 식별하고 해당 행에 할당된 확률을 합산한다. 이것을 통해 관측 가능한 변수들을 다룰 때 1장에서 했던 것처럼 반사실 사건 사이의 조건부 확률을 계산하고 반사실 사건 사이의 의존성 및 조건부 독립성과 같은 개념을 정의할 수 있다. 예를 들어, Y가 2보다 큰 것 중 X가 3일 때보다 Y가 클 확률은 $\frac{2}{3}$이라는 것을 쉽게 검증할 수 있다. [$(P(Y_3 > Y|Y > 2) = \frac{1}{3}/\frac{1}{2} = \frac{2}{3}$이기 때문이다.] 비슷한 방법으로, $Y_{x+1} - Y_x$가 x와 독립이라는 것을 검증할 수 있다. 이것은 모든 선형 모형에 의해 공유되는 속성인 모집단 유형에 따라 Y에 대한 X의 인과 효과가 변하지 않는다는 것을 의미한다.

$P(Y_1 = y_1, Y_2 = y_2)$에서와 같이 다중 세계의 반사실 사건 (multiple-world counter-factuals)에 대한 이러한 결합 확률은 아래 첨자 표기법을 이용하여 쉽게 표현할 수 있으며 표 4.1에서와 같이 모든 구조 모형에서 계산할 수 있다. 그러나 $do(x)$ 기호는 각 개입 $X = x$에 대해 하나의 확률을 제공하기 때문에 이 경우에는 이용할 수 없다. 이러한 제한의 파급 효과를 확인하기 위해 식 (4.3)과 식 (4.4)에서 세 번째 변수 Z가 X와 Y 사이의 매개자 역할을 하는 조금 수정된 모형을 살펴보자. 새로운 모형의 방정식은 다음과 같이 주어져 있다.

$$X = U_1,\ Z = aX + U_2,\ Y = bZ \tag{4.7}$$

이 구조는 그림 4.3에 나타나 있다. 문맥 속에서 이 모형을 살펴보기 위해서 $X = 1$은 대학 교육, $U_2 = 1$은 전문적인 경험, Z는 주어진 직무에 필요한 수준, Y는 급여를 나타낸다고 하자.

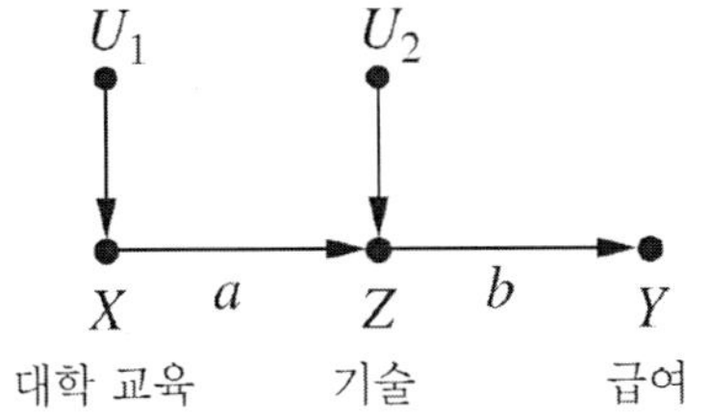

그림 4.3 대학 교육 (X), 기술 (Z)과 급여 (Y)의 인과 관계를 보여주는 식 (4.7)의 그래프 모형.

우리의 목표는 기술 수준이 $Z=1$인 사람들 중 대학 교육을 받았을 경우 예상 급여 $E[Y_{X=1}|Z=1]$를 계산하는 것이다. 이 값은 *do* 표현식으로 나타낼 수 없다. 왜냐하면 $Z=1$ 조건과 선행 사건 $X=1$은 두 개의 서로 다른 세계 (two different worlds)에 기반을 두고 있기 때문이다. 전자는 현재의 기술 수준을 나타내는 반면, 후자는 실현되지 않은 과거의 가상적인 교육을 나타낸다. 식 $E[Y|do(X=1), Z=1]$을 이용할 경우, 그러한 가상 급여를 반영할 수 없다. 이 *do* 표현식은 대학을 마치고 기술 수준 $Z=1$을 획득한 이후의 예상 급여를 나타낸다. 그래프에서 볼 수 있듯이 급여는 자신의 기술에만 의존하고 있으며 대학이나 실무 경험을 통해 기술을 습득했는지 여부에 따라 영향을 받지 않는다. $Z=1$로 조건부를 만들면, 우리의 관심사인 개입 효과 (the effect of the intervention)를 차단한다. 이와 대조적으로, 현재 $Z=1$인 사람들 중 일부는 대학에 진학하지 않았고 대학 교육을 받았더라면 높은 기술 (및 급여)을 갖추었을 수도 있다. 그들의 급여는 우리의 관심사이지만 *do* 표현식으로 표현되지 않는다. 따라서 일반적으로 *do* 표현식은 다음과 같이 반사실 문제 (counterfactual question)를 반영하지 않을 것이다.

$$E[Y|do(X=1), Z=1] \neq E[Y_{X=1}|Z=1] \tag{4.8}$$

$E[Y|do(X=1), Z=1]$와 $E[Y|do(X=0), Z=1]$가 같고, $E[Y_{X=1}|Z=1]$는 $E[Y_{X=0}|Z=1]$와 같지 않음을 확인함으로써, 위의 식에서 등호가 성립하지 않음을 설명할 수 있다. 전자는 $Z=1$을 두 가지 선행 사건 하에 두 개의 다른 단위 집합에 우선하는 사후 개입 조건 (postintervention condition)을 다룬다. 반면에 후자는 그것을 두 가지 선행 사건 하에서 다르게 반응하는 현재 세계 (current world)에서의 한 단위 집

합을 정의하는 것으로 다룬다. 표현식 $E[Y_{X=1}|Z=1]$에서 사건 $X=1$와 $Z=1$는 각각 사전 및 사후 개입 (pre- and postintervention)이라는 두 가지 다른 세계를 나타내기 때문에 $do(x)$ 표기법으로 후자를 반영할 수 없다. 반면에, 식 $E[Y|do(X=1), Z=1]$은 사후 개입 사건만 반영하기 때문에 $do(x)$ 표기법으로 표현할 수 있다.

반사실 표기법이 사후 개입 및 단일 세계 표현 (single-world expression) $E[Y|do(X=1), Z=1]$을 반영할 수 있을지에 대한 질문을 자연스럽게 할 수 있다. 이에 대한 대답은 긍정적이다. 반사실 사건은 좀 더 융통성있게 단일 세계 및 교차 세계 (cross-world) 확률을 모두 반영할 수 있다. 반사실 표기법으로 $E[Y|do(X=1), Z=1]$을 단순히 $E[Y_{X=1}|Z_{X=1}=1]$로 변환하면 사후 개입을 통해 $Z=1$인 사건을 명시적으로 지정한다. 변수 $Z_{X=1}$은 X가 1일 때 Z의 값이며, 이것은 베이즈 법칙 (Bayes' rule)에 따라 do 표현식에 $Z=z$를 대입할 때와 그 의미가 같다.

$$P[Y=y|do(X=1), Z=z] = \frac{P(Y=y, Z=z|do(X=1))}{P(Z=z|do(X=1))}$$

이것은 X에 대한 Z의 의존성을 어떻게 처리하는지 명시적으로 보여준다. 조건부 개입 (3.5절)에서 다루었던 나이 변수처럼, 변수 Z가 사전 개입된 특수한 경우에, $Z_{X=1}=Z$가 되며, 이 두 가지를 구별할 필요가 없다. 식 (4.8)에서는 부등호였지만, 이 경우에는 등호로 바뀐다.

이러한 논리가 숫자를 통해 어떻게 나타나는지 살펴보자. 표 4.2는 식 (4.7)의 모형과 관련된 반사실 사건을 나타내며, 모든 첨자는 X의 상태를 나타낸다. 표 4.1을 구성하는 데 이용한 것과 같은 방법으로 구성되었다. 방정식 $X=u$를 적절한 상수 (0 또는 1)로 대체하고 Y와 Z에 관한 식으로 나타내었다. 이 표를 이용하여 다음 식을 얻는다.

$$E[Y_1|Z=1] = (a+1)b \tag{4.9}$$

$$E[Y_0|Z=1] = b \tag{4.10}$$

$$E[Y|do(X=1), Z=1] = b \tag{4.11}$$

$$E[Y|do(X=0), Z=1] = b \tag{4.12}$$

이 방정식을 통해서 식 (4.8)의 부등호에 대해서 수치적으로 확인할 수 있다. 또한 명백히 말하자면, 식 (4.11)에서 $Z=1$의 관측치는 $do(X=1)$에 사후 개입이 불가능하기 때문에 $E[Y|do(X=1), X=1]$은 정의되지 않는다. 그러나, 이 예제에서는 오차항 ϵ_z가 Z에 영향을 주어 ($\epsilon_z \to Z$) $Z=1$이 관측되었다고 상상할 수 있다.

$$E[Y_1 - Y_0|Z=1] = ab \neq 0$$

이러한 결과는 급여 사례에서 가장 잘 설명된다. 기술 수준이 $Z=1$인 사람들의 급여는 대학교육 X가 아닌 자신의 기술에만 의존하는 반면 현재 $Z=1$에 있는 사람들의 과거가 현재와 달랐다면 현재 급여 또한 달라졌을 것이다. 실현되지 않은 과거에 대한 의존성에 관한 이러한 종류의 회고적 추론 (retrospective reasoning of this sort, concerning dependence on the unrealized past)은 그림 4.3의 그래프에는 명시적으로 제시되지 않았다. 그러한 추론을 용이하게 하기 위해, 그래프에 직접 반사실 변수 (counterfactual variables)를 나타내는 방법을 고안할 필요가 있다. 4.3.2절에서 그러한 방법을 설명하도록 한다.

표 4.2 식 (4.7)의 모형의 $X(u), Y(u), Z(u), Y_0(u), Y_1(u), Z_0(u)$와 $Z_1(u)$에 해당하는 값.

$X=u_1, Z=aX+u_2, Y=bZ$								
u_1	u_2	$X(u)$	$Z(u)$	$Y(u)$	$Y_0(u)$	$Y_1(u)$	$Z_0(u)$	$Z_1(u)$
0	0	0	0	0	0	ab	0	a
0	1	0	1	b	b	$(a+1)b$	1	$a+1$
1	0	1	a	ab	0	ab	0	$a+1$
1	1	1	$a+1$	$(a+1)b$	b	$(a+1)b$	1	$a+1$

지금까지, 조건 $Z=1$은 $u_1=0$과 $u_2=1$에 대해서만 발생하기 때문에 $P(u_1)$과 $P(u_2)$의 확률의 상대적인 크기는 계산하지 않았다 ($a \neq 0$과 $a \neq 1$를 가정함), 이러한 조건 하에서, Y, Y_1과 Y_0는 각각 확실한 값 (definite value)을 갖는다. 그러나 이 모형에서 $a=1$을 가정하면 $Z=1$은 ($u_1=0$, $u_2=1$)과 ($u_1=1$, $u_2=0$) 조건에서 발생할 수 있기 때문에 이 때 확률은 중요한 역할을 한다. 첫 번째 확률은 $P(u_1=0)P(u_2=1)$

이고 두 번째 확률은 $P(u_1=1)P(u_2=0)$이다. 따라서 다음 식을 얻는다.

$$E[Y_{X=1}|Z=1]=b\left(1+\frac{P(u_1=0)P(u_2=1)}{P(u_1=0)P(u_2=1)+P(u_1=1)P(u_2=0)}\right) \tag{4.13}$$

$$E[Y_{X=0}|Z=1]=b\left(\frac{P(u_1=0)P(u_2=1)}{P(u_1=0)P(u_2=1)+P(u_1=1)P(u_2=0)}\right) \tag{4.14}$$

첫 번째 식의 값이 두 번째 식의 값보다 크다는 사실은 급여에 대한 기술 수준별 교육의 인과 효과는 0이 아님을 (skill-specific causal effect of education on salary is nonzero) 다시 보여주는 것이다. 예를 들어, 기술 수준이 $Z=1$인 사람은 대학 교육을 받지 못했지만, 대학 교육을 받았다면 기술은 $Z_1=2$로 증가하고 급여는 $2b$로 증가한다.

연습문제

4.3.1 그림 4.3의 모형에서 U_1과 U_2가 각각 평균은 1이고, 분산이 0인 두 개의 독립적인 정규 분포를 따르는 변수라고 가정한다.

(a) x년 동안 대학 교육을 받은 기술 수준 $Z=z$인 사람들의 급여의 기댓값을 구하시오.

[힌트 : $e:Z=z$에 대한 정리 4.3.2를 이용하고, 정규 분포를 따르는 두 변수에 대해 X와 Z라고 하면, $E[X|Z=z]=E[x]+R_{XZ}(z-E[Z])$가 된다. 3.8.2절과 3.8.3절의 자료를 이용하여 모든 회귀 계수를 구조 모수로 나타내면 $E[Y_x|Z=z]=abx+bz/(1+a^2)]$임을 보일 수 있다.]

(b) (a)에 한 답을 바탕으로, 급여에 대한 기술 수준별 교육 효과 (skill-specific causal effect of education on salary)는 기술 수준과 독립이라는 것을 보이시오.

4.3.2 반사실 사건의 그래프 표현

반사실 사건은 구조 방정식 모형의 부산물이기 때문에 그러한 모형과 관련된 인과 그래프에서 반사실 사건을 표현할 수 있는지에 대한 질문을 할 수 있다. 이것은 반사실 사건의 기본 법칙인 식 (4.5)에서 확인할 수 있듯이, 인과 그래프에서 반사실 사건을 표현할 수 있다. 이 법칙은 모형 M을 수정하여 하위 모형 (submodel) M_x를 얻는다면 수정된 모형의 결과 변수 Y는 원래 모형의 반사실 사건 Y_x라는 것을 알 수 있다. 수정된 모형에서는 그림 4.4에서와 같이 변수 X로 들어가는 모든 화살표를 제거해야하므로 Y 변수와 관련된 노드는 Y_x에 대한 대리자 (surrogate)로 이용되며 이러한 대체는 수정된 모형에서만 유효하다는 것을 알 수 있다.

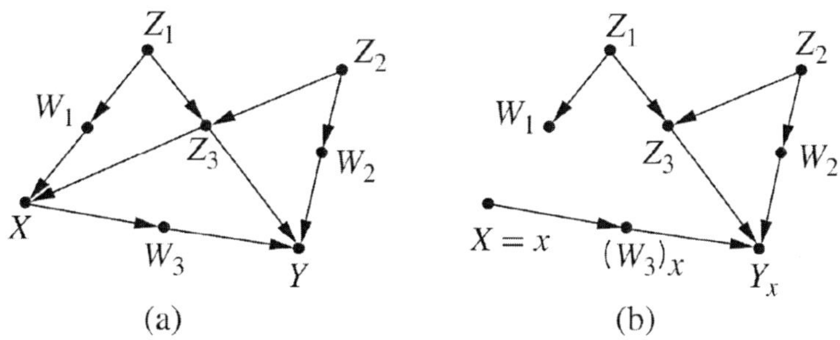

그림 4.4 반사실 사건의 그래프 모형의 예 (a) 원래 모형. (b) Y_x로 표시된 노드가 $X=x$에 근거한 잠재적인 결과 Y를 나타내는 수정 된 모형 M_x.

이러한 임시적인 시각화는 Y_x의 통계적 특성에 관한 몇 가지 근본적인 질문에 대한 답을 할 때 유용하며, 그 변수가 모형의 다른 변수에 어떻게 의존하는지, 특히 다른 변수를 조건부로 할 때 특히 유용하다.

Y_x의 통계적 특성에 관해 질문할 때, Y_x를 변화시키는 원인을 조사할 필요가 있다. 구조적 정의 (structural definition)에 따르면 Y_x는 X가 $X=x$로 일정하게 유지되는 조건에서 Y의 값을 나타낸다. 따라서 Y_x의 통계적 변동 (statistical variations)은 X가 일정하게 유지될 때, 즉 그림 4.4 (b)에서와 같이 X로 들어가는 화살표가 제거되었을 때, Y에 영향을 줄 수 있는 모든 외생 변수에 의해 결정된다. 이러한 조건하에서, Y에 변화를 줄 수 있는 변수 집합은 X와 Y 사이의 경로상의 노드의 부모

뿐만 아니라 Y의 부모 (관측된 것과 관찰되지 않은 것)이다. 예를 들어, 그림 4.4 (b)에서 부모는 $\{Z_3, W_2, U_3, U_Y\}$이고, 각각 Y와 W_3의 오차항인 U_Y와 U_3는 다이어그램에 표시되지 않았다. 그림 4.4 (a)에서도 마찬가지로 오차항은 표시되지 않았다. 이러한 부모 경로를 차단하는 변수 집합도 Y_x까지의 경로를 차단하므로 Y_x에 대해 조건부 독립성을 갖는다. 특히 M에 있는 뒷문 기준을 만족하는 공변량의 집합 Z (정의 3.3.1 참조)가 있는 경우, 이 집합은 X와 그 부모 사이의 모든 경로를 차단하므로 모든 $Z=z$ 계층에서 X와 Y_x를 독립으로 만든다.

이러한 사항은 정리 4.3.1에 공식으로 요약되어 있다.

정리 4.3.1 (뒷문의 반사실적 해석)

변수의 집합 Z가 (X, Y)를 기준으로 뒷문 조건을 만족하면 모든 x에 대해 반사실 사건 Y_x는 Z가 조건부로 주어졌을 때, X와 독립이다.

$$P(Y_x|X, Z) = P(Y_x|Z) \tag{4.15}$$

정리 4.3.1은 관측 연구에서 반사실 사건의 확률을 추정할 때 광범위한 결과를 가져온다. 특히 $P(Y_x = y)$는 식 (3.5)의 조정 공식에 의해 식별될 수 있음을 의미한다. 이를 증명하기 위해, 식 (1.9)와 같이 Z로 조건부를 만들면 다음과 같이 쓸 수 있다.

$$\begin{aligned} P(Y_x = y) &= \sum_z P(Y_x = y|Z = z)P(z) \\ &= \sum_z P(Y_x = y|Z = z, X = x)P(z) \\ &= \sum_z P(Y = y|Z = z, X = x)P(z) \end{aligned} \tag{4.16}$$

위의 식에서 두 번째 줄은 정리 4.3.1에 의해 성립하고, 세 번째 줄은 일관성 규칙 식 (4.6)에 의해 성립한다.

우리에게 친숙한 형태의 조정 공식 (4.16)은 3.2절 식 (3.4)에서 $P(Y=y|do(x))$에 대해서 도출된 식과 같은 식이고, $P(Y_x = y)$가 $P(Y=y|do(x))$를 표시하는 다른 방법이라는 점에서, 그리 놀라운 일은 아니다. 흥미롭게도, 이러한 도출은 대수적인 계

산에서만 이용할 수 있다. Z가 뒷문 기준을 만족하는지 확인하려면 모형을 참조하지 않아도 된다. 이러한 그래프 현실 (graphic reality)을 대수 표기법으로 변환하고 식 (4.16)을 유도할 수 있는 등식 (4.15)는 “조건부 무시성 (conditional ignorability)”라고 한다. 정리 4.3.1을 통해 이러한 개념에 과학적 해석 (scientific interpretation)을 하는 것이 가능해지고, 주어진 모형에서 그것이 유지되는지 여부를 시험할 수 있다.

반사실 사건에 대한 그래프 표현을 통해 4.3.1절 (그림 4.3)에서 직면한 딜레마를 해결할 수 있다. 모형에 따르면, 급여는 기술에 의해서만 결정된다는 사실에도 불구하고. 기술 수준이 $Z=z$인 사람들이, 더 심화된 교육 (X)을 받았더라면 급여 (Y)에 어떤 효과가 있는지 그래프로 설명할 수 있다. 공식적으로, 급여에 대한 교육의 효과 (Y_x)가 교육 수준과 통계적으로 독립인지를 파악하기 위해, 그래프에서 Y_x가 주어진 Z로부터 d-분리 (d-separated) 되었는지 확인해야 한다. 그림 4.3을 보면 Y_x는 X에서 Y까지의 인과 경로상의 노드의 유일한 부모인 U_2로 식별될 수 있음을 알 수 있다 (따라서 X는 일정하게 유지되지만 Y는 변한다.). 그림 4.3에서의 빠른 검사를 통해 Z가 X와 U_2 사이의 충돌부로 작용하므로 X와 U_2 (또한 X와 Y_x도 마찬가지로)은 주어진 Z에서 d-분리되지 않는다는 것을 알 수 있다. 따라서 다음 식이 성립한다.

$$E[Y_x|X,Z] \neq E[Y_x|Z]$$

그럼에도 불구하고, 다음 식이 성립한다.

$$E[Y|X,Z] = E[Y|Z]$$

문제 4.3.1에서 우리는 선형 정규 모형 (linear Gaussian model)을 가정하면서 이러한 반사실 사건의 기댓값를 명시적으로 계산한다. 이 장에서 확립된 그래프 표현은 선형성 (linearity) 또는 특정 변수 형식 (specific parametric form)을 가정하지 않고도 그래프 방식을 이용하여 변수 간의 독립성을 결정할 수 있다. 이것은 통계학에 도입된 현대 인과 분석의 도구 중 하나이며, 교육-기술-급여에 대한 분석에서 보았듯이, 직관에 의해 해결하기 극히 어려운 작업을 그래프를 이용한 간단한 작업으로 단순화할 수 있다. “트윈 네트워크 (twin networks)”라고 불리는 반사실 의존성 (counterfactual dependencies)을 시각화하는 추가적인 방법은 (Pearl 2000, pp. 213-215)에서 제시되었다.

4.3.3 실험 설정의 반사실 사건

모든 반사실 문제는 완전히 지정된 구조 모형 (fully specified structural model)에서 답할 수 있다고 확신한다. 이제 모형을 이용할 수 없는 실험 설정을 다루고자 한다. 실험자는 관찰된 개체의 한정된 표본 (a finite sample of observed individuals)에 기초하여 개입 문제 (interventional question)에 답해야 한다. 그림 4.1의 "방과 후 프로그램 실험 계획" 모형을 참조하여, 실험자가 참가자 10명 중 한 명인 Joe를 관찰한다고 가정할 때, Joe라는 개인의 행동을 분석한다. 참가자는 표 4.3의 첫 세 열에 표시된 바와 같이 별개의 벡터 $U_i = (U_X, U_H, U_Y)$로 특징지어진다.

표 4.3 그림 4.1의 구조 모형의 예측된 잠재적인 결과와 관측된 결과. 각각의 참가자는 랜덤하게 선택되었고, U_i는 $[0,1]$의 균등 분포를 따른다.

	참가자의 특성			관찰자의 행동			예측된 잠재적인 결과				
참가자	U_X	U_H	U_Y	X	Y	H	Y_0	Y_1	H_0	H_1	Y_{00}
1	0.50	0.75	0.75	0.50	1.50	1.00	1.05	1.95	0.75	1.25	0.75
2	0.30	0.10	0.40	0.30	0.71	0.25	0.44	1.34	0.10	0.60	0.40
3	0.50	0.90	0.20	0.50	1.01	1.15	0.56	1.46	0.90	1.40	0.20
4	0.60	0.50	0.30	0.60	1.04	0.80	0.50	1.40	0.50	1.00	0.30
5	0.50	0.80	0.90	0.50	1.67	1.05	1.22	2.12	0.80	1.30	0.90
6	0.70	0.90	0.30	0.70	1.29	1.25	0.66	1.56	0.90	1.40	0.30
7	0.20	0.30	0.80	0.20	1.10	0.40	0.92	1.82	0.30	0.80	0.80
8	0.40	0.60	0.20	0.40	0.80	0.80	0.44	1.34	0.60	1.10	0.20
9	0.60	0.40	0.30	0.60	1.00	0.70	0.46	1.36	0.40	0.90	0.30
10	0.30	0.80	0.30	0.30	0.89	0.95	0.62	1.52	0.80	1.30	0.30

이 정보를 이용하여 모형에 적합한 전체 데이터셋을 만들 수 있다. 그림 4.1의 모형을 통해 각각의 (U_X, U_H, U_Y)에 대해 Y_0와 Y_1을 포함한 테이블의 전체 행을 채울 수 있다. Y_0는 통제 ($X=0$), Y_1은 처리된 ($X=1$) 조건을 나타낸다. 그림 4.1의 구조 모형을 통해 관측과 실험 조건 모두에서 예측된 행동과 함께 참가자의 합성 모집단 (synthetic population)을 만들 수 있다. X, Y, H로 표시된 열은 관찰 연구의 결과

를 예측하고, Y_0, Y_1, H_0, H_1으로 표시된 열은 $X=0$ 및 $X=1$인 두 가지 처리 방식 하에서 가상의 결과를 예측한다. 실제로는 무한히 많은 결과를 예측할 수 있다. 예를 들어 그림 4.2의 Joe에 대해 계산된 $Y_{X=0.5, H=2.0}$, 뿐만 아니라 모든 첨자 변수의 조합을 생각해 볼 수 있다. 이렇게 합성된 모집단으로부터, 테이블의 모든 값을 알고 있다고 가정할 때, 변수 X, Y, H에 대한 모든 반사실 사건의 확률을 추정할 수 있다. 이에 대한 추정은 단순히 4.3.1절에서 설명된 것처럼 지정된 질문에 해당하는 개인의 비율을 계산하면 될 것이다.

표 4.3에 의해 전달된 정보는 관측 또는 실험 연구에서 얻을 수 있는 것은 아니다. 이 정보는 그림 4.2에서와 같은 모수 모형 (parametric model)로부터 추론되었는데, 관측치 $\{X, H, Y\}$가 주어지면 각 참가자의 특성 $\{U_X, U_H, U_Y\}$을 추론할 수 있다. 일반적으로 모수 모형이 없다면 개별 참가자의 예상 결과 $\{X, H, Y\}$가 모두 있을 때 Y_1과 Y_0의 잠재적 결과 (potential outcome)에 대해 알 수 있다. 이론적으로, 반사실적 관측치 $\{Y_{1,} Y_0\}$와 관측치 $\{X, H, Y\}$를 유일하게 연결하는 것은 식 (4.6)의 일치성 규칙 (consistency rule)이다. 이 때, $X=1$인 경우 Y_1은 Y와 같아야 하고 $X=0$인 경우 Y_0는 Y와 같아야 한다는 것을 알려준다. 그러나 이처럼 빈약한 연관성을 제외하고, 개별 참가자들과 관련된 대부분의 반사실 사건은 관찰되지 않은 상태로 남아있을 것이다.

다행스럽게도, 확률이나 기대치를 추정하는 것처럼 모집단 수준에서 반사실 사건에 대해 알아낼 수 있다. 우리는 이미 완전한 모형 대신에 식 (4.16)의 조정 공식을 통해서 그래프만 이용하여 $E(Y_1 - Y_0)$를 계산할 수 있었다. 실험적 연구에서는 훨씬 더 많은 것을 얻을 수 있다.

기본 모형에 대한 정보가 전혀 없다고 가정하자. X가 $X=0$과 $X=1$의 두 단계로 무작위 추출된 실험 연구에서 얻은 Y에 대한 측정치를 알고 있다.

표 4.4는 참가자 1, 5, 6, 8과 10이 $X=0$이고 나머지는 $X=1$인 동일한 실험 참가자 (Joe는 참가자 1번)의 반응을 보여준다. 첫 두 열은 표 4.3에서 가져온 실제 잠재적 결과를 보여주고 마지막 두 열은 실험자가 이용할 수 있는 정보를 나타내며 사각형은 응답이 관찰되지 않았음을 나타낸다. 분명히, Y_0는 $X=0$인 참가자들에 대해

서만 관찰되며, 마찬가지로, Y_1은 $X=1$인 사람들에 대해서만 관찰된다. 랜덤화를 통해 잠재적 결과의 절반이 관찰되지는 않지만 처리군과 대조군에서 관찰된 수단의 차이가 모집단 평균의 차이인 $E(Y_1 - Y_0) = 0.9$로 수렴할 것이라고 확신할 수 있다. 이것은 랜덤화가 Y_0와 Y_1의 실제 값과 관계없이 표 4.4의 오른쪽 맨 두 열을 따라 검은 사각형을 랜덤하게 배분하기 때문에 표본 수가 증가하면 표본 평균이 모집단의 평균으로 수렴하기 때문이다.

랜덤화 실험의 독특하고 중요한 특성은 개입과 마찬가지로 랜덤화를 통해 X가 Y에 영향을 미칠 수 있는 변수가 독립이 되기 때문에 (그림 4.4 (b)와 같이) 전혀 새로운 것은 아니다. 그러한 조건 하에서, 조정 공식 (4.16)은 $Z=\{\ \}$을 적용 가능하며, $E[Y_x] = E[Y|X=x]$가 된다. 여기서 $X=1$은 처리가 되었음을 나타내고 $X=0$은 처리가 되지 않았음을 나타낸다. 표 4.4는 실험 설정에서 표본 평균을 취할 때 실제로 계산된 값과 이 평균이 반사실 사건인 Y_1 및 Y_0과 어떻게 관련되는지를 이해하는 데 도움이 된다.

표 4.4 $X=0$ 또는 $X=1$을 갖도록 X가 랜덤하게 선택된 무작위 임상 시험.

참가자	예측된 잠재적 결과		관찰된 결과	
	Y_0	Y_1	Y_0	Y_1
1	1.05	1.95	1.05	■
2	0.44	1.34	■	1.34
3	0.56	1.46	■	1.46
4	0.5	1.4	■	1.40
5	1.22	2.12	1.22	■
6	0.66	1.56	0.66	■
7	0.92	1.82	■	1.82
8	0.44	1.34	0.44	■
9	0.46	1.36	■	1.36
10	0.62	1.52	0.62	■
	실제 평균 효과: 0.90		실험 처리의 평균 효과: 0.68	

4.3.4 선형 모형에서의 반사실 사건

비모수 모형에서 반사실 사건에 해당하는 기댓값 $E[Y_{X=x}|Z=z]$는 실험적으로 얻을 수 없다. 그러나 완전 선형 모형 (fully linear models)에서는 가능하다. 모형의 변수가 식별될 때에는 모든 반사실 수치 (counterfactual quantity)를 식별하는 것이 가능해진다. 이것은 모수에 의해 모형의 함수가 완전히 정의되기 때문이다. 앞에서 보았듯이 함수가 주어지면 반사실 사건은 식 (4.5)를 통해서 계산이 가능하다. 모형의 모든 모수는 직접 효과의 개입적 정의 (interventional definition)을 이용한 개입 연구로부터 식별할 수 있기 때문에, 선형 모형에서 모든 반사실 사건은 실험적으로 식별할 수 있다고 결론을 내릴 수 있다. 문제는 모형 모수 중 일부가 확인되지 않은 관측 연구에서 반사실 사건을 식별할 수 있는지 여부이다. 이에 대해서는 $E[Y_{X=x}|Z=e]$, 형태의 모든 반사실 사건은 $E[Y|do(X=x)]$가 식별될 때마다 식별된다는 것이 알려져 있다. (Pearl 2000, p. 389). 이 둘 사이의 관계는 정리 4.3.2에 요약되어 있으며, 이 정리를 통해 반사실 사건의 계산을 위한 쉬운 방법을 이용할 수 있다.

정리 4.3.2 (뒷문의 반사실적 해석)

τ를 Y에 X의 대한 총효과(total effect)를 나타내는 기울기라고 하자.

$$\tau = E[Y|do(x+1)] - E[Y|do(x)]$$

주어진 증거 (evidence) $Z=e$에 대해서, 다음 식이 성립한다.

$$E[Y_{X=x}|Z=e] = E[Y|Z=e] + \tau(x - E[X|Z=e]) \qquad (4.17)$$

위의 식을 통해 선형 모형에서 반사실 사건에 대해서 직관적으로 해석할 수 있다. $E[Y_{X=x}|Z=e]$는 다음과 같이 계산할 수 있다. 증거 e를 조건으로 하는 Y의 최적값인 $E[Y|e]$을 먼저 계산한다. 그 다음에 X가 현재의 최적값 $E[X|Z=e]$으로부터 조금 변경되어 x가 되었을 때의 Y가 변하는 정도의 기댓값을 더한다.

방법론적으로 정리 4.3.2을 통해 모집단으로부터 개체 (또는 개체의 집합)에 관한 가상 질문 (hypothetical question)에 대해 답할 수 있으므로 이 정리는 아주 중요하다.

법과 사회적 관점에서 이러한 특징의 파급 효과는 다음 절에서 설명하기로 한다. 그림 4.2의 상황에서, 증거 $e=\{X=0.5, H=1, Y=1\}$하에서 반사실 사건 $Y_{H=2}$를 계산했다. 정리 4.3.2를 통해 처리군의 처리 효과 (effect of treatment on the treated)를 계산할 때 이 모형에 어떻게 적용될 수 있는지를 설명할 수 있다.

$$ETT = E[Y_1 - Y_0 | X=1] \tag{4.18}$$

$e=\{X=1\}$을 식 (4.17)에 대입하면 다음과 같다.

$$\begin{aligned} ETT &= E[Y_1|X=1] - E[Y_0|X=1] \\ &= E[Y|X=1] - E[Y|X=1] + \tau(1 - E[X|X=1]) - \tau(0 - E[X|X=1]) \\ &= \tau \\ &= b + ac = 0.9 \end{aligned}$$

즉, 처리군에 대한 처리의 효과는 전체 모집단에 대한 처리의 효과와 동일하다. 이는 식 (4.16)에서 직접적으로 확인할 수 있는 선형 시스템의 일반적인 결과이다. $E[Y_{x+1} - Y_x|e] = \tau$는 증거 e와 독립이다. 비선형인 교호 작용 항 (interaction term)이 방정식에 추가되면 상황이 달라진다. 예를 들어, 그림 4.1에서 $X \rightarrow H$ 화살표를 반대로 하고 Y의 방정식이 다음과 같다면,

$$Y = bX + cH + \delta XH + U_Y \tag{4.19}$$

ETT는 τ와 다른 값을 가질 것이다. $\tau - ETT$이 $\dfrac{\delta a}{1+a^2}$이 되는 것을 보이는 것은 독자에게 연습 문제로 남겨 두고자 한다.

연습문제

4.3.2 (a) 모형 2 (그림 4.1)의 변수 a, b, c가 비실험적 자료로부터 어떻게 추정될 수 있는지 설명하시오.

(b) 그림 4.3의 모형에서 급여가 $Y=1$인 학생들에 대한 교육의 효과를 구하시오.

[힌트 : 정리 4.3.2를 이용하여 $E[Y_1 - Y_0|Y=1]$을 계산하시오.]

(c) τ와 식 (4.19)에서 표현된 모형의 $ETT = E[Y_1 - Y_0 | X = 1]$를 추정하시오.

[힌트: 식 (4.5)에서의 반사실 사건의 기본 정의와 등식 $E[Z|X = x'] = R_{ZX}x'$를 이용하시오.]

4.4 반사실 사건의 실제적인 응용

반사실 사건을 계산하는 방법을 알게 되었으므로, 이것을 현실적인 문제에 적용하고자 한다. 이 장에서 처음에는 당혹스러울 수 있는 문제의 예를 살펴보았는데, 지금까지 설명한 방법을 이용하여 그러한 문제를 해결할 수 있다. 독자는 이 절을 통해서 반사실 사건이 어떻게 이용되는지에 대해서, 또한 왜 우리가 이러한 방법을 이용하기 원하는지에 대해서 더 잘 이해하게 될 것이다.

4.4.1 프로그램 등록을 위한 모집

예 4.4.1

정부는 실업자들이 직장을 구할 수 있도록 돕는 직업 훈련 프로그램에 재정적인 지원을 하고 있다. 이러한 무작위 시범 실험 (pilot randomized experiment)은 이 프로그램이 효과적이라는 것을 보여준다. 프로그램을 이용하지 않은 사람들보다 이용한 사람들이 더 많이 고용되었다. 결과적으로, 프로그램이 승인되었고, 실업자들이 직업 훈련 프로그램을 등록하도록 권장하는 모집이 시작되었다.

프로그램의 등록은 성공적이었고, 프로그램을 이용한 사람들의 취업률은 무작위 시범 연구의 결과보다 훨씬 높았다. 프로그램 개발자는 결과에 만족하고 추가 예산을 요청하기로 결정한다.

이상하게도 이 프로그램을 비판하는 사람들은 이 프로그램에 국민의 세금이 낭비되고 있기 때문에 이 프로그램을 중단해야 한다고 주장한다. 그들이 주장하는 바는 다음과 같다. 이 프로그램이 랜덤하게 선택된 사람들을 대상으로 한 실험적 연구에서 다소 성공적이었지만 자신의 의지로 프로그램에 등록하기로 한 사람들에게도 성공적일 것이라는 보장은 없다. 그들은 프로그램에 자발적으로 등록하는 사람들이 등록하지 않은 실업자보다 지적이고, 더 능력이 있고, 사회성이 있으므로, 훈련 프로그램 등록 여부에 관계없이 직업을 찾게 될 가능성이 더 높다고 말한다. 그들은 프로그램에 등록한 사람들에 대한 차별적인 혜택을 추정해야 한다고 주장한다. 즉 훈련 프로그램에 등록하지 않은 사람들과 비교했을 때, 프로그램에 등록한 사람들 중에서 고용률의 증가량을 추정해야 한다는 것을 주장한다.

반사실 사건에 대한 첨자 표기법은 다음과 같다. $X=1$은 훈련 프로그램 등록을 나타내고 $Y=1$이 고용됨을 나타낼 때, 훈련받은 사람들의 훈련 효과 (the effect of training on the trained)를 구하고자 한다. (식 (4.18)에서는 ETT, 처리군에서의 처리 효과 "effect of treatment on the treated,"라고 했던 것과 비슷하다.)

$$ETT = E[Y_1 - Y_0 | X=1] \tag{4.20}$$

여기서 $Y_1 - Y_0$는 랜덤하게 선택된 사람을 대상으로 한 고용 (Y)에 대한 교육 (X)의 인과 효과를 나타내며 조건 $X=1$은 실제로 자신의 의지로 훈련 프로그램을 선택하는 경우로 선택을 제한한다.

4.1절의 고속도로의 예에서와 같이, 이것은 반사실 Y_0 (훈련 프로그램을 이용하지 않은 사람이 고용됨)의 선행 사건 ($X=0$과 $X=1$)을 조건부로 한 사건 사이의 충돌에 해당한다. 그러나 고속도로의 예에서의 반사실 사건에 대한 분석은 "고속도로를 타야했어"와 같은 개인적인 후회 진술을 제외하고는 특징적인 결과가 없었지만, 이 경우에는 그 결과가 심각한 경제적 영향을 미친다. 예를 들면 훈련 프로그램 종료, 또는 제안된 프로그램에서 더 많은 이익을 얻을 수 있는 사람들을 유치하기 위해 고용 전략을 재구성할 수도 있다.

ETT에 대한 표현은 관측 자료 또는 실험 자료로부터 추정할 수 없는 것으로 보인다. 그 이유는 다시 Y_0의 첨자와 그것이 조건부 사건 $X=1$ 사이의 충돌에 기인한다. 실제로 $E[Y_0|X=1]$은 훈련을 받은 사람 ($X=1$)이 훈련받지 않았을 때 직업을 구할 사건의 기댓값을 의미한다. 이 반사실 사건의 기댓값은 경험적으로 측정할 수 없다. 왜냐하면 우리는 결코 시간을 거슬러 올라가 훈련을 받은 사람들에게 훈련을 거부하게 할 수 없기 때문이다. 그러나 다음 절에서, 이러한 충돌에도 불구하고 기댓값 $E[Y_0|X=1]$

은 모든 상황은 아니지만 많은 상황에서 추정 가능한 표현으로 간단하게 나타낼 수 있음을 설명할 것이다. 이러한 상황 중 하나는 공변량의 집합 Z가 처리 및 결과 변수와 관련하여 뒷문 기준을 만족할 때 발생한다. 그러한 경우, ETT 확률은 수정된 조정 공식 (modified adjustment formula)를 이용하여 구할 수 있다.

$$P(Y_x = y|X = x') = \sum_z P(Y = y|X = x, Z = z)P(Z = z|X = x') \quad (4.21)$$

이것은 $Z = z$를 조건부로 하기 때문에 정리 4.3.1을 직접 따른다.

$$P(Y_x = y|x') = \sum_z P(Y_x = y|z, x')P(z|x')$$

식 (4.6)에서 정리 4.3.1을 이용하여 x'를 x로 대체할 수 있고, Y_x에서 아래 첨자 x를 제거하여 결과적으로 식 (4.21)을 얻을 수 있다.

식 (3.5)의 표준 조정 공식과 식 (4.21)을 이용하면, 다음과 같은 식이 된다.

$$P(Y = y|do(X = x)) = \sum_z P(Y = y|X = x, Z = z)P(Z = z)$$

식 (4.21)이 $P(Z = z|X = x')$를 $P(Z = z)$를 대신하여 평균을 한다는 것을 제외하고는, 두 식 모두 $Z = z$를 조건부로 하고 모든 z에 대해서 평균을 구한다.

식 (4.21)을 이용하여, ETT에 대한 비반사실 사건 (noncounterfactual)에 대한 표현식을 얻는다

$$\begin{aligned} ETT &= E[Y_1 - Y_0|X = 1] \\ &= E[Y_1|X = 1] - E[Y_0|X = 1] \\ &= E[Y|X = 1] - \sum_z E[Y|X = 0, Z = z]P(Z = z|X = 1) \end{aligned}$$

여기서 최종 표현식의 첫 번째 항은 식 (4.6)을 통해 얻어진다. 다시 말해, $X = 1$에서 X가 1이 되었을 때의 결과 값은 단순히 관측된 Y값이기 때문에 $E[Y_1|X = 1] = E[Y|X = 1]$이 된다.

ETT의 식별은 실험적 데이터와 비실험적 데이터가 각각 $P(Y = y|do(X = x))$ 와 $P(X = x, Y = y)$일 때 또한 가능하다. 앞문 기준 (그림 3.10 (b))을 만족하는 X와 Y

사이에 있는 중간 변수 (intermediate variable)를 이용하는 것이 가능할 때 또 다른 문제가 발생한다. 이러한 상황에 공통적인 것은 인과 그래프를 조사 (inspection)하면 ETT가 추정 가능한지 여부를 알 수 있고, 추정 가능하다면, 어떻게 추정할지에 대해서도 알 수 있다.

연습문제

4.4.1 (a) X가 이진 데이터라면, 처리군의 처리효과 (the effect of treatment on the treated)가 관찰 데이터와 실험 데이터로부터 모두 추정될 수 있음을 보이시오.

[힌트 : $E[Y_x]$를 $E[Y_x] = E[Y_x|x']P(x') + E[Y_x|x]P(x)$로 분해하시오.]

(b) 질문 (a)의 결과를 심슨 (Simpson)의 이야기에 표 1.1의 비실험적 데이터에 대해서 적용하고 선택에 따라 약물을 이용한 사람들에 대한 치료 효과를 추정하시오.

[힌트 : 성별이 유일한 교란 변수 (confounder)임을 가정했을 때, $E[Y_x]$를 추정하시오.]

(c) 정리 4.3.2와 그림 3.3의 Z가 뒷문 기준을 만족한다는 사실을 이용하여 질문 (b)을 반복하시오. (b)와 (c)에 대한 답이 일치함을 보이시오.

4.4.2 추가적인 개입

예 4.4.2

많은 실험에서 외부 조작 (external manipulation)은 $do(x)$ 연산자에서 요구하는 대로 X의 기존 원인을 그대로 두지 않고, 변수 X에서 어떤 값을 더하거나 뺀다. 예를 들어 이미 다양한 수준의 인슐린 수치를 가진 환자 그룹에 5mg/L의 인슐린을 투여할 수 있다. 여기서 조작된 변수의 기존 원인은 계속 영향을 미치고 새로운 수량이 추가되어 두 값 간의 차이가 있을 수 있다. 그러한 개입의 효과는 관측 연구나 X가 일정한 값 x로 균일하게 설정된 실험 연구로부터 예측될 수 있는가?

반사실 변수를 이용하여 질문을 작성하면 답이 분명해진다. 현재 수준 $X=x'$인 처리 변수 X에 q만큼 더한다고 가정한다. 결과는 $Y_{x'+q}$가 될 것이고, 현재 수준 $X=x'$에 있는 모든 단위 $x=x'+q$에 대한 이 결과의 평균값은 $E[Y_x|x']$가 될 것이다. 여기에서 우리는 ETT 표현식 $E[Y_x|x']$를 다시 보게 되고, 앞의 예에서 설명한 결과를 적용할 수 있다. 특히 우리 모형의 집합 Z가 뒷문 기준을 만족할 때마다 추가 개입의 효과는 식 (4.21)의 ETT 조정 공식을 이용하여 추정할 수 있다는 결론을 즉시 내릴 수 있다. 식 (4.21)에 $x=x'+q$를 대입하고 기댓값을 취하면 이 때 개입의 효과가 나타나는데, 이것을 $add(q)$라 한다.

$$
\begin{aligned}
&E[Y|add(q)]-E[Y] \\
&=\sum_{x'}E[Y_{x'+q}|X=x']P(x')-E[Y] \\
&=\sum_{x'}\sum_{z}E[Y|X=x'+q,Z=z]P(Z=z|X=x')P(X=x')-E[Y]
\end{aligned}
\tag{4.22}
$$

이 예에서 Z는 연령, 체중 또는 유전적 성향과 같은 변수를 포함할 수 있다. 그 변수를 각각을 측정하고 뒷문 기준을 만족하도록 만든다.

마찬가지로, ETT가 식별 가능한 다른 모든 경우에 대해서 추정 가능하다. 이 예는 실제적 개입의 효과를 파악하기 위해 반사실 사건을 이용하는 것을 보여 준다. 항상 *do*-표현식으로 설명할 수 있는 것은 아니지만, 특정 상황에서 추정할 수 있다. 당연히 자연스럽게 다음과 같이 질문할 수 있다. 모집단 수준에서 직접적인 임상 시험으로 추정할 수 있는 다소 일반적인 개입의 효과를 예측하기 위해 왜 반사실 사건을 이용해야 하는가? 랜덤하게 선택된 피험자 그룹을 두 개로 나누고 그 중 절반을 $add(q)$ 유형의 개입에 할당하고, 이 그룹의 Y의 기댓값을 $add(0)$ 그룹에서 얻은 값과 비교하기로 한다. 간단한 랜덤한 배정으로 답을 얻을 수 있을 때 반사실 사건과 ETT로 나타낼 수 있는 추가적인 개입은 어떤 것이 있을까?

이에 대해서는 목표값 $E[Y|add(q)]$가 *do* 표현식 (*do*-expression)으로 표현될 수 없기 때문에 반사실 사건을 이용해야 하고, 과학자가 실험 결과를 보고하는 것은 *do* 표현식을 통해서 가능하다고 말할 수 있다. 이것은 특별히 설계된 실험에서 원하는 양 $E[Y|add(q)]$를 얻을 수 없다는 것을 의미하지는 않는다. 그것은 특별한 실험을 수행하기 위한 것을 의미하며, 우리가 원하는 결과는 과학적 지식이나 X가 모집단에 대해 균일하게 $X=x$로

설정된 표준 실험으로부터 추론할 수 없다. 그러한 이상적인 표준 실험에 기반한 정책을 추구하는 이유는 과학적 지식을 반영하기 위함이다. 과학자들은 주어진 수준 $X=x$에서 다른 수준 $X=x+q$로 혈액 내의 인슐린 농도가 증가하는 효과를 정량화하는데 관심이 있으며, 이 증가는 *do* 표현식에 의해 $E[Y|do(X=x+q)]-E[Y|do(X=x)]$로 표현된다. 생물학적으로 의미가 있기 때문에 그것을 "과학적"이라고 지칭한다. 즉, 그 의미는 사람에 따라 변하지 않는다. (실제로 실험실 혈액 검사는 환자의 혈액 농도 수준, $X=x$에 의미를 갖는다) 이와 대조적으로, 추가 개입의 경우의 정책 질문은 이러한 불변의 특징을 갖지 않는다. 이 특정 집단의 각 개인의 현재 x 수준에 관계없이 모든 사람에게 q를 추가하는 평균 효과를 묻는다. 그것은 연구 대상인 모집단의 확률 $P(X=x)$에 매우 민감하기 때문에 즉시 전달될 수 없다. 이것은 과학을 통해 알 수 있는 것과 정책 결정자가 우리에게 추정하도록 한 것과의 차이라고 할 수 있다. 따라서 한 언어에서 다른 언어로 번역하기 위해 단위 수준 분석 (예를 들면, 반사실 사건)에 의존해야한다는 것은 당연한 일이다.

또한 독자는 왜 $E[Y|add(q)]$가 다음과 같은 평균 인과 효과 (ACE)와 같지 않은지 의아해할 수도 있다.

$$\sum_x (E[Y|do(X=x+q)]-E[Y|do(X=x)])P(X=x)$$

결국, $X=x$ 수준에서 개인에게 q를 추가하면 $E[Y|do(X=x+q)]-E[Y|do(X=x)]$ 만큼 Y의 기댓값이 증가한다는 것을 알게 되고, X에 대해서 이 증가량의 평균을 구하여 정책 질문 $E[Y|add(q)]$에 대한 답을 얻을 수 있다. 안타깝게도, 이 평균값은 정책 질문을 반영하지 않는다. 이 평균값은 피험자가 모집단에서 임의로 선택되는 실험을 나타내며, X에 q를 추가하고, 다른 변수는 그대로 둔다. $P(X=x)$는 자유로운 선택에 의해 $X=x$ 수준으로 들어간 피험자의 비율을 나타내므로 이 때 자유로운 선택에 의해 $X=x$인 값을 갖는 피험자가 자유로운 선택을 할 수 있는 가능성을 배제할 수는 없다. 실험 규칙에 의해 $X=x$를 받는 피험자와 다르게 q를 더할 수 있다. 예를 들어, 추가된 q에 매우 민감한 대상은 주어진 선택에 대해서 (given the choice) X의 수준을 낮추려고 시도할 가능성이 크다. 반사실 표현으로 번역하면, 다음과 같은 부등

식으로 나타낼 수 있다.

$$E[Y|add(q)] - E[Y] = \sum_x E[Y_{x+q}|x]P(X=x) \neq \sum_x E[Y_{x+q}]P(X=x)$$

등호는 Y_x가 X와 독립일 때만 성립한다. 즉, X에 교락 (confounding)이 없는 조건을 뜻한다. (정리 4.3.1 참조). 이 조건이 없다면, $E[Y|add(q)]$의 추정은 q-특정 개입 (q-specific intervention)이나 식 (4.21)에서와 같이 ETT를 do-표현식로 변환할 수 있는 강력한 가정에 의해 수행될 수 있다.

연습문제

4.4.2 Joe는 전에는 담배를 피운 적이 없지만, 또래 집단의 압박감 및 기타 개인적인 요인 때문에 흡연하기로 결정했다. 그는 담배 한 갑을 집에 사와서 "나도 담배를 피워야할까"라고 묻는다.

(a) ETT의 관점에서 관심의 결과가 폐암이라고 가정하고 Joe의 질문을 수학적으로 공식화하시오.

(b) 어떤 유형의 데이터로 인해 Joe가 흡연을 할지에 대한 결정을 앞두고 금연을 했을 때 암에 걸릴 가능성을 예측할 수 있을까?

(c) 표 3.1의 데이터를 이용하여 (b)의 결정과 관련된 가능성을 추정하시오.

4.4.3 개인적인 의사 결정

예 4.4.3

암환자인 Jones 부인은 두 가지 가능한 치료법 사이에서 어려운 결정을 내리고자 한다. (i) 유방절제술 (lumpectomy)만 할 것인가 (ii) 부분유방절제술과 방사선 치료를 함께 할 것인가. 결국 (ii)를 선택했고, 10년 후 Jones 부인은 생존해 있고, 암은 재발하지 않았다. 그는 "방사선 치료로 인해 살 수 있었던 것일까"라고 추측했다.

> 한편 Smith 부인은 유방절제술만 하기로 했고, 1년 후에 암이 재발했다. 그녀는 방사선 치료도 같이 받아야 했다고 후회했다.
>
> 이러한 추론을 통계 자료로 입증할 수 있을까? 또한 Jones 부인의 확신 또는 Smith 부인의 후회가 합당한 것인지 확인하는 것이 가능할까?

물론 방사선 치료의 총 효과는 무작위 실험에 의해 결정될 수 있다. 사실, 2002년 10월 17일 New England Journal of Medicine에 의해 출판된 Fisher et al의 논문에서는 유방 절제술만 하는 것과 유방 절제술과 방사선 치료를 함께 한 경우를 비교하기 위해 20년 동안 무작위 실험을 통한 추적 관찰 (follow-up of a randomized trial)을 기술하고 있다. 유방 절제술에 방사선 치료를 추가하면 유방암의 재발률이 39%에서 14%로 크게 감소했다.

그러나 이것은 모집단 조사의 결과이다. Jones 부인과 Smith 부인의 구체적인 사례를 모집단으로부터 추론할 수 있을까? Jones 부인의 결정에 대한 만족도를 높이거나 Smith 부인의 실패를 강조하지 않고, 어떤 방식으로 추론할 수 있을까?

첫 번째 질문에 답하기 위해, 먼저 반사실 사건을 이용하여 Jones부인과 Smith 부인의 관심사를 수학적 형태로 만들어야 한다. $Y=1$은 증상이 완화됨을 나타내고 $X=1$을 방사선 치료를 나타내면 Jones 부인이 방사선 치료 ($X=1$)로 그녀의 결정을 정당화할 수 있는 확률은 다음과 같다.

$$PN = P(Y_0 = 0 | X=1, Y=1) \tag{4.23}$$

이것은 이미 Jones 부인이 방사선 치료를 받았고, 증상이 완화되었다는 사실에 근거하여, Jones 부인이 방사선 치료를 받지 않았다면, 악화되었을 확률을 의미한다. PN이 의미하는 것은 "필요성 확률 (probability of necessity)"이고, 이것은 긍정적인 결과를 위해 Jones 부인의 결정이 필요했는지의 정도를 측정한다.

마찬가지로 Smith 부인의 후회가 정당화될 확률은 다음과 같다.

$$PS = P(Y_1 = 1 | X=0, Y=0) \tag{4.24}$$

이것은 Smith 부인이 방사선 치료를 받지 않았고 ($X=0$), 증상이 악화되었다

$(Y=0)$는 사실에 근거하여 Smith 부인이 방사선 치료를 받았다면 증상이 완화되었을 확률이다. PS는 그녀가 취하지 않은 행동 $(X=1)$이 그녀의 회복을 위한 충분한 조건이었는지를 의미하는 "충분성 확률 (probability of sufficiency)"를 뜻한다.

우리는 이러한 표현식이 거의 동일한 형태 (0과 1을 바꾸는 식)를 가지고 있고, 둘 다 식 (4.1)과 비슷하다는 것을 알 수 있다. 고속도로의 예에서 Y는 연속 변수이므로 Y의 기댓값은 우리의 관심사인 운전 시간이다.

이러한 두 가지 확률 [때로는 "인과성 확률 (probabilities of causation)"이라고 함]은 법적인 책임에서부터 개인 결정에 이르기까지 "원인 규명 (attribution)"의 모든 질문에 중요한 역할을 한다. 일반적으로 관측 데이터나 실험 데이터로부터 추정할 수 있는 것이 아니고, 나중에 설명하게 되겠지만 관측 데이터와 실험 데이터에서 모두 이용 가능한 특정 조건에서는 이것을 추정할 수 있다.

그러나 정량적 분석 (quantitative analysis)을 시작하기 전에 두 번째 질문을 하고자 한다. 이러한 회상적 반사실 모수 (retrospective counterfactual parameters)를 계산함으로써 얻게 되는 것은 무엇인가? 한 가지 대답은 후회와 성공, 옳거나 틀린 것 등의 개념은 단순히 정서적 가치 이상이라는 점이다. 그것은 인지 발달 (cognitive development)과 적응 학습 (adaptive learning)에 중요한 역할을 한다. Jones 부인의 결정이 옳다는 것이 확인되면 그녀는 의사 결정 전략 (decision-making strategy)에 대한 자신감이 생길 것이다. 의사 결정 전략에는 그녀의 의료 정보의 출처, 위험에 대한 태도 및 우선 순위 뿐만 아니라 이러한 모든 고려 사항을 함께 이용하기 위한 전략이 포함될 수 있다. 후회에도 마찬가지다. 그것을 통해 우리가 취한 전략에서 약점의 근원을 식별하고 그것을 개선할 수 있는 변화를 생각하게 된다. 우리는 반사실 추론을 강화하여 의사 결정 과정 (decision-making processes)을 개선하고 더 높은 성과를 달성하는 방법을 습득할 수 있다. Kathryn Schultz는 "Being Wrong (당신도 틀릴 수 있다)"이라는 유쾌한 책에서 "우리가 실수를 했을 때, 혼란스러워 하거나, 불편해하거나, 초라하게 생각하는 것은, 궁극적으로 옳은 것이 아니라 그릇된 것이다. 실수를 함으로써 우리는 우리가 어떤 사람인지 알 수 있다."라고 언급했다.

옳고 그름에 대한 확률을 예측하는 것은 또한 중요한 의사 결정에 실제적인 심오한 영향을 미친다. 제 3자인 Daily 부인이 Jones 부인과 같은 결정을 해야 하는 상황에 직면해 있다고 상상해보자. 종양이 유방 절제술만으로도 재발하지 않는 유형인 경우 굳이 방사선 치료를 하여 고통을 겪을 이유가 없다. 마찬가지로, 종양이 방사선 치료 여부와 관계없이 재발하는 유형이라면, 나는 방사선 치료를 받지 않을 것이다. 방사선 치료를 받는 유일한 경우는 방사선 치료로 인해서 증상이 완화되고, 방사선 치료를 받지 않을 경우 증상이 악화될 경우이다.

공식적으로는 다음과 같이 Daily 부인의 딜레마는 종양 제거를 위한 방사선 치료에 대한 필요충분 (necessary and sufficient) 확률 (PNS)을 정량화할 수 있다.

$$PNS = P(Y_1 = 1, Y_0 = 0) \tag{4.25}$$

여기서 Y_1과 Y_0는 각각 방사선 치료 (Y_1)와 비치료 (Y_0) 중 완화 여부에 대한 것이다. 이 확률을 알면 Daily 부인이 $Y_1 = 1$ 또는 $Y_0 = 0$인 그룹에 속할 가능성을 평가하는 데 도움이 된다. 물론 이 확률은 실험적 연구로부터 계산할 수 없다. 왜냐하면 실험적 자료로부터 어떤 사람이 다른 치료에 배정된 결과가 다를지 결코 알 수 없기 때문이다. 그러나 Daily 부인의 질문을 수학적 형식으로 만들면 PNS를 추정하고 어떤 유형의 데이터로부터 가정이 필요한지 계산할 수 있다. 다음 절 [4.5.1절, 식 (4.42)]에서 단조성 (monotonicity)을 가정하면 PNS를 추정할 수 있다. 즉, 방사선 치료가 암의 재발의 원인이 되지 않는다는 것을 알 수 있다. 또한, 단조성 (monotonicity) 하에서 실험 데이터는 결론을 내리기에 충분하다.

$$PNS = P(Y = 1|do(X = 1)) - P(Y = 1|do(X = 0)) \tag{4.26}$$

예를 들어, Fisher et al. (2002)는 이 공식을 사용하여 Daily 부인의 PNS가 다음 값을 갖는 것을 보여준다.

$$PNS = 0.39 - 0.14 = 0.25$$

이것은 그녀의 종양이 방사선 치료에 효과적인 유형일 확률이 25%라는 것을 뜻한다. 특히 유방절제술과 방사선 치료를 함께 병행했을 때에는 암이 재발하지 않지만 유방절제술만 받았을 때에는 재발한다. 개인적 위험에 대한 이러한 수치의 정량화는 개인의 의사 결정에서 매우 중요하며, 모집단 데이터로부터의 그러한 위험성에 대한 추정은 반사실 사건의 분석과 적절한 가정을 통해서만 추론할 수 있다.

4.4.4 고용 차별

예 4.4.4

Mary는 뉴욕에 소재한 XYZ International의 고용 차별에 대해 소송을 제기한다. 그녀는 XYZ International에 지원했는데, 그 직업에 대한 모든 자격증을 갖고 있지만 면접 과정에서 동성애자라고 언급했기 때문에 고용되지 않았다고 주장한다. 게다가 그녀는 XYZ International의 채용 기록에 동성애자가 아닌 직원에 대한 일관된 선호도가 있음을 보여준다. 그녀는 소송에 이길 만한 충분한 사유가 있는가? XYZ International이 그녀를 고용을 하지 않았을 때, 이 회사가 차별했는지 여부를 증명할 수 있는가?

미국 연방 법은 서면으로는 성적 취향을 이유로 직원을 고용할 때 차별하는 것을 명시적으로 금지하지 않지만, 뉴욕 주의 법은 서면으로 금지하고 있다. 뉴욕 주의 법은 연방법과 거의 동일한 방식으로 차별을 규정한다. 미국 법원은 고용 차별에 관해 명확한 지시를 내렸다. 법 집행관에 따르면 "고용 차별의 핵심 문제는 인종 (또는 나이, 성별, 종교, 출신 국가 등)이 다른 직원이 있다면, 그 밖의 모든 것이 동일할 때 똑같은 행동을 취할 것인지에 달려 있다." ("*The central question in any employment-discrimination case is whether the employer would have taken the same action had the employee been of a different race (age, sex, religion, national origin, etc.) and everything else had been the same.*" (Carson vs Bethlehem Steel Corp., 70 FEP Cases 921, 7th Cir. (1996)에서.)

이 지침에서 주목해야 할 첫 번째 사항은 모집단에 대해서가 아니라 원고 개인 사건에 항소하는 것이다. 두 번째 주목해야 할 점은 "행동을 취했더라면 (would have taken)", "직원이 있다면 (had the employee been)", "다른 모든 것이 동일했다면 (had been the same)"와 같은 관용구를 이용하여 반사실 용어 (counterfactual terminology)로 공식화했다는 점이다. 이것은 무슨 뜻인가? Mary는 고용주가 어떻게 행동했는지를 바로 증명할 수 있는가? 물론 이것은 실험적인 환경에서 우리가 개입할 수 있는 변수가 아니다. 관측 연구의 데이터가 고용주가 차별하고 있음을 증명할 수 있을까?

예 4.4.3과 표면적으로 다르지만 Mary의 경우는 암 치료를 실패했던 Smith 부인과 공통점이 있다는 것을 알 수 있다. Mary가 고용되지 않은 이유가 그녀의 성적 취향 때문일 확률은 Smith 부인의 암 치료와 마찬가지로 충분성 확률 (the probability of sufficiency)을 이용하여 나타낼 수 있다.

$$PS = P(Y_1 = 1 | X = 0, Y = 0)$$

이 경우 Y는 Mary의 고용 상태를 나타내며 X는 Mary의 성적 성향에 대한 면접관의 인식을 나타낸다. 이것은 “면접관이 Mary를 동성애자로 인식하고 Mary는 고용되지 않는다는 조건이 주어졌을 때 면접관이 Mary를 동성애자로 인식하지 않았을 때 Mary를 고용하지 않을 확률을 나타낸다.” (문제의 변수는 Mary의 성적 취향 그 자체가 아니라, Mary의 성적 성향에 대한 면접관의 인식이다. 이 경우 인식에 대한 개입이 매우 간단하기 때문에, Mary가 자신이 동성애자라고 언급하지 않았다고 상상하기만 하면 된다.)

4.5.2절에서 개별 사례에서 차별을 입증할 수는 없지만 그러한 차별이 일어날 확률을 결정할 수 있으며 때로는 이 확률이 확신에 접근하는 수준에 도달할 수도 있음을 보여줄 것이다. 다음 예는 차별 문제 (이 경우 성적 성향이 아니라 차별)가 배심원이 아닌 정책 결정자에게 어떻게 나타날 수 있는지를 조사한다.

4.4.5 매개 및 경로를 차단하는 개입

예 4.4.5

정책 결정자는 교육이나 직업 훈련에서의 성 불평등을 제거하기보다는 고용 결정이 성별에 관계없이 이루어지도록 함으로써 고용에서 성 차별이 어느 정도 감소할 수 있는지 평가하고자 한다. 전자는 고용에 대한 성별의 “직접 효과 (direct effect)”에 관한 것이고 후자는 “간접 효과 (indirect effect)” 또는 고용 자격 조건을 매개로 한 효과 (the effect mediated)에 관한 것이다.

이 예에서 교육 개혁을 하는 것은 투자 비용이 많이 드는 정책이고, 고용주의 편견을 해소하는 것은 다양한 전략을 시도해 볼 수 있는 방법으로써 서로 경쟁적인 관계에 있는 선택사항이다. 사전에 두 가지 중 어느 것이 성공했는지를 아는 것은 고용 불균형을 줄이는 데 더 큰 영향을 미칠 것이며, 이것은 계획을 위해 필수적이며, 이것을 해결하기 위한 매개 분석 (mediation analysis)과 관련이 있다. 예를 들어 현재 고용 격차가 주로 고용주의 편견에 기인한다는 것을 알게 되면 교육 개혁이 불필요하게 되며 이는 실질적인 자원을 절약할 수 있다. 그러나 이 예제의 정책 결정은 특정 변수의 값을 낮추거나 높이는 것이 아니라 프로세스의 활성화 및 비활성화에 관한 것이다. 교육 개혁 프로그램은 현재의 교육 관행을 무력화시키고 여성들이 남성과 동일한 교육 기회를 얻는 새로운 프로그램으로 대체하도록 촉구한다. 고용에 기반한 제안은 현재의 고용 프로세스를 중단하고 성별이 고용 결정에 아무런 역할을 하지 않도록 바꿀 것을 요구한다.

변수의 수준을 변경하지 않았지만 고용 절차의 실효성이 나타나지 않게 됨으로써 3.7절의 매개 분석 (mediation analysis)에서와 마찬가지로 *do* 연산자를 이용하여 그러한 개입 효과를 나타낼 수 있는 방법이 없다. 그러나 우리는 반사실 사건의 관점에서 그것을 표현할 수 있으며, 우리가 원하는 최종 결과를 선행 사건으로 이용한다. 예를 들어 성별에 상관없이 고용 절차를 성공적으로 수행한 후 고용 불균형을 평가하고자 하는 경우 모든 여성 지원자를 남성으로 간주하고 이전과 같은 대우를 받는다는 반사실 조건 하에서 고용률을 추정할 수 있다.

분석은 다음과 같이 진행된다. 자격조건 $Q=q$인 여성 지원자의 고용 상태 (Y)는 고용주가 그녀가 남성인 것처럼 그녀를 대우한다는 점을 감안할 때, $X=1$은 남성을 나타내고, 이 때의 반사실 사건 $Y_{X=1,Q=q}$으로 표현할 수 있다. 그러나 q값이 신청자들 사이에서 다양하기 때문에, 여성의 자격 분포에 근거에서 이 값의 평균을 구할 필요가 있다. 그 값은 $\sum_q E(Y_{X=1,Q=q})P(Q=q|X=0)$이다. 남성 지원자는 남성의 자격 분포에 의해 평균이 적용된다는 점을 제외하고는 고용 기회가 비슷할 것이다. 이것은 다음과 같다.

$$\sum_q E[Y_{X=1, Q=q}]P(Q=q|X=1)$$

이 두 값의 차이는 다음과 같다.

$$\sum_q E[Y_{X=1, Q=q}][P(Q=q|X=0)-P(Q=q|X=1)]$$

이것은 자격에 의해 개입되는 (mediated by qualification) 고용에 대한 성별의 간접효과이다. 이 효과는 자연 간접 효과 (NIE, natural indirect effect)라고 한다. 왜냐하면 3장에서 설명했던 모집단에서 일정 수준에서 매개자 (mediator)를 갖는 통제된 직접 효과 (the controlled direct effect)와는 달리 자격 Q가 자연스럽게 달라지기 때문이다. 이 때, 단순히 Y가 X에 반응하는 것을 막으면서, Q에 대해 반응하는 것은 그대로 유지한다.

다음 질문은 그러한 반사실 표현이 데이터로부터 식별될 수 있는지 여부에 관한 것이다. 교락 (confounding)이 없을 때, NIE는 조건부 확률에 의해 추정될 수 있다 (Pearl 2001).

$$NIE=\sum_q E[Y|X=1, Q=q][P(Q=q|X=0)-P(Q=q|X=1)]$$

이 표현식을 매개 공식 (mediation formula)이라고 한다. 그것은 Y에 대한 X의 효과를 매개자 Q에 대한 효과로 설명할 수 있다. 반사실 분석은 X에 대한 Y의 직접 효과를 "움직이지 못하게 (freezing)" 하고 각 장치의 매개 변수 (Q)가 자연스럽게 X에 반응하도록 하여 움직이지 못하는 현상 (freezing)이 발생하지 않는 것처럼 NIE를 정의하고 평가할 수 있게 한다.

매개 효과의 다양한 뉘앙스를 추정하는 데 필요한 수학적 도구는 4.5절에 요약되어 있다.

4.5 원인 규명 및 매개를 위한 수학적 도구

4.4절에서 반사실 분석의 실제적인 적용을 조사한 결과 수학적 표현과 해결 방법을 공유하는 몇 가지 반복되는 패턴을 발견할 수 있었다. 첫 번째는 ETT에 대한 효과였는

데, 이것은 X의 두 가지 다른 값인 x와 x'을 이용한 반사실 사건에 대한 표현식 $E[Y_x|X=x']$에 관한 것이었다. 프로그램 등록을 위한 모집 (예 4.4.1)과 추가적인 개입 (예 4.4.2)과 같은 다양한 문제들이 이 표현식의 추정에 달려 있음을 보여 주었고, 추정이 가능할 뿐만 아니라 그 결과 추정치 [식 (4.21)과 식 (4.8)]를 구할 수 있었다.

또 다른 반복 패턴은 개인의 의사 결정 (예 4.4.3)과 차별 가능성 (예 4.4.4)과 같은 원인 규명 문제에서 나타났다. 이 때에는 필요성 확률에 대한 표현을 하였다.

$$PN = P(Y_0 = 0|X=1, Y=1)$$

필요성 확률은 또한 다음과 같은 법적인 책임 문제로 나타난다. "실제로 피해가 발생했고 ($Y=1$) 조치가 취해진 경우 ($X=1$), 조치를 취하지 않았다면 피해가 없었을 확률 ($Y_1=0$)"로 이해할 수 있다. 4.5.1절은 독자가 관찰 데이터와 실험 데이터의 조합을 이용하여 PN을 추정 [또는 경계값 (bound)를 계산]할 수 있는 수학적 결과를 요약한 것이다.

마지막으로, 매개 효과에 관한 질문 (예 4.4.5)에서 중요한 반사실 사건은 다음과 같이 표현된다.

$$E[Y_{x,M_{x'}}]$$

이것은 "처리가 $X=x$이고, 동시에 매개자 M은 X가 x'일 때 ($M_{x'}$)인 경우 결과 (Y)의 기댓값"으로 해석할 수 있다. 4.5.2절에서는 이러한 반사실 표현을 추정할 수 있는 조건과 그에 따른 추정치와 해석하는 방법을 설명할 것이다.

4.5.1 원인 규명과 인과성의 확률에 대한 도구

$X=x$와 $Y=y$가 각각 처리와 결과를 나타내는 두 가지 (binary) 사건을 가정하고 $X=x'$, $Y=y'$가 일어나지 않았을 때, 우리의 목표 값은 다음 문장으로 정의할 수 있다.

"$X=x$이고, $Y=y$가 일어났을 때, $X=x'$였다면, $Y=y'$였을 확률을 구하여라."

수학적으로는 다음과 같이 나타낼 수 있다.

$$PN(x,y) = P(Y_{x'} = y' | X = x, Y = y) \tag{4.27}$$

"필요성 확률 (PN)"이라고 불리는 이 반사실 사건의 확률은 "~이 아니라면 (but for)"의 규칙에 대한 기준을 반영한다. 이 기준에 따르면 원고에 대한 판결은 피해가 발생하지 않았을 뿐 아니라 피고의 행동 (Robertson 1997)에 대해 가능한 경우에만 이루어져야 한다.

PN에 대한 공식 표현식 (식 4.27)을 작성하면, 식별 단계 (identification phase)로 넘어 가서 관측, 실험 또는 이들의 조합을 통해 경험적 연구에서 PN을 식별할 수 있는 가정이 무엇인지 물어볼 수 있다.

이 문제에 대한 수학적 분석 ((2000, 9 장)에서 설명)은 다음 결과를 산출한다.

정리 4.5.1

Y가 X에 대해 단조적이면 (monotonic), 즉 모든 U에 대해 $Y_1(u) \geq Y_0(u)$이면 인과 효과 $P(y|do(x))$가 식별 될 때 PN을 다음과 같이 식별할 수 있다.

$$PN = \frac{P(y) - P(y|do(x'))}{P(x,y)} \tag{4.28}$$

$P(y) = P(y|x)P(x) + P(y|x')(1 - P(x))$ 관계를 이용하면, 다음 식을 얻는다.

$$PN = \frac{P(y|x) - P(y|x')}{P(y|x)} + \frac{P(y|x') - P(y|do(x'))}{P(x,y)} \tag{4.29}$$

식 (4.29)의 우변의 첫 번째 항은 초과 위험비 (excess risk ratio, ERR)라고 하며 실험 데이터가 없는 경우 법원 소송에서 종종 이용된다 (Greenland 1999). 위험에 노출된 사람들에 대한 기여위험도 (Attributable Risk Fraction)로도 알려져 있다 (Jewell 2004, 4.7 장). 두 번째 항 [교란 요인 (confounding factor, CF)]은 교란 편의 (confounding bias)를 설명하는데 필요한 보정, 즉 $P(y|do(x')) \neq P(y|x')$를 나타낸다. 즉, 모두 $X = x'$로 설정되었을 때 $Y = y$인 모집단의 비율은 선택에 의해 $X = x'$를 얻는 사람들 중 $Y = y$인

모집단의 비율과 동일하지 않다. 예를 들어, 자동차 구조의 결함으로 인해 사고가 났고 이로 인해 사람이 사망했다고 주장하며 자동차 제조업체에 대해 소송을 제기했다고 가정하자. ERR은 제조업체의 차량 중 하나를 운전할 때 충돌로 인해 얼마나 많은 사람들이 사망할지에 대해 알려준다. 제조업체의 자동차를 구매하는 사람들이 일반인보다 과속하는 경향이 있다는 사실이 (치명적인 충돌로 이어질 가능성이 높음) 밝혀지면 두 번째 항은 그 편의 (bias)을 수정할 것이다.

따라서 식 (4.29)는 인과 효과 $P(y|do(x))$가 추정될 수 있을 때 무작위 시험 또는 이용될 수 있는 필요한 인과성의 추정 가능한 척도를 제공한다. 더 중요한 것은, 식 (4.28)이 일반적인 경우 $Y_x(u)$가 비단조적인 경우 (nonmonotonic) PN에 대한 하한 (lower bound)을 제공한다는 것 또한 입증되었다. (Tian and Pearl 2000). 특별히, PN의 상한과 하한은 다음과 같이 주어진다.

$$\max\left\{0, \frac{P(y)-P(y|do(x'))}{P(x,y)}\right\} \le PN \le \min\left\{1, \frac{P(y'|do(x'))-P(x',y')}{P(x,y)}\right\} \tag{4.30}$$

약과 관련된 소송에서 실험 및 관찰 연구 모든 경우에서 데이터를 얻는 것은 흔한 일이 아니다. 전자는 일반적으로 약의 유통을 승인한 기관 (예: FDA)으로부터 데이터를 구할 수 있지만 후자는 대개 모집단 조사를 통해 데이터를 얻을 수 있다.

몇 가지 대수적 계산 과정을 통해 하한 (LB)과 상한 (UB)을 다음과 같이 표현할 수 있다.

$$\begin{aligned} LB &= ERR + CF \\ UB &= ERR + q + CF \end{aligned} \tag{4.31}$$

이 때, ERR, CF와 q를 다음과 같이 정의할 수 있다.

$$CF \triangleq [P(y|x') - P(y_{x'})] \,/\, P(x,y) \tag{4.32}$$

$$ERR \triangleq 1 - 1 \,/\, RR = 1 - P(y|x') \,/\, P(y|x) \tag{4.33}$$

$$q \triangleq P(y'|x) \,/\, P(y|x) \tag{4.34}$$

이 때, CF는 질병에 노출되지 않은 $(X=x')$ 사람들 중에서 교락의 정도를 표준화한 값, ERR은 "초과 위험비", q는 질병에 노출된 사람들 중 양성 반응에 대한 음성 반응의 비율이다.

그림 4.5 (a)와 (b)는 이러한 경계값 (bound)를 ERR의 함수로 표시하고 세 가지 유

용한 기능을 보여준다. 첫째, 교락에 상관없이, 상한과 하한의 차이 UB-LB는 일정하게 유지되고 오직 하나의 관찰 가능한 변수 $P(y'|x)/P(y|x)$에 의존한다. 두 번째로, CF는 ERR만으로는 충분하지 않을 때 $PN>\frac{1}{2}$의 "보다 가능성이 높음 (more probable than not)"의 기준을 만족하도록 하한을 올릴 수 있다. 마지막으로 양쪽 경계(bound)에 대한 "상승"하는 양은 실험 데이터에서 필요한 유일한 추정치 인 CF에 의해 주어진다. 즉, 인과 효과 $P(y_x)-P(y_{x'})$는 필요하지 않다.

정리 4.5.1은 단조 조건을 가정할 수 있다면 상한과 하한이 일치하고, 그림 4.5 (b)와 같이 간격이 완전히 사라진다는 (the gap collapses entirely) 것을 보장한다. 이것은 $q=0$을 반영하지 않고 식 (4.30)의 경계값 (bounds)에서 식 (4.28)의 식별된 조건으로 바뀐다.

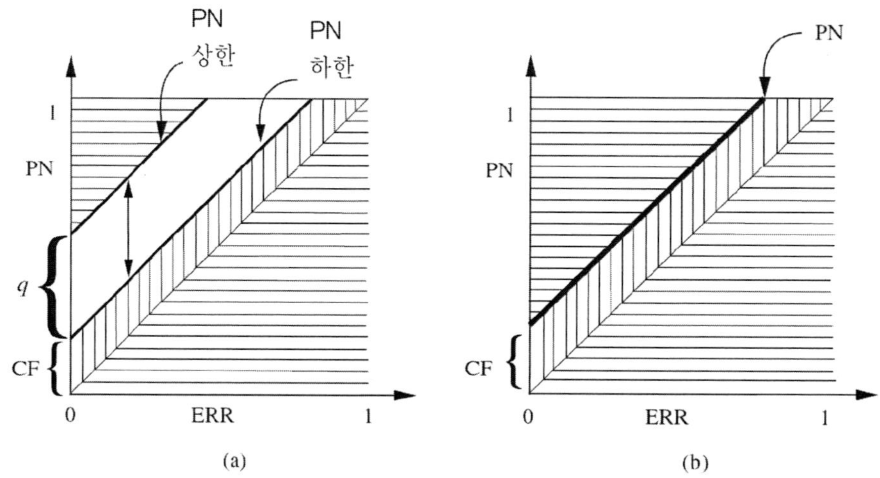

그림 4.5 (a) 초과 위험비 (ERR)와 교란 인자 (CF)의 함수로써 필요성 (PN)의 확률이 어떻게 제한되는지를 보여주는 그림 (식 (4.31)) (b) 단조 조건이 가정될 때 PN이 어떻게 식별되는지를 보여주는 그림 (정리 4.5.1).

실험 및 조사 데이터가 동일한 모집단에서 랜덤하게 추출된 경우 실험 데이터를 이용하여 관측 대상에 대해 관심 있는 반사실 사건 (예: $P(Y_x=y)$) 뿐만 아니라 실험 표본에 대한 추정을 할 수 있다.

예 4.5.1 (법률 문제에서의 원인 규명)

허리 통증을 완화시키기 위해 복용한 약 x 때문에 A씨가 사망에 이르렀다고 제약회사에 대한 소송이 제기되었다. 제약회사는 허리 통증 환자에 대한 실험 데이터로부터 약 x가 사망에 미치는 영향이 미약하다는 결론을 내렸다. 그러나 원고는 실험 연구가 이 경우와 관련이 없다고 주장했다. 왜냐하면 이러한 효과는 연구에 참여하지 않은 A씨와 같은 환자를 대상으로 한 것이 아니라 연구에 참여한 환자에게 미치는 평균적인 효과를 나타내기 때문이다. 특히, 실험 연구에 참여한 피험자는 실험 규정을 준수하면서 약을 복용한 사람들이며, A씨는 이와 달리 본인 의지로 약을 복용했다는 점에서 실험 연구에 참여한 피험자들과 다르다고 주장했다. 이 주장을 뒷받침하기 위해 원고는 A씨처럼 고통을 완화시키기 위해 약 x를 선택했지만 어떤 실험에도 참여하지 않은, 이 약을 복용하지 않은 환자들보다 사망률이 낮은 환자들에 대한 비실험 자료를 제공했다. 법원은 실험 및 비실험 연구에 근거하여 약 x가 실제로 A씨의 사망의 원인일 가능성이 "원인이 아닐 가능성보다 더 큰지" 여부를 결정해야 한다.

식 (4.3)에서 경계값의 유용성을 설명하기 위해, 표 4.5에 제시된 두 연구와 관련된 (가상의) 데이터를 고려하기 바란다. (아래 분석에서는 표본 변동성을 무시했다.)

실험 데이터로부터 추정치를 다음과 같이 계산할 수 있다.

$$P(y|do(x)) = 16\,/\,1000 = 0.016 \tag{4.35}$$
$$P(y|do(x')) = 14\,/\,1000 = 0.014 \tag{4.36}$$

반면에, 비실험 데이터로부터 다음과 같은 추정치를 계산할 수 있다.

$$P(y) = 30\,/\,2000 = 0.015 \tag{4.37}$$
$$P(x,y) = 2\,/\,2000 = 0.001 \tag{4.38}$$
$$P(y|x) = 2\,/\,1000 = 0.002 \tag{4.39}$$
$$P(y|x') = 28\,/\,1000 = 0.028 \tag{4.40}$$

표 4.5 약 x가 사람의 사망 (y)에 책임이 있을 확률, PN의 추정을 설명하기 위해 이용된 실험 및 비실험 데이터.

	실험 데이터		비실험 데이터	
	$do(x)$	$do(x')$	x	x'
사망(y)	16	14	2	28
생존(y')	984	986	998	972

약 x가 사망을 일으킬 수만 있다고 가정하면 (이 약은 절대 사망을 막을 수 없다), 단조 조건이 유지되고, 정리 4.5.1 (식 (4.29))에 의하면 다음 식을 얻는다.

$$\begin{aligned} PN &= \frac{P(y|x)-P(y|x')}{P(y|x)}+\frac{P(y|x')-P(y|do(x'))}{P(x,y)} \\ &= \frac{0.002-0.028}{0.002}+\frac{0.028-0.014}{0.001}=-13+14=1 \end{aligned} \tag{4.41}$$

관측된 ERR이 음의 값 (-13)인데 이것은 실제로 약물이 사망을 예방한다는 느낌을 주지만, 편의 (bias)에 해당하는 보정 항 (+14)이 더해져서 필연성 (PN)의 확률을 1로 만든다. 또한, 식 (4.30)에서 하한 (lower bound)이 1이 되면, 단조 조건을 가정하지 않고도 PN=1.00이라고 결론을 내린다. 따라서 원고는 정확한 사실을 주장한 것이다. 표본 추출에 의한 오차 (sampling errors)를 제외하면 데이터로부터 약 x가 A씨의 사망에 실제로 책임이 있다고 100% 보장할 수 있다.

이러한 도구의 속성을 완성하기 위해, 개인의 의사 결정 (예 4.4.3), PS 및 PNS에 관한 논의에서 제시된 다른 두 가지 가능성이 유사한 표현으로 묶일 수 있음을 언급한다. (Pearl 2000, Chapter 9)와 (Tian and Pearl 2000)을 참조하기 바란다.

특히, $Y_x(u)$가 단조적 (monotonic)이라면, 다음 식이 성립한다.

$$\begin{aligned} PNS &= P(Y_x=1, Y_{x'}=0) \\ &= P(Y_x=1)-P(Y_{x'}=1) \end{aligned} \tag{4.42}$$

이것은 예 4.4.3의 식 (4.26)에서 강조했던 것과 같은 결과이다.

연습문제

4.5.1 예 4.4.3에서 설명한 것처럼 Jones 부인이 직면한 딜레마를 생각해보자. Fisher et al. (2002)의 실험 결과를 고려하면, 그녀는 (치료와 상관없이) 모든 환자가 암이 재발할 확률이 30%인 반면, 암이 재발하는 경우에는 70%가 치료법을 선택하지 않은 관측 연구에 대한 데이터를 갖고 있다. 병의 완화 (remission)을 위해 그녀의 결정이 충분할 (necessary) 수 있도록 식 (4.3)의 경계값 (bound)를 이용하여 추정치를 업데이트하시오.

4.5.2 매개를 위한 도구

일반적인 매개 문제 (mediation problem)의 표준 모형은 다음과 같은 형식을 갖는다.

$$t = f_T(u_T) \qquad m = f_M(t, u_M) \qquad y = f_Y(t, m, u_Y) \tag{4.43}$$

여기서 T (처리), M (매개 변수) 및 Y (결과)는 이산 또는 연속 확률 변수이고, f_T, f_M 및 f_Y는 임의의 함수이고 U_T, U_M, U_Y는 각각 T, M , Y에 영향을 주는 요소들로 직접 관찰되지 않는다. $U = (U_T, U_M, U_Y)$는 개인 간의 모든 변동을 설명하는 랜덤 벡터이다.

그림 4.6 (a)에서, U_T, U_M, U_Y는 임의의 분포를 따르고, 서로 독립이다. 그림 4.6 (b)에서, U_T와 U_M (또는 U_M과 U_T)을 연결하는 점선으로 표시된 호 (dashed arcs)는 문제의 요인들이 의존적일 수 있다는 것을 의미한다.

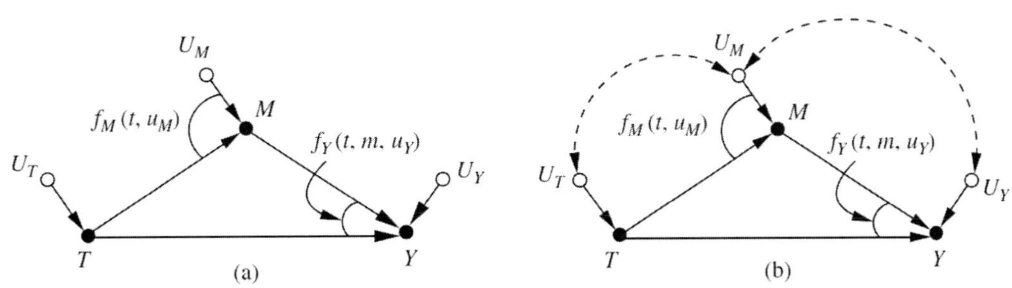

그림 4.6 (a) 교락 (confounding)이 없는 기본 비모수 매개 모형 . (b) U_M과 (U_T, U_Y) 사이에 의존성이 있는 교락된 매개 모형.

직접 효과와 간접 효과의 반사실적 정의

식 (4.43)과 4.2.1절에서 정의된 반사실 표기법에 따라 $T=0$에서 $T=1$로의 전이에 대해 네 가지 유형의 효과를 정의할 수 있다. 임의의 점에 대해서는, 즉 $T=t$에서 $T=t'$로의 전이를 생각해 볼 수 있다[2].

(a) 총 효과 (total effect)

$$\begin{aligned} TE &= E[Y_1 - Y_0] \\ &= E[Y|do(T=1)] - E[Y|do(T=0)] \end{aligned} \tag{4.44}$$

TE는 처리가 $T=0$에서 $T=1$로 바뀜에 따라 Y의 증가의 기댓값을 측정하지만 매개자 (mediator)는 함수 f_M에 의해 지시된 대로 자연스럽게 T의 변화를 추적할 수 있다.

(b) 통제된 직접 효과 (controlled direct effect)

$$\begin{aligned} CDE(m) &= E[Y_{1,m} - Y_{0,m}] \\ &= E[Y|do(T=1, M=m)] - E[Y|do(T=0, M=m)] \end{aligned} \tag{4.45}$$

CDE는 $T=0$에서 $T=1$로 처리가 변함에 따라 Y의 증가의 기댓값을 측정하는 반면 매개자는 모집단에서 일정한 수준 $M=m$으로 일정하게 유지하고, $T=0$에서 $T=1$로 처리를 변하게 했을 때 증가량의 기댓값을 측정함으로써 CDE를 측정할 수 있다.

(c) 자연 직접 효과 (Natural direct effect)

$$NDE = E[Y_{1,M_0} - Y_{0,M_0}] \tag{4.46}$$

매개자는 변경 전 (즉, $T=0$)에 달성한 값으로 설정하고 처리를 $T=0$에서 $T=1$로 변경됨에 따라 Y 증가량의 기댓값을 측정함으로써 NDE를 구할 수 있다.

---

2) 이 정의는 모집단에서 적용된다. 단위 수준 효과는 기댓값의 표현으로 표시할 수 있다. 모든 기댓값은 U_M과 U_Y 요인에 대한 기댓값으로 구할 수 있다.

(d) 자연 간접 효과 (Natural indirect effect)

$$NIE = E[Y_{0,M_1} - Y_{0,M_0}] \tag{4.47}$$

NIE는 $T=0$으로 유지하고, M을 가질 수 있는 모든 값으로 변화시키면서 Y 증가량의 기댓값을 측정하여 NIE를 구한다. 따라서 매개 (mediation)만으로 설명할 수 있는 효과의 부분을 반영하고 Y가 X에 반응할 수 있는 가능성을 비활성화시킨다.

일반적으로 전체 효과는 다음과 같이 분해할 수 있다.

$$TE = NDE - NIE_r \tag{4.48}$$

여기서, NIE_r은 $T=1$에서 $T=0$으로, 즉 역으로 바뀌는 (reverse transition) NIE를 나타낸다. 이는 NDE와 TE가 식별 가능할 때마다 NIE가 식별 가능하다는 것을 의미한다. 선형 시스템에서 역방향 (reversal of transitions)의 효과를 무효화하는 경우 표준 덧셈식 $TE = NDE + NIE$을 얻는다.

우리는 TE와 $CDE(m)$이 do 표현식이기 때문에 뒷문 또는 앞문 조정을 이용하여 실험 데이터 또는 관측 연구로부터 추정할 수 있다. 하지만, NDE와 NIE에서는 식별하기 위해서 새로운 가정이 필요하다.

자연 효과를 식별하기 위한 조건

A-1에서 A-4로 표시된 다음 조건 집합은 직접 또는 간접적인 자연 효과를 식별하기 위한 충분 (sufficient) 조건이다.

다음과 같은 조건을 만족하는 측정된 공변량 집합 W가 존재하면, NDE와 NIE를 식별할 수 있다.

- A-1 W의 어떤 원소도 T의 자손이 아니다.
- A-2 ($T \rightarrow M$ 및 $T \rightarrow Y$ 제거 후에) W는 M에서 Y까지 모든 뒷문 경로를 차단한다.
- A-3 M에 대한 T의 W-특정 효과 (W-specific effect)는 (실험이나 조정을 이용하여) 식별 가능하다.
- A-4 Y에 대한 $\{T, M\}$의 W-특정 결합 효과 (W-specific joint effect)는 (실험이

나 조정을 이용하여) 식별할 수 있다.

정리 4.5.2 (NDE의 식별)

조건 A-1과 A-2가 성립할 때, 자연 직접 효과는 실험적으로 식별 가능하며 다음과 같이 주어진다.

$$NDE = \sum_m \sum_w [E[Y|do(T=1, M=m), W=w] - E[Y|do(T=0, M=m), W=w]] \times P(M=m|do(T=0), W=w)P(W=w) \tag{4.49}$$

식 (4.49)에서 do-표현식의 식별 가능성은 다음과 같다. 조건 A-3 및 A-4에 의해 성립하며 뒷문 또는 앞문 기준을 이용하여 결정할 수 있다.

따름정리 4.5.1

조건 A-1과 A-2가 A-3과 A-4에서 교락을 없애는 (deconfounds)집합 W에 의해 성립한다면, 식 (4.49)에서 조건부 기댓값을 간단히 구할 수 있으며, 이 때 자연 직접 효과는 다음과 같다.

$$NDE = \sum_m \sum_w [E[Y|T=1, M=m, W=w] - E[Y|T=0, M=m, W=w]] \times P(M=m|T=0, W=w)P(W=w) \tag{4.50}$$

교락이 없는 (nonconfounding) 경우 (그림 4.6 (a)), NDE를 다음과 같이 정리할 수 있다.

$$NDE = \sum_m [E[Y|T=1, M=m] - E[Y|T=0, M=m]]P(M=m|T=0) \tag{4.51}$$

유사한 방법으로, 식 (4.48)을 이용하면, $TE = E[Y|X=1] - E[Y|X=0]$ 이고, NIE는 다음과 같이 된다.

$$NIE = \sum_m E[Y|T=0, M=m][P(M=m|T=1) - P(M=m|T=0)] \tag{4.52}$$

마지막 두 표현식은 매개 공식 (mediation formulas)으로 알려져 있다. NDE는

CDE의 가중 평균이지만 NIE에는 그러한 해석을 적용할 수 없다.

NDE와 NIE [식 (4.46)과 식 (4.47)]를 반사실 정의를 이용하면 이러한 효과를 "반응 비율 (response fractions)"이라는 의미로 해석할 수 있다. 비율 NDE/TE는 M이 "움직이지 못하는 (frozen)" 상태에서 직접 전송되는 반응의 비율을 측정한다. NIE/TE는 M을 통해 전송될 수 있는 반응의 비율을 측정하며, Y로 X는 블라인드된다. 결과적으로, 차이 $(TE-NDE)/TE$는 반드시 M에 의해 반응하는 양을 측정한다.

수치적인 예제 : 이진 변수를 이용한 매개 효과

이러한 매개 공식을 구체화하기 위해 4.2.3장의 방과 후 프로그램 실험 계획 (encouragement design) 예제로 돌아가 $T=1$은 강화된 훈련 프로그램에 참여하고 $Y=1$은 시험에 합격하고 $M=1$은 숙제하는 시간이 주 3시간 이상인 학생을 나타낸다고 하자. 또한 표 4.6과 4.7에 설명된 데이터가 결과에 대한 교락을 갖는 매개자가 없는 (no mediator-to-outcome confounding) 무작위 실험에서 생성됐다고 가정한다. (그림 4.6 (a)) 데이터에 따르면 훈련은 숙제하는 시간과 시험 점수를 높이는 경향이 있음을 보여준다. 또한 훈련 프로그램을 이용하면서 숙제하는 시간을 늘리면 하나의 요소만 이용한 것보다 성공적일 수 있다.

우리가 생각해야할 것은 훈련 프로그램에 관계없이 학생들의 숙제가 시험 점수 향상에 기여하는 정도를 계산하는 것이다. 이러한 문제의 숨은 정책적 의도는 숙제하는 노력을 줄이거나 높이는 정책을 평가하는 데 있다. 예를 들어, 고학년 학생이 숙제를 하는 노력을 계산하거나 학생들의 가정에 적절한 공부 환경을 조성해주는 식으로 정책을 평가하는 것이 가능해진다. 학생들에게 숙제에 더 많은 시간을 할애하는 방식이나 비용이 저렴한 방법을 이용하지 않고, 교육 정책에 중대한 영향을 미치는 데이터를 이용해서 이 프로그램이 학생들의 성공에 실질적으로 기여하지 않는다고 극단적으로 주장할 수 있다. 이 이론과는 반대로, 이 프로그램은 실질적으로 효과가 있으며, 교과 과정의 독특한 특징 때문에 주로 성취도가 높다고 주장하지만, 숙제하는 시간의 증가가 향상된 성취도를 설명할 수 없다고 주장하는 교사가 있을 수 있다.

표 4.6 프로그램의 이용한 학생 ($T=1$) 및 프로그램을 이용하지 않은 학생($T=0$)의 경우의 성공률 (Y)의 기댓값, 성공률은 숙제 (M)의 함수로 주어짐.

프로그램 이용 T	숙제 M	성공률 $E(Y\|T=t,M=$
1	1	0.8
1	0	0.4
0	1	0.3
0	0	0.2

표 4.7 프로그램의 이용한 학생 ($T=1$) 및 프로그램을 이용하지 않은 학생($T=0$)의 숙제 (M)의 기댓값

프로그램 이용 T	숙제 $E(M\|T=t)$
0	0.4
1	0.75

이 데이터를 식 (4.51)과 (4.52)에 적용하면, 다음을 얻는다.

$$
\begin{aligned}
NDE &= (0.40-0.20)(1-0.40)+(0.80-0.30)0.40=0.32 \\
NIE &= (0.75-0.40)(0.30-0.20)=0.035 \\
TE &= 0.80\times 0.75+0.40\times 0.25-(0.30\times 0.40+0.20\times 0.10)=0.46 \\
NIE/TE &= 0.07, NDE/TE=0.696, 1-NDE/TE=0.304
\end{aligned}
$$

이 프로그램을 통해 전체적으로 성공률이 46% 증가했으며, 이러한 증가량의 상당 부분인 30.4%가 프로그램을 통해서 숙제하는 시간을 늘렸다는 점에 있다고 결론을 내린다. 동시에 성공률 상승의 7%만이 프로그램 자체의 이점 없이 숙제로 인한 효과로 설명할 수 있다.

연습문제

4.5.2 다음 구조 모형을 고려하시오.

$$y=\beta_1 m+\beta_2 t+u_y \tag{4.53}$$

$$m=\gamma_1 t+u_m \tag{4.54}$$

(a) 자연 효과의 기본 정의 (식 (4.46) 및 식 (4.47))를 이용하여 TE, NDE 및 NIE를 결정하시오.

(b) u_y가 u_m과 상관 관계가 있다고 가정하고 (a)에 답하시오.

4.5.3 다음 구조 모형을 고려하시오.

$$y = \beta_1 m + \beta_2 t + \beta_3 tm + \beta_4 w + u_y \tag{4.55}$$

$$m = \gamma_1 t + \gamma_2 w + u_m \tag{4.56}$$

$$w = \alpha t + u_w \tag{4.57}$$

여기에서 $\beta_3 tm$은 교호작용 항 (interaction term)을 의미한다.

(a) 자연 효과 (식 (4.46)와 식 (4.47))의 기본 정의를 이용하여 매개 (mediation)가 필요한 효과의 부분 (TE-NDE)과 매개효과가 충분한 부분 ((NIE)을 결정하시오. (힌트: 다음을 보여라.)

$$NDE = \beta_2 + \alpha\beta_4 \tag{4.58}$$

$$NIE = \beta_1(\gamma_1 + \alpha\gamma_2) \tag{4.59}$$

$$TE = \beta_2 + (\gamma_1 + \alpha\gamma_2)(\beta_3 + \beta_1) + \alpha\beta_4 \tag{4.60}$$

$$TE - NDE = (\beta_1 + \beta_3)(\gamma_1 + \alpha\gamma_2) \tag{4.61}$$

(b) W를 매개 변수로 이용하여 (a)를 반복하시오.

4.5.4 이 절에서 제시된 매개 공식을 4.4.4절에서 논의한 차별 사건에 적용하고 표 4.6과 4.7의 데이터를 이용하여 ABC International이 고용시 지원자를 실제로 차별했을 가능성을 결정하시오. 남성 지원자는 $T=1$, 자격이 있는 지원자는 $M=1$, 고용은 $Y=1$으로 나타낸다. (성별에 따른 고용 불균형의 비율과 자격의 불균형만으로 설명할 수 있는 비율을 찾으시오.)

맺음말

매개 분석은 아마도 이 책에서 추구해 왔던 반사실 그래프의 공생 효과 (counterfactual-graphical symbiosis)를 설명하는 가장 좋은 분야일 것이다. 식별 조건 A-1에서 A-4까지 살펴보면, 모형에 대한 네 가지 주장이 쉽게 이해되지 않을 것이다. 앞에서 그래프 없이 주어진 시나리오의 타당성을 판단하는 것은 의문의 여지없이 아주 어려운 과제였다. 그러나 공생 분석을 통해 연구자는 식별에 필요한 가정의 타당성을 이해하고, 명시, 조사 및 판단할 필요가 없다. 대신에 이 방법은 구조 모형 자체에서 이용한 가정을 보다 신뢰할 수 있는 집합으로부터 알고리즘을 이용하여 이러한 가정을 확인하거나 철회할 수 있다. 구축된 인과 다이어그램 (causal diagram)은 매개 분석에서 필요한 것으로 판단되는 대부분의 사람의 판단을 단순 경로 추적 루틴으로 대체할 수 있다. 다이어그램의 구성에서 이용된 판단은 충분하며, 구현은 실현 가능한 변수와 그 교란 (distrubances) 간의 인과 관계에 대한 판단만을 필요로 한다.

Chapter. 4 참고문헌

반사실 사건 방정식를 정의하는 식 (4.5)는 구조 방정식의 파생물로서 Balke and Pearl (1994a, b)에 의해 소개되었으며, 법률적 배경에서 인과성의 확률 추정 (the estimation of probabilities of causation)에 적용할 수 있다. 철학자 David Lewis는 (Lewis, 1973)에서 가능한 세계 사이의 유사성 측면에서 반사실 사건을 정의했다. 통계에서 $Y_x(u)$ 표기법은 Neyman (1923)에 의해 고안되었는데 처리 $X=x$ 하에서 통제된 무작위 실험에서 단위 u의 잠재적 반응을 나타낸다. Rubin (1974)이 Y_x를 확률 변수로 취급하고 식 (4.6) 일관성 규칙을 통해 관측 변수에 연결하기 전까지는 상대적으로 주목받지 못했다. 식 (4.6)은 Lewis의 논리와 구조 모형에 있는 정리이다. 이 세 가지 형태의 상반된 형식론 사이의 관계는 Pearl (2000, 7장)에서 논리적으로 동등한 것으로 보였다. 즉, 한 프레임 워크에서 해결된 문제는 다른 프레임 워크에서도 동일한 답을 산출한다. “잠재적 결과 (potential outcomes)”로 알려진 Rubin의 프레임 워크는 구조 계정 (structural account)과 문제가 정의된 언어, 즉 해결책에 수학 도구를 이용할 수 있다는 점만 다르다. 잠재적 결과 프레임워크에서 문제는 대수적으로 “무시성 가정 (ignorability assumptions)”이라고도 하는 반사실 독립성에 대한 가정으로 정의된다. 식 (4.15)에서 예시된 이러한 유형의 가정은 너무 복잡하여 해석하지 못하거나 빠른 판단을 내리지 못할 수 있다. 반면에 구조적 프레임 워크에서, 문제를 기계적으로 도출할 수 있는 반사실 사건 (counterfactuals)에 의존하는 인과 그래프의 형태로 정의할 수 있다. 일부 통계학자들이 대수적 접근법을 선호하는 이유는 주로 그래프가 통계학에 비교적 새로운 것이기 때문이다. 최근 Morgan과 Winship (2014)와 같은 건강 과학 및 건강 과학 분야의 도서 (예

: VanderWeele 2015)는 그래프, 즉 반사실 사건 방법을 이용한 하이브리드 그래프 방식을 취하고 있다. 선형 반사실 사건 (linear counterfactuals)에 대한 절은 Pearl (2009, pp. 389-391)을 기반으로 한다. 최근 이 분야는 Cai와 Kuroki (2006)와 Chen and Pearl (2014)에서 발전되었다. ETT (처리군에 처리 효과)에 대한 토론과 추가 개입은 ETT가 식별 가능한 모형의 완전한 특성을 제공하는 Shpitser and Pearl (2009)을 기반으로 한다.

원인 규명(attribution)에 대한 법적인 문제와 인과성의 확률은 Greenland (1999)에서 논쟁의 여지가 있는 접근 방식을 발전시킨 것으로 논의되었다. PN, PS 및 PNS의 처리는 Tian과 Pearl (2000) 및 Pearl (2000, 9장)에 근거한다. 4.5.1절의 도구를 포함한 최근 결과는 Pearl (2015a)에 나와 있다.

3장에서 언급했듯이 매개 분석 (Mediation analysis) (4.4.5절과 4.5.2절)은 사회 과학에서 오랜 전통을 가지고 있지만 (Duncan 1975, Kenny 1979), 반사실 사건 분석의 도입을 통해 극적인 발전을 하였다. Baron과 Kenny (1986)의 통계적 접근에서 자연 직접 효과 및 간접 효과에 대한 현대적이고 논리적인 접근 방식 (Pearl 2001; Robins and Greenland 1992)에 이르는 개념적 전환에 대한 역사적인 설명은 Pearl (2014a)의 1장과 2장을 참고하기 바란다. Vander-Weele (2015)의 최근 서적은 새로운 결과와 새로운 응용 프로그램으로 이러한 방법을 향상시킨다. 민감도 분석, 범위, 다중 매개자 (multiple mediators) 및 더 강한 식별 가정을 포함한 매개의 추가적인 발전은 Imai et al (201)와 Muthén (2011)에서 논의되었다.

4.5.2절의 매개 도구는 Pearl (2014a)에 기초한다. Shpitser (2013)는 그래프에서 간접 효과를 식별하기 위한 일반적인 기준을 도출했다.

용어의 영문 표현

do 연산자	*do*-operator
do 표현식	*do*-expressions
d-분리	d-separation
d-연결	d-connected
d-연결 변수	d-connected variables
g-공식	g-formula
가상 구조 모형	hypothetical SCM
가설적 개입	hypothetical intervention
가상 질문	hypothetical question
가중치 분포	weight distribution
간접 경로	indirect paths
간접 효과	indirect effect
개입	intervention
개입 그래프	intervention graph
개입 실험	interventional experiment
개입집합	intervention set
검정할 수 있는 결과	testable implication
결합 분포	joint distribution
경로	path
경로 계수	path coefficient
곱 법칙	product rule
곱 분해	product decomposition
곱 분해 법칙	rule of product decomposition
공통 원인	common cause
공통 효과	common effect
관측 연구	observational study
교락	confounding
교란 변수	confounding variable
교란 편의	confounding bias
교호작용 항	interaction term
구조 계수	structural coefficient
구조 모수	structural parameter
구조 모형	structural model
구조 모형	SCM
구조적 인과 모형	structural causal model (SCM)
균등 개입	uniform intervention
귀추	abduction
그래프 인과 모형	graphical causal model
기댓값	expected value
기울기	slope
꼭짓점	vertex(복수형은vertices)
내생 변수	endogenous variable
내생적	endogenous
노드	node
누락 변수	omitted variables
다중 개입	multiple intervention
뒷문	backdoor
뒷문 경로	backdoor path
뒷문 기준	backdoor criterion
랜덤화	randomization
매개 변수	mediating variable
매개 분석	mediation analysis
매개자	mediator
모서리	edge
모수	parameter
모집단	population
몬티 홀	Monty Hall
무작위 시도	radomized trial
무작위 실험	random experimentation
무작위 실험	randomized experiment
무작위 통제 실험	randomized controlled experiment
반사실 문장	counterfactual sentence
반사실 문제	counterfactual question
반사실 사건	counterfactuals
반사실 의존성	counterfactual dependency
반사실 정의	counterfactual definition
반사실 표기법	counterfactual notation
방향성 경로	directed path
방향성 그래프	directed graph
범주형 변수	categorical variable
베이즈 법칙	Bayes' rule
부모 변수	parent variable
불변 방정식	equations of invariance
분기	fork
분할표	contingency table
불편 추정량	unbiased estimate
비방향성 경로	undirectional path
비반사실 사건	noncounterfactual
비순환	acyclic

비순환 그래프	acyclic graph
비순환 모형	acyclic model
비전이적 사례	intransitive case
비조건부 독립인	unconditionally independent
비조건부 모집단	unconditional population
비조건부 의존성	unconditional dependence
비조건부 의존적인	unconditionally dependent
비충돌 노드	noncollision node
뿌리노드	root node
사슬	chain
사후 개입 분포	postintervention distribution
산점도	scatter plot
상관 계수	correlation coefficient
상한	upper bound
상호 배반적인	mutually exclusive
상호 작용	interaction
선행 조건	antecedent condition
선형 시스템	linearsystem
선행 사건	antecedent
설명 변수	predictor
성향 점수	propensity score
수정된 모형	modified model
순환 그래프	cyclic graph
식별	identification
식별 가능 기준	identifiability criterion
식별 가능한	identifiable
심슨의 역설	Simpson's Paradox
심슨의 역전	Simpson's reversal
앞문	front-door
앞문 기준	front-doorcriterion
앞문 조정	front-door adjustment
역확률 가중치	inverse probability weighing
예측	prediction
완전 그래프	complete graph
외생 변수	exogenous variable
외생적	exogenous
외생적 확률	exogenous probability
이산 변수	discrete variable
이산적	discrete
이진 확률 변수	binary random variables
인과 가정	causal assumption
인과 검색	causal search
인과 경로	causal path
인과 문제	causal question
인과 모수	causal parameter
인과 모형	causal model
인과 방법	causal method
인과 이야기	causal story
인과 효과	causal effect
인과 효과 차이	causal effect difference
위험도 차이	risk Difference
인과성	causation
인과성 확률	probabilities of causation
일관성 규칙	consistency rule
자식 변수	child variable
잠재적 원인	potential cause
잠복 변수	lurking variables
절단된 곱 공식	truncated product formula
증거	evidence
직접 효과	direct effect (DE)
처리군의 처리 효과	effect of treatment on the treated (ETT)
절편	intercept
정성적인	qualitative
조건부	conditioning
조건부 개입	conditional intervention
조건부 독립	conditional independence
조건부 무시성	conditional ignorability
조건부 집합	conditioning set
조건부 확률	conditional probability
조정	adjustment
조정 공식	adjustment formula
조치	action
종속 경로	the passage of dependence
주변 확률	marginal probability
주변적으로	marginally
주변화	marginalizing
중간 변수	intermediate variable
직교성의 원리	orthogonality principle
직접 통제 효과	controlled direct effect
직접적 원인	direct cause
최소 제곱 회귀선	the least squares regression line
충돌	collision
충돌 노드	collider node

충돌부	collider
충분성 확률	probability of sufficiency
통계적 의존성	statistical dependence
통계적 측도	statistical measure
편의	bias
평균	mean
평균 인과 효과	average causal effect (ACE)
표본	sample
필요성 확률	probability of necessity
하한	lower bound
허위 경로	spurious path
회귀 계수	regression coefficient
회귀선	regression line

참고문헌

Balke A and Pearl J 1994a Counterfactual probabilities: computational methods, bounds, and applications In *Uncertainty in Artificial Intelligence 10* (ed. de antaras RL and Poole D)Morgan Kaufmann Publishers, San Mateo, CA pp. 46–54.

Balke A and Pearl J 1994b Probabilistic evaluation of counterfactual queries *Proceedings of the Twelfth National Conference on Artificial Intelligence*, vol. I, MIT Press, Menlo Park, CA pp. 230–237.

Bareinboim E and Pearl J 2012 Causal inference by surrogate experiments (or, z-identifiability) In *Proceedings of the Twenty-eighth Conference on Uncertainty in Artificial Intelligence* (ed. de Freitas N and Murphy K) AUAI Press, Corvallis, OR, pp. 113-120.

Bareinboim E and Pearl J 2013 A general algorithm for deciding transportability of experimental results *Journal of Causal Inference* 1 (1), 107-134.

Bareinboim E and Pearl J 2016 Causal inference and the data-fusion problem *Proceedings of the National Academy of Sciences* 113 (17), 7345-7352.

Bareinboim E, Tian J and Pearl J 2014 Recovering from selection bias in causal and statistical inference In *Proceedings of the Twenty-eighth AAAI Conference on Artificial Intelligence* (ed.Brodley CE and Stone P) AAAI Press, Palo Alto, CA, pp. 2410-2416.

Baron R and KennyD1986 Themoderator-mediator variable distinction in social psychological research: conceptual, strategic, and statistical considerations. *Journal of Personality and Social Psychology* 51 (6), 1173–1182.

Berkson J 1946 Limitations of the application of fourfold table analysis to hospital data. *Biometrics Bulletin* 2, 47–53.

Bollen K 1989 *Structural Equations with Latent Variables*. John Wiley & Sons, Inc., New York.

Bollen K and Pearl J 2013 Eight myths about causality and structural equation models In *Handbook of Causal Analysis for Social Research* (ed. Morgan S) Springer-Verlag, Dordrecht, Netherlands pp. 245–274.

Bowden R and Turkington D 1984 *Instrumental Variables*. Cambridge University Press, Cambridge, England.

Brito C and Pearl J 2002 Generalized instrumental variables In *Uncertainty in Artificial*

Intelligence, Proceedings of the Eighteenth Conference (ed. Darwiche A and Friedman N) Morgan Kaufmann San Francisco, CA pp. 85–93.

Cai Z and KurokiM2006 Variance estimators for three 'probabilities of causation'. *Risk Analysis* 25 (6), 1611–1620.

Chen B and Pearl J 2014 *Graphical tools for linear structural equation modeling*. Technical Report R-432, Department of Computer Science, University of California, Los Angeles, CA. Forthcoming, Psychometrika, http://ftp.cs.ucla.edu/pub/stat_ser/r432.pdf.

Cole S and HernánM2002 Fallibility in estimating direct effects. *International Journal of Epidemiology* 31 (1), 163–165.

Conrady S and Jouffe L 2015 *Bayesian Networks and BayesiaLab: A Practical Introduction for Researchers* 1st edition edn. Bayesia USA.

Cox D 1958 *The Planning of Experiments*. John Wiley and Sons, New York. Darwiche A 2009 *Modeling and Reasoning with Bayesian Networks*. Cambridge University Press, New York.

Duncan O 1975 *Introduction to Structural Equation Models*. Academic Press, New York.

Elwert F 2013 Graphical causal models In Handbook of Causal Analysis for Social Research (ed. Morgan S) Springer-Verlag, Dordrecht, Netherlands pp. 245–274.

Fenton N and NeilM2013 Risk Assessment and Decision Analysis with Bayesian Networks. CRCPress, Boca Raton, FL.

Fisher R 1922 On the mathematical foundations of theoretical statistics. *Philosophical Transactions of the Royal Society of London, Series* A 222, 311.

Fisher B, Anderson S, Bryant J, Margolese RG, Deutsch M, Fisher ER, Jeong JH and Wolmark N 2002 Twenty-year follow-up of a randomized trial comparing total mastectomy, lumpectomy, and lumpectomy plus irradiation for the treatment of invasive breast cancer. *New England Journal of Medicine* 347 (16), 1233–1241.

Glymour MM 2006 Using causal diagrams to understand common problems in social epidemiology *Methods in Social Epidemiology* John Wiley & Sons, Inc., San Francisco, CA pp. 393–428.

GlymourMand Greenland S 2008 Causal diagrams In *Modern Epidemiology* (ed. Rothman K, Greenland S, and Lash T) 3rd edn. Lippincott Williams & Wilkins Philadelphia, PA pp. 183–209.

Greenland S 1999 Relation of probability of causation, relative risk, and doubling dose: a methodologic error that has become a social problem. *American Journal of Public Health* 89 (8), 1166–1169.

Greenland S 2000 An introduction to instrumental variables for epidemiologists. *International Journal of Epidemiology* 29 (4), 722–729.

GrinsteadCMand Snell JL 1998 *Introduction to Probability* second revised edn. American Mathematical Society, United States.

Haavelmo T 1943 The statistical implications of a system of simultaneous equations. *Econometrica* 11, 1–12. Reprinted in DF Hendry and MS Morgan (Eds.), 1995 *The Foundations of Econometric Analysis,* Cambridge University Press pp. 477–490.

Hayduk L, Cummings G, Stratkotter R, Nimmo M, Grygoryev K, Dosman D, Gilespie, M., Pazderka-Robinson H and Boadu K 2003 Pearl's d-separation: one more step into causal thinking. *Structural Equation Modeling* 10 (2), 289–311.

Heise D 1975 Causal Analysis. John Wiley and Sons, New York. Hernán M and Robins J 2006 Estimating causal effects from epidemiological data. *Journal of Epidemiology and Community Health* 60 (7), 578–586. doi: 10.1136/jech.2004.029496.

Hernández-Díaz S, Schisterman E and HernánM2006 The birth weight "paradox" uncovered? *American Journal of Epidemiology* 164 (11), 1115–1120.

Holland P 1986 Statistics and causal inference. *Journal of the American Statistical Association* 81 (396), 945–960.

Howard R and Matheson J 1981 Influence diagrams. *Principles and Applications of Decision Analysis.* Strategic Decisions Group, Menlo Park, CA.

Imai K, Keele L and Yamamoto T 2010 Identification, inference, and sensitivity analysis for causal mediation effects. *Statistical Science* 25 (1), 51–71.

Jewell NP 2004 *Statistics for Epidemiology.* Chapman & Hall/CRC, Boca Raton, FL.

Kenny D 1979 *Correlation and Causality.* John Wiley & Sons, Inc., New York. Kiiveri H, Speed T and Carlin J 1984 Recursive causal models. *Journal of Australian Math Society* 36, 30–52.

Kim J and Pearl J 1983 A computational model for combined causal and diagnostic reasoning in inference systems *Proceedings of the Eighth International Joint Conference on Artificial Intelligence (IJCAI-83)*, pp. 190–193, Karlsruhe, Germany.

Kline RB 2016 *Principles and Practice of Structural Equation Modeling* fourth: revised and expanded edn. Guilford Publications, Inc., New York.

Koller K and Friedman N 2009 *Probabilistic Graphical Models: Principles and Techniques.* MIT Press, United States.

Kyono T 2010 *Commentator: A front-end user-interface module for graphical and structural equation modeling* Master's thesis Department of Computer Science, University of California, Los Angeles Los Angeles, CA.

Lauritzen S 1996 *Graphical Models.* Clarendon Press, Oxford. Reprinted 2004 with corrections.

Lewis D 1973 Causation. *Journal of Philosophy* 70, 556–567.

Lindley DV 2014 *Understanding Uncertainty* revised edn. John Wiley & Sons, Inc., Hoboken, NJ.

LordFM1967Aparadox in the interpretation of group comparisons. *Psychological Bulletin* 68, 304–305.

Mohan K, Pearl J and Tian J 2013 Graphical models for inference with missing data In *Advances in Neural Information Processing Systems 26* (ed. Burges C, Bottou L, Welling M, Ghahramani Z and Weinberger K) Neural Information Processing Systems Foundation, Inc. pp. 1277–1285.

Moore D, McCabe G and Craig B 2014 *Introduction to the Practice of Statistics*. W.H. Freeman & Co., New York.

Morgan SL and Winship C 2014 *Counterfactuals and Causal Inference: Methods and Principles for Social Research, Analytical Methods for Social Research* 2nd edn. Cambridge University Press, New York.

Muthén B and Asparouhov T 2015 Causal effects in mediation modeling: An introduction with applications to latent variables. Structural Equation Modeling: A Multidisciplinary Journal 22 (1), 12-23.

Neyman J 1923 On the application of probability theory to agricultural experiments. Essay on principles. Section 9. *Statistical Science* 5 (4), 465–480.

Pearl J 1985 Bayesian networks: A model of self-activated memory for evidential reasoning *Proceedings, Cognitive Science Society*, pp. 329–334, Irvine, CA.

Pearl J 1986 Fusion, propagation, and structuring in belief networks. *Artificial Intelligence* 29, 241–288.

Pearl J 1988 *Probabilistic Reasoning in Intelligent Systems.* Morgan Kaufmann, San Mateo, CA.

Pearl J 1993 Comment: Graphical models, causality, and intervention. *Statistical Science* 8 (3), 266–269.

Pearl J 1995 Causal diagrams for empirical research. *Biometrika* 82 (4), 669–710.

Pearl J 1998 Graphs, causality, and structural equation models. *Sociological Methods and Research* 27 (2), 226–284.

Pearl J 2000 *Causality: Models, Reasoning, and Inference* 2nd edn. Cambridge University Press, New York, 2009.

Pearl J 2001 Direct and indirect effects Proceedings of the *Seventeenth Conference on Uncertainty in Artificial Intelligence* Morgan Kaufmann San Francisco, CA pp. 411–420.

Pearl J 2009 *Causality: Models, Reasoning, and Inference* 2nd edn. Cambridge University Press, New York.

Pearl J 2014a Interpretation and identification of causal mediation. *Psychological Methods* 19, 459–481.

Pearl J 2014b *Lord's paradox revisited—(oh lord! kumbaya!).* Technical Report R-436, Department of Computer Science, University of California, LosAngeles, CA. http://ftp.cs.ucla.edu/pub/stat_ser/r436.pdf. Forthcoming, Journal of Causal Inference, 2016.

Pearl J 2014c Understanding Simpson's paradox. *The American* Statistician 88 (1), 8–13.

Pearl J 2015a Causes of effects and effects of causes. *Journal of Sociological Methods and Research* 44, 149–164.

Pearl J 2015b Detecting latent heterogeneity. *Sociological Methods and Research* DOI:10.1177/0049124115600597, online:1–20.

Pearl J 2015c Trygve Haavelmo and the emergence of causal calculus *Econometric Theory*, Special issue on Haavelmo Centennial 31 (1), 152-179.

Pearl J and Bareinboim E 2014 External validity: from do-calculus to transportability across populations. *Statistical Science* 29, 579–595.

Pearl J and Paz A 1987 GRAPHOIDS: a graph-based logic for reasoning about relevance relations In *Advances in Artificial Intelligence-II* (ed. Duboulay B, Hogg D and Steels L) North-Holland Publishing Co. pp. 357–363.

Pearl J and Robins J 1995 Probabilistic evaluation of sequential plans from causal models with hidden variables In *Uncertainty in Artificial Intelligence 11* (ed. Besnard P and Hanks S) Morgan Kaufmann, San Francisco, CA pp. 444–453.

Pearl J and Verma T 1991 A theory of inferred causation In *Principles of Knowledge Representation and Reasoning: Proceedings of the Second International Conference* (ed. Allena J, Fikes R and Sandewall E) Morgan Kaufmann San Mateo, CA pp. 441–452.

Pigou A 1911 *Alcoholism and Heredity.* Westminster Gazette. February 2.

Rebane G and Pearl J 1987 The recovery of causal poly-trees from statistical data *Proceedings of the Third Workshop on Uncertainty in AI*, pp. 222–228, Seattle,WA.

Reichenbach H 1956 *The Direction of Time*. University of California Press, Berkeley, CA.

Robertson D 1997 The common sense of cause in fact. *Texas Law Review* 75 (7), 1765–1800.

Robins J 1986 A new approach to causal inference in mortality studies with a sustained exposure period—applications to control of the healthy workers survivor effect. *Mathematical Modeling* 7, 1393–1512.

Robins J and Greenland S 1992 Identifiability and exchangeability for direct and indirect effects. *Epidemiology* 3 (2), 143–155.

Rubin D 1974 Estimating causal effects of treatments in randomized and nonrandomized studies. *Journal of Educational Psychology* 66, 688–701.

Selvin S 2004 *Biostatistics: How it Works*. Pearson, New Jersey. Senn S 2006 Change from baseline and analysis of covariance revisited. *Statistics in Medicine* 25, 4334–4344.

Shpitser I 2013 Counterfactual graphical models for longitudinal mediation analysis with unobserved confounding. *Cognitive Science* 37 (6), 1011–1035.

Shpitser I and Pearl J 2007 What counterfactuals can be tested Proceedings of the *Twenty-Third Conference on Uncertainty in Artificial Intelligence* AUAI Press Vancouver, BC, Canada pp. 352–359. Also, *Journal of Machine Learning Research* 9, 1941–1979, 2008.

Shpitser I and Pearl J 2008 Complete identification methods for the causal hierarchy. *Journal of Machine Learning Research* 9, 1941–1979.

Shpitser I and Pearl J 2009 Effects of treatment on the treated: Identification and generalization *Proceedings of the Twenty-Fifth Conference on Uncertainty in Artificial Intelligence AUAI Press Montreal*, Quebec pp. 514–521.

Simon H 1953 Causal ordering and identifiability In *Studies in Econometric Method* (ed. Hood WC and Koopmans T) John Wiley & Sons, Inc. New York pp. 49–74.

Simpson E 1951 The interpretation of interaction in contingency tables. *Journal of the Royal Statistical Society, Series* B 13, 238–241.

Spirtes P and Glymour C 1991 An algorithm for fast recovery of sparse causal graphs. *Social Science Computer Review* 9 (1), 62–72.

Spirtes P, Glymour C and Scheines R 1993 *Causation, Prediction, and Search*. SpringerVerlag, New York.

Stigler SM 1999 Statistics on the Table: The History of Statistical *Concepts and Methods*. Harvard University Press, Cambridge, MA, Hoboken, NJ.

Strotz R andWold H 1960 Recursive versus nonrecursive systems: an attempt at synthesis. *Econometrica* 28, 417–427.

Textor J, Hardt J and Knuüppel S 2011 DAGitty: a graphical tool for analyzing causal diagrams. *Epidemiology* 22 (5), 745.

Tian J, Paz A and Pearl J 1998 *Finding minimal d-separators*. Technical Report R-254, Department of Computer Science, University of California, LosAngeles, CA. http://ftp.cs.ucla.edu/pub/stat_ser/r254.pdf.

Tian J and Pearl J 2000 Probabilities of causation: bounds and identification. *Annals of Mathematics and Artificial Intelligence* 28, 287–313.

Tian J and Pearl J 2002 A general identification condition for causal effects *Proceedings of the Eighteenth National Conference on Artificial Intelligence* AAAI Press/The MIT Press Menlo Park, CA pp. 567–573.

VanderWeele T 2015 *Explanation in Causal Inference: Methods for Mediation and Interaction.* Oxford University Press, New York.

Verma T and Pearl J 1988 Causal networks: semantics and expressiveness *Proceedings of the Fourth Workshop on Uncertainty in Artificial Intelligence,* pp. 352–359, Mountain View, CA. Also in R. Shachter, T.S. Levitt, and L.N. Kanal (Eds.), *Uncertainty* in AI 4, Elsevier Science Publishers, 69–76, 1990.

Verma T and Pearl J 1990 Equivalence and synthesis of causal models *Proceedings of the Sixth Conference on Uncertainty in Artificial Intelligence*, pp. 220–227, Cambridge, MA.

Virgil 29 BC Georgics. Verse 490, Book 2.

Wainer H 1991 Adjusting for differential base rates: Lord's paradox again. *Psychological Bulletin* 109, 147–151.

Wooldridge J 2013 Introductory Econometrics: A Modern Approach 5th international edn. South-Western, Mason, OH.

연습문제 해답

제1장

1.2.2 표 1.2의 수치를 이용하면 다음과 같이 표로 나타낼 수 있다.

	Frank	Tim
오른손 이용	87번 중 81번 안타 (93%)	270번 중 234번 안타 (87%)
왼손 이용	263번 중 192번 안타 (73%)	80번 중 55번 안타 (69%)
전체 데이터	350번 중 273번 안타 (78%)	350번 중 289번 안타 (83%)

1.2.3

(a) 분리된 데이터

(b) 분리된 데이터

1.2.4

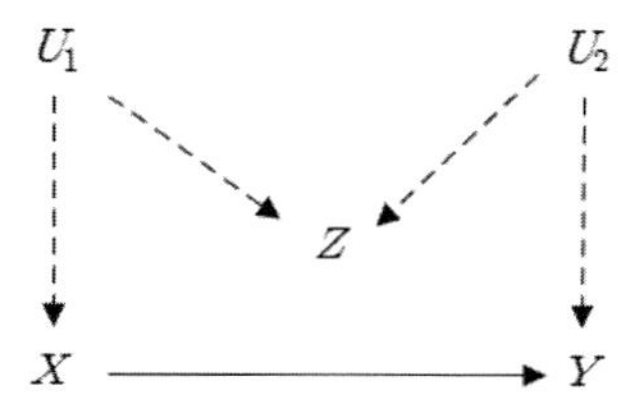

(a) 전체 환자에 유익하다.

(b) 성별의 예에 모순되지 않는다.

(c) X: 약물 투여, Z: 막대 사탕 받음, Y:회복,

U_1: X와 Z과 관련된 관찰되지 않은 요소,

U_2: Y와 Z과 관련된 관찰되지 않은 요소.

(d) 신약은 전체 환자에게는 효과가 있지만 막대 사탕을 받은 환자에게는 효과가 없는 것처럼 보인다. 막대 사탕이 회복에 영향을 미치지 않음 (막대 사탕은 회복에 대한 인과 효과가 없음)에도 불구하고 분리된 데이터에서는 (부정적인) 관련성이 있는 것처럼 보인다.

(e) 연구 후에 막대 사탕을 나눠 주어도 결과는 달라지지 않을 것이다.

1.3.2

(a) $P(\text{고등학교}) = 0.1721$

(b) $P(\text{고등학교또는여성}) = 0.6111$

(c) $P(\text{고등학교}|\text{여성}) = 0.15$

(d) $P(\text{여성}|\text{고등학교}) = 0.45$

1.3.3

(a) $P(\text{룰렛}) = 2/3, P(\text{크랩}) = 1/3, P(11) = 0.036$, $P(\text{크랩}|11) = 0.514$

(b) P(룰렛) = 1/3, P(크랩) = 2/3, $P(10) = 0.064$, P(룰렛$|10$) = 0.136

1.3.4

(a) 1/2보다 클 수 있다. (b) $P(C_D =$ 검정$) = 1/2$

(c) $P(I=1|C_U =$ 검정$) = 2/3$

1.3.7

(a) $P(x)$: 첫 번째 사람이 x 달러를 얻을 확률

$P(y)$: 두 번째 사람이 y 달러를 얻을 확률

$P(x,y)$: 첫 번째 사람이 x 달러를 얻고, 두 번째 사람이 y 달러를 얻을 확률

$P(y|x)$: 첫 번째 사람이 x 달러를 얻었다는 사실이 주어졌을 때, 두 번째 사람이 y 달러를 얻을 확률

$P(x|y)$: 두 번째 사람이 y 달러를 얻었다는 사실이 주어졌을 때, 첫 번째 사람이 x 달러를 얻을 확률

(b) $E(X) = 3/4$, $E(Y) = 1/2$, $E(Y|X=x) = P(Y=1|X=x)$, $E(X|Y=y) = P(X=1|Y=y)$\$,

$Var(X) = 3/16$, $Var(Y) = 1/4$, $Cov(X,Y) = -1/8$, $\rho_{XY} = -1/\sqrt{3}$

(c) $E(X|Y=1) = 1/2$ (d) $E(Y|X=1) = 1/3$

1.3.8

(a) $E(X) = E(Z) = 3.5$, $E(Y) = 7$, $E(X|Y=y) = y/2$, $Var(X) = Var(Z) = 2.917$,

$Var(Y) = 5.833$, $Cov(X,Y) = 2.917$, $Cov(X,Z) = 0$, $\rho_{XY} = 0.707$

(b) $E(X) = 4.33$, $E(Y) = 8.3$, $Var(X) = 2.389$, $Var(Y) = 1.75$, $Cov(X,Y) = 1.545$,

$Cov(X,X) = -1.06$, $\rho_{XY} = 0.756$

(c) $E(Y|X=3) = 6.5$ (d) $E(X|Y=4) = 2$

(e) $E(X|Y=4, Z=1) = 3$

1.3.9

$R_{YX \cdot Z} = 1$, $R_{XY \cdot Z} = 1$, $R_{YZ \cdot X} = 1$, $R_{ZY \cdot X} = 1$, $R_{XZ \cdot Y} = -1$, $R_{ZX \cdot Y} = -1$

1.4.1

(a) W, Y (b) X, W, Y (c) Y, Z (d) Y, Z, T

(e) $\{X, Y, T\}, \{X, Y, Z, T\}, \{X, Y, W, Z, T\}, \{X, W, Y, T\}, \{X, W, Y, Z, T\}, \{X, W, Z, T\}$, $\{X, W, Z, Y, T\}$

(f) $\{X, Y, T\}, \{X, Y, Z, Y\}, \{X, W, Y, T\}, \{X, W, Y, Z, T\}, \{X, W, Z, T\}$

1.5.1

(a)

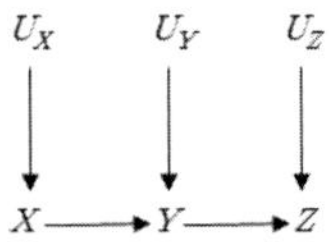

(b) $E(Z|Y=3)=3/16$

(c) $E(Z|X=3)=1/16$, $E(Z|X=1, Y=3)=3/16$

(d) $E(X|Y=2)=6$, $E(Y|X=1, Z=3)=400/771$

1.5.2

(a)

$P(Y\|X,Z)$	y	x	z
p_1	1	0	0
p_2	1	1	0
p_3	1	0	0
p_4	1	1	0

$P(X\|Z)$	x	z
q_1	1	0
q_2	1	1

$P(Z_1)=r$, $P(x,y,z)=P(y|x,z)P(x|z)P(z)$ 이용

(b) $P(y_1|x_1,z_1)-P(y_1|x_0,z_1)=p_4-p_3$, $P(y_1|x_1,z_0)-P(y_1|x_0,z_0)=p_2-p_1$,

$$\begin{aligned}P(y_1|x_1)-P(y_1|x_0) &= \frac{P(y_1,x_1)}{P(x_1)}-\frac{P(y_1,x_0)}{P(x_0)}\\ &= \cdots\\ &= \frac{p_2q_1(1-r)+p_4q_2r}{rq_2+(1-r)q_1}-\frac{p_1(1-q_1)(1-r)+p_3(1-q_2)r}{r(1-q_2)+(1-r)(1-q_1)}.\end{aligned}$$

1.5.4

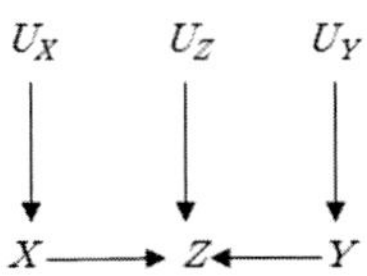

X: 참가자에 의해 선택된 문,

Y: 자동차가 숨겨진 문,

Z: 진행자에 의해 열린 문.

제2장

2.3.1

(a) 아래 표는 "**Z**를 조건부로 할 때, **X**와 **Y**는 독립이다"라고 해석하면 된다.

X	Y	Z
X	S	$\{R, V\}$
X	T	$\{R, V\}$
X	U	$\{R, V\}$
X	Y	$\{R, V\}$
S	U	$\{R, V\}$
S	Y	$\{R, V\}$
T	Y	$\{R, V\}$
U	Y	$\{R, V\}$

(b) 아래 표는 "$\boldsymbol{Z}$를 조건부로 할 때, $\boldsymbol{X}$와 $\boldsymbol{Y}$는 독립이다"라고 해석하면 된다.

X	Y	Z
X	S	$\{R\}$
X	T	$\{R\}$
X	U	$\{R\}$
X	V	$\{R\}$
X	Y	$\{R\}$
R	T	$\{S\}$
R	U	$\{S\}$
R	V	$\{S\}$
R	Y	$\{S\}$
S	U	$\{\ \}$
S	V	$\{\ \}$
S	Y	$\{\ \}$
T	V	$\{U\}$
T	Y	$\{U\}$
U	Y	$\{V\}$

(c) $(X,R),(X,S),(X,T),(X,P),(X,U),(X,V),(X,Y)$

(d) 아래 표는 "$\boldsymbol{Z}$를 조건부로 할 때, $\boldsymbol{X}$와 $\boldsymbol{Y}$는 독립이다"라고 해석하면 된다.

X	Y	Z
X	$\{S, T, U, V, Y, P\}$	$\{R\}$
R	$\{T, U, V, Y, P\}$	$\{S\}$
S	$\{U, V, Y\}$	$\{\ \}$
P	$\{S, U, V, Y\}$	$\{T\}$
T	$\{V, Y\}$	$\{U\}$
U	$\{Y\}$	$\{V\}$

(e) $Z \subset \{R,S,U,V\}$

(f) ① R,S,T,P가 조건부로 주어졌을 때, X와 Y는 독립이므로 b는 0이 된다.

② X,S,T,P가 조건부로 주어졌을 때, Y와 R은 독립이므로 c는 0이 된다.

③ X,R,S,T가 조건부로 주어졌을 때, Y와 P는 독립이므로 f는 0이 된다.

2.4.1

(a)

$\{Z_1, Z_3, W\}$이 조건부로 주어지면, (X, Y)는 서로 독립이다.

$\{Z_1, Z_3\}$이 조건부로 주어지면, (X, Z_2)는 서로 독립이다.

$\{X, Z_2, Z_3\}$이 조건부로 주어지면, (Y, Z_1)은 서로 독립이다.

$\{X\}$이 조건부로 주어지면, (W, Z_1)은 서로 독립이다.

$\{X\}$이 조건부로 주어지면, (W, Z_2)은 서로 독립이다.

$\{X\}$이 조건부로 주어지면, (W, Z_3)은 서로 독립이다.

$\{\ \}$을 조건부로 하면, (Z_1, Z_2)는 서로 독립이다.

(b)

$\{Z_1, Z_3, W\}$이 조건부로 주어지면, (X, Y)는 서로 독립이다.

$\{Z_1, Z_3\}$이 조건부로 주어지면, (X, Z_2)는 서로 독립이다.

$\{X\}$이 조건부로 주어지면, (W, Z_1)은 서로 독립이다.

$\{X\}$이 조건부로 주어지면, (W, Z_2)은 서로 독립이다.

$\{X\}$이 조건부로 주어지면, (W, Z_3)은 서로 독립이다.

$\{\ \}$을 조건부로 하면, (Z_1, Z_2)는 서로 독립이다.

(c) ① 독립인 변수:

$\{Z_1, Z_2, Z_3, W\}$가 조건부로 주어지면, (X, Y)는 서로 독립이다.

$\{Z_1, Z_3, W, Y\}$가 조건부로 주어지면, (X, Z_2)는 서로 독립이다.

$\{Z_2, Z_3, X, W\}$가 조건부로 주어지면, (Y, Z_1)는 서로 독립이다.

$\{Z_2, Z_3, X, Y\}$가 조건부로 주어지면, (W, Z_1)는 서로 독립이다.

② 의존적인 변수:

$\{Z_1, Z_3, X, Y\}$가 조건부로 주어지면, (W, Z_2)은 의존적이다.

$\{Z_1, Z_2, X, Y\}$가 조건부로 주어지면, (W, Z_3)은 의존적이다.

$\{Z_3, X, W, Y\}$가 조건부로 주어지면, (Z_1, Z_2)은 의존적이다.

(d) $\boldsymbol{Z}$을 조건부로 하면, $\boldsymbol{V}$와 $\boldsymbol{V}$가 아닌 모든 노드가 독립이다.

$\boldsymbol{V}$	$\boldsymbol{Z}$
X	$\{W, Z_1, Z_3\}$
Y	$\{Z_2, Z_3, W\}$
W	$\{X, Y, Z_2, Z_3\}$
Z_1	$\{X, Z_2, Z_3\}$
Z_2	$\{Z_1, Z_3, Y, W\}$
Z_3	$\{Z_1, Z_3, X, W, Y\}$

(e) $\{Z_2, Z_3, W\}$ (f) $\{Z_1, Z_3, Y, W\}$

(g) 도움이 된다. Z_3가 조건부로 주어지면 Z_2와 W는 의존적이다.

2.5.1

(a)

모서리
$Z_1 \to X$
$Z_1 \to Z_3$
$Z_3 \to X$
$Z_3 \to Y$
$X \to W$
$W \to Y$
$Z_2 \to Z_3$
$Z_2 \to Y$

(b) 없다. (c) 없다.

(d) 2.4.1(d)로부터 $\{Z_2, Z_3, W\}$가 조건부로 주어지면, (Y, Z_1)는 서로 독립이다.

$y = r_2 z_2 + r_3 z_3 + r_w w + r_1 z_1$

(e) 2.4.1(d)로부터 $\{X\}$가 조건부로 주어지면, (Z_3, W)는 서로 독립이다.

$z_3 = r_x x + r_w w$

(f) 그러한 회귀식이 존재하지 않는다.

(g) $P(Z_1, Z_2, Z_3, X, W, Y) = P(Z_1)P(Z_2)P(Z_3|Z_1, Z_2)P(X|Z_1, Z_3)P(W|X)P(Y|W, Z_2, Z_3)$ 모형을 완전히 검정하기 위해서는 모든 요소를 확인해야 한다. 다음과 같은 회귀 분석식이 필요하다.

① $z_2 = r_1 z_1$에서 r_1이 사라짐

② $x = r_1 z_1 + r_2 z_2 + r_3 z_3$에서 r_2가 사라짐

③ $w = r_x x + r_1 z_1 + r_2 z_2 + r_3 z_3$에서 r_1, r_2, r_3가 사라짐

④ $y = r_w w + r_x x + r_1 z_1 + r_2 z_2 + r_3 z_3$에서 r_x, r_1이 사라짐

위와 같은 4가지의 회귀 분석식이 필요하고, 사라지는 계수를 확인하기 위해서 1+1+3+2=7가지의 검정을 할 수 있다.

제3장

3.2.1

(a) $P(y_1|do(x_1)) = P(y_1|x_1, z_1)P(z_1) + P(y_1|x_1, z_0)P(z_0) = rp_4 + (1-r)p_2$

$P(y_1|do(x_0)) = P(y_1|x_0, z_1)P(z_1) + P(y_1|x_0, z_0)P(z_0) = rp_3 + (1-r)p_1$

$$P(y_0|do(x_1)) = 1 - P(y_1|do(x_1)) = 1 - (rp_4 + (1-r)p_2)$$
$$P(y_0|do(x_0)) = 1 - P(y_1|do(x_0)) = 1 - (rp_3 + (1-r)p_1)$$

(b) (a)와 같다.

(c) $ACE = rp_4 + (1-r)p_2 - rp_3 - (1-r)p_1$

$$RD = \frac{rp_4q_1 + (1-r)p_2q_1}{rq_2 + (1-r)q_1} - \frac{rp_{3(1-q_2)} + (1-r)p_1(1-q_1)}{r(1-q_2) + (1-r)(1-q_1)}$$

3.3.1

(a)

2개의 노드로 이루어진 집합: $\{Z,A\},\{Z,B\},\{Z,C\},\{Z,D\}$

3개의 노드로 이루어진 집합: $\{Z,A,B\},\{Z,A,C\},\{Z,A,D\},\{Z,B,C\},\{Z,B,D\},\{Z,C,D\}$

4개의 노드로 이루어진 집합: $\{Z,A,B,C\},\{Z,A,B,D\},\{Z,A,C,D\},\{Z,B,C,D\}$

5개의 노드로 이루이진 집합: $\{Z,A,B,C,D\}$

(b) $\{Z,A\},\{Z,B\},\{Z,C\},\{Z,D\}$

(c) Y에 대한 D의 효과를 식별하기 위한 최소 변수 집합: $\{C\},\{Z,A\},\{Z,B\},\{Z,X\},\{Z,W\}$

Y에 대한 $\{W,D\}$의 효과를 식별하기 위한 최소 변수 집합: $\{Z\},\{C,X\}$

3.3.2

(a)

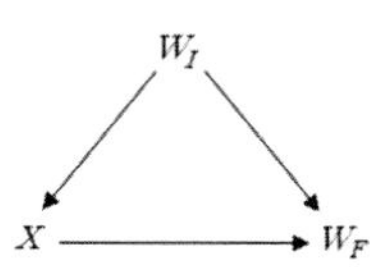

(b) 두 번째 통계학자가 내린 결론이 옳다. W_I는 $X \rightarrow W_F$의 뒷문 기준을 만족한다.

3.3.3

(a)

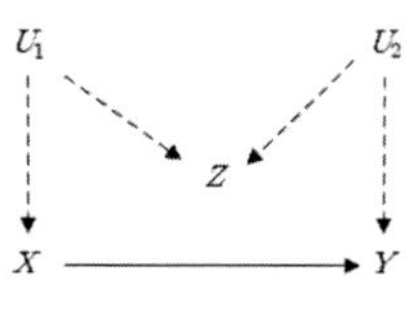

(b) 조정할 변수가 없다.

(c) $P(y|do(x)) = P(y|x)$

(d) 답은 (a)-(c)와 같다.

3.5.1

(a) $P(Y=y|do(X=x), C=c) = \sum_z P(Y=y|X=x, Z=z, C=c)P(Z=z)$

(b) $P(Y=y|do(X=x), Z=z) = \sum_c P(y|x,z,c)P(c)$

(c) $g(z)=\begin{cases}0 & Z\le 2\\ 1 & Z>2\end{cases}$

$$\begin{aligned}P(Y=y|do(X=g(Z))) &= \sum_z P(Y=y|do(X=g(z)),Z=z)P(Z=z)\\ &= P(Y=y|do(X=0),Z=1)P(Z=1)\\ &\quad +P(Y=y|do(X=0),Z=2)P(Z=2)\\ &\quad +P(Y=y|do(X=1),Z=3)P(Z=3)\\ &\quad +P(Y=y|do(X=1),Z=4)P(Z=4)\\ &\quad +P(Y=y|do(X=1),Z=5)P(Z=5)\end{aligned}$$

위의 식에서 $P(Y=y|do(X=x),Z=z)$ 부분은 (c) 의 결과를 반영하면 된다.

3.8.1

(a) ① $W_3=r_X X+r_{W_1}W_1,\ r_{W_1}=0$　　② $W_1=r_{Z_1}Z_1+r_{Z_3}Z_3,\ r_{Z_3}=0$

③ $Y=r_{Z_1}Z_1+r_{W_1}W_1+r_{Z_2}Z_2+r_{Z_3}Z_3,\ r_{Z_1}=0$

(b) $W_3=r_{Z_3}Z_3+r_X X,\ r_{Z_3}=0$

(c) (i) 회귀분석

① $Y=r_{W_3}W_3+r_{Z_3}Z_3+r_{W_2}W_2,\ a=r_{W_3}, b=r_{Z_3}, c=r_{W_2}$

② $W_1=r_{Z_1}Z_1,\ a_1=r_{Z_1}$　　③ $Z_3=r_{Z_1}Z_1+r_{Z_2}Z_2,\ a_3=r_{Z_1}, b_3=r_{Z_2}$

④ $W_2=r_{Z_2}Z_2,\ c_2=r_{Z_2}$　　⑤ $W_3=r_X X,\ c_3=r_X$

⑥ $X=r_{W_1}W_1+r_{Z_3}Z_3,\ t_1=r_{W_1}, t_2=r_{Z_3}$

(ii) 식별을 위한 회귀식 법칙

① $Y=r_{W_3}W_3+r_{Z_3}Z_3+r_{W_2}W_2,\ a=r_{W_3}, b=r_{Z_3}, c=r_{W_2}$ 또는 $Y=r_{W_3}W_3+r_{Z_3}Z_3+r_{Z_2}z_2$에서

$a=r_{W_3}, b=r_{Z_3}, c=r_{Z_2}$

② $X=r_{W_1}W_1+r_{Z_2}Z_2$으로부터 $t_1=r_{W_1}$ 또는 $X=r_{W_1}W_1+r_{Z_3}Z_3$으로부터 $t_2=r_{W_1}$

(d) W_3는 X가 주어졌을 때 Y로부터 d-분리되므로 $W_3=r_X X+U_3'=c_3X+U_3'$이므로 C_3는 추정 가능. 비슷한 방식으로 $a=r_{YW_3\cdot X}$

(e) $Z_1=r_{Z_2}Z_2+r_{Z_3}Z_3+r_X X+r_{w_1}W_1+r_{W_2}W_2+r_{W_3}W_3+r_Y Y,\ W_1, Z_3, Z_2$가 주어졌을 때, Z_1은 $\{X, W_3, Y, W_2\}$와 독립, $r_X=0, r_{W_2}=0, r_{Y=0}$

(f) 기존 변수가 주어졌을 때, 새롭게 추가된 변수와 종속 변수가 독립인 경우. 예를 들어, W_1을 종속변수로 하고 Z_3를 포함한 회귀식에 W_3를 추가해도 Z_3의 회귀계수가 바뀌지 않는다. W_1을 종속변수로 하고 Z_1를 포함한 회귀식에 Z_3, Z_2, W_2를 추가해도 Z_1의 회귀계수가 바뀌지 않는다.

(g) $Y=r_{Z_1}Z_1+r_{W_1}W_1+\epsilon$ 으로부터 $t_2c_3a+b=r_{Z_1}/r_{Z_1'}$를 구할 수 있다.
$Z_3=r_{Z_1'}Z_1'+\epsilon$

제4장

4.3.1

(a) $E[Y_x|Z=z]=abx+\dfrac{bz}{1+\alpha^2}$

(b) $E[Y_1-Y_0|Z=z]=ab$, $E[Y_x]=E[Y]+R_{YX}(x-E[X])$이므로

$$\begin{aligned}E[Y_1-Y_0] &= E[Y_1]-E[Y_0]\\ &= E[Y]+ab(1-E[X])-E[Y]-ab(0-E[X])\\ &= ab=E[Y_1-Y_0|Z=z]\end{aligned}$$

4.3.2

(a) 다음 회귀식으로부터 추정할 수 있다.

$H=\alpha+ax+\epsilon_h$, $Y=\gamma+bx+ch$

(b) $\tau=ab$

(c) M: $H=U_H$, $X=aH+U_X$, $Y=bX+cH+\delta XH+U_Y$
M_x: $H=U_H$, $X=x$, $Y=bx+cH+\delta xH+U_Y$

$$\begin{aligned}E[Y_x|X=x'] &= E[bx+cH+\delta xH+U_Y|X=x']\\ &= bx+(c+\delta x)E[H|X=x']\\ &= bx+(c+\delta x)\frac{ax'}{1+a^2}\end{aligned}$$

$$ETT=b+\frac{\delta a}{1+a^2},\quad \tau=E[b+cH+\delta H+U_Y]-E[cH+U_Y]=b$$

4.4.1

(a)
$$\begin{aligned}E[Y_x] &= E[Y_x|X=x]P(X=x)+E[Y_x|X=x']P(X=x')\\ &= E[Y|X=x]P(X=x)+E[Y_x|X=x']P(X=x'),\end{aligned}$$

$$E[Y_x|X=x']=\frac{E[Y_x]-E[Y|X=x]P(X=x)}{P(X=x')}$$

$$ETT=E[Y|X=x]-\frac{E[Y|do(X=x')]-E[Y|X=x']P(X=x')}{P(X=x)}$$

(b) $E[Y_{X=0}]=\sum_z P(Y=1|X=0,Z=z)P(Z=z)=0.78$

$ETT=0.05$

4.4.2

(a) $Y=1$: 폐암 발병, $X=1$: 흡연 $ETT=E[Y_1-Y_0|X=1]$, $ETT>0$이면, 흡연으로 인한 폐암 발병의 가능성이 있다.

(c) $E[Y|do(X=0)]=0.5025$, $ETT=0.0475>0$

4.5.1

X: 치료법, Y:회복

x': 유방절제술 (lumpectomy)만 한 경우, x:부분유방절제술과 방사선 치료를 함께 받은 경우

y': 암의재발, y: 암이 재발하지 않음

$P(y')=0.3$, $P(x'|y')=0.7$, $P(y|do(x))=0.39$,

$P(y|do(x'))=0.14$ $PN \geq \dfrac{P(y)-P(y|do(x'))}{P(x)-P(x|y')P(y')}=0.62>0.5$

4.5.2

(a) $NDE=\beta_2$, $NIE=\gamma_1\beta_1$, $TE=\beta_2+\gamma_1\beta_1$ (b) (a) 와 같음

4.5.3

(a) $NDE=\beta_2+\alpha\beta_4$, $NIE=\beta_1(\gamma_1+\alpha\gamma_2)$, $TE=\beta_2+(\gamma_1+\alpha\gamma_2)(\beta_1+\beta_3)+\alpha\beta_4$,

$TE-NDE=(\gamma_1+\alpha\gamma_2)(\beta_1+\beta_3)$

(b) $NDE=\beta_1\gamma_1+\beta_2+\beta_3\gamma_1$, $NIE=\alpha\beta_1\gamma_2+\alpha\beta_4$, $TE=\beta_2+(\gamma_1+\alpha\gamma_2)(\beta_1+\beta_3)+\alpha\beta_4$

$TE-NDE=\alpha\gamma_2(\beta_1+\beta_3)+\alpha\beta_4$

4.5.4

$NDE=0.32$, $NIE=0.035$, $TE=0.46$, $NIE/TE=0.07$, $1-NDE/TE=0.304$

찾아보기

(ㄴ)

(ㄷ)

(ㄹ)

(ㅁ)

(ㅂ)

(ㅈ)

(ㅊ)

(ㅋ)

(ㅌ)

(ㅍ)

(ㅎ)

김 미 정

이화여자대학교 통계학 학사
이화여자대학교 통계학 석사
미국 Texas A&M University 통계학 박사
현재 이화여자대학교 통계학과 조교

(의학 및 사회과학 연구를 위한)
통계적 인과 추론 (개정판)

개정판3쇄발행 2023년 1월 10일

지은이 Judea Pearl, Madelyn Glymour, Nicholas P. Jewell /
옮긴이 김미정 / **펴낸이** 오판근
펴낸곳 (주) 교 우
주 소 서울시 동대문구 약령시로 8 교우빌딩 2층 (주)교우
전 화 02-925-2861 / **팩 스** 02-925-2860. **편집부** 02-925-2825
홈페이지&북스토어 www.kyowoo.co.kr / 이메일 kyowoo@kyowoo.co.kr

등 록 1994년 3월 24일 제1994-000013호
ISBN 979-11-251-0223-6(93310)

Published by Kyowoo Co., Ltd. Printed in Korea

(주) 교우는 보다 혁신적이고 참신한 도서를 다양하게 기획하고 있습니다.
책으로 펴내고자 하는 아이디어나 원고는 메일로 보내주세요.
(주) 교우는 전과정을 책임지고 최선을 다하겠습니다.

값 19,000원

교우미디어는 (주) 교우의 Imprint 사입니다.
수학정원·과학정원은 (주) 교우의 새로운 브랜드명입니다.

잘못된 책은 구입하신 서점에서 교환해 드립니다.